高等学校碳中和城市与低碳建筑设计系列教材

高等学校土建类专业课程教材与教学资源专家委员会规划教材

丛书主编　刘加平

低碳文体建筑设计

Low-Carbon Cultural and Sports Building Design

陈景衡　梁斌　田虎　著

中国建筑工业出版社

图书在版编目（CIP）数据

低碳文体建筑设计 = Low-Carbon Cultural and
Sports Building Design / 陈景衡，梁斌，田虎著.
北京：中国建筑工业出版社，2024.12. ——（高等学校
碳中和城市与低碳建筑设计系列教材 / 刘加平主编）（
高等学校土建类专业课程教材与教学资源专家委员会规划
教材）. ——ISBN 978-7-112-30806-4

Ⅰ. TU24

中国国家版本馆CIP数据核字第2024J4J394号

为了更好地支持相应课程的教学，我们向采用本书作为教材的教师提供课件，有需要者可与出版社联系。
建工书院：https://edu.cabplink.com
邮箱：jckj@cabp.com.cn 电话：（010）58337285

策　　划：陈　桦　柏铭泽
责任编辑：杨　琪
文字编辑：周志扬
责任校对：赵　菲

高等学校碳中和城市与低碳建筑设计系列教材
高等学校土建类专业课程教材与教学资源专家委员会规划教材
丛书主编　刘加平
低碳文体建筑设计
Low-Carbon Cultural and Sports Building Design
陈景衡　梁斌　田虎　著
＊
中国建筑工业出版社出版、发行（北京海淀三里河路9号）
各地新华书店、建筑书店经销
北京锋尚制版有限公司制版
北京中科印刷有限公司印刷
＊
开本：787毫米×1092毫米　1/16　印张：15½　字数：295千字
2025年1月第一版　　2025年1月第一次印刷
定价：**59.00**元（赠教师课件）
ISBN 978-7-112-30806-4
　　（44530）

《高等学校碳中和城市与低碳建筑设计系列教材》
编审委员会

《高等学校碳中和城市与低碳建筑设计系列教材》

总序

党的二十大报告中指出要"积极稳妥推进碳达峰碳中和，推进工业、建筑、交通等领域清洁低碳转型"，同时要"实施城市更新行动，加强城市基础设施建设，打造宜居、韧性、智慧城市"，并且要"统筹乡村基础设施和公共服务布局，建设宜居宜业和美乡村"。中国建筑节能协会的统计数据表明，我国2020年建材生产与施工过程碳排放量已占全国总排放量的29%，建筑运行碳排放量占22%。提高城镇建筑宜居品质、提升乡村人居环境质量，还将会提高能源等资源消耗，直接和间接增加碳排放。在这一背景下，碳中和城市与低碳建筑设计作为实现碳中和的重要路径，成为摆在我们面前的重要课题，具有重要的现实意义和深远的战略价值。

建筑学（类）学科基础与应用研究是培养城乡建设专业人才的关键环节。建筑学的演进，无论是对建筑设计专业的要求，还是建筑学学科内容的更新与提高，主要受以下三个因素的影响：建筑设计外部约束条件的变化、建筑自身品质的提升、国家和社会的期望。近年来，随着绿色建筑、低能耗建筑等理念的兴起，建筑学（类）学科教育在课程体系、教学内容、实践环节等方面进行了深刻的变革，但仍存在较大的优化和提升空间，以顺应新时代发展要求。

为响应国家"3060"双碳目标，面向城乡建设"碳中和"新兴产业领域的人才培养需求，教育部进一步推进战略性新兴领域高等教育教材体系建设工作。旨在系统建设涵盖碳中和基础理论、低碳城市规划、低碳建筑设计、低碳专项技术四大模块的核心教材，优化升级建筑学专业课程，建立健全校内外实践项目体系，并组建一支高水平师资队伍，以实现建筑学（类）学科人才培养体系的全面优化和升级。

"高等学校碳中和城市与低碳建筑设计系列教材"正是在这一建设背景下完成的，共包括18本教材，其中，《低碳国土空间规划概论》《低碳城市规划原理》《建筑碳中和概论》《低碳工业建筑设计原理》《低碳公共建筑设计原理》这5本教材属于碳中和基础理论模块；《低碳城乡规划设计》《低碳城市规划工程技术》《低碳增汇景观规划设计》这3本教材属于低碳城市规划模块；《低碳教育建筑设计》《低碳办公建筑设计》《低碳文体建筑设计》《低碳交通建筑设计》《低碳居住建筑设计》《低碳智慧建筑设计》这6本教材属于低碳建筑设计模块；《装配式建筑设计概论》《低碳建筑材料与构造》《低碳建筑设备工程》《低碳建筑性能模拟》这4本教材属于低碳专项技术模块。

本系列丛书作为碳中和在城市规划和建筑设计领域的重要研究成果，涵盖了从基础理论到具体应用的各个方面，以期为建筑学（类）学科师生提供全面的知识体系和实践指导，推动绿色低碳城市和建筑的可持续发展，培养高水平专业人才。希望本系列教材能够为广大建筑学子带来启示和帮助，共同推进实现碳中和城市与低碳建筑的美好未来！

丛书主编、西安建筑科技大学建筑学院教授、中国工程院院士

前言

文体建筑是公共建筑中较有代表性的建筑设计类型，包含文化、体育两大类，既是人民群众文化生活的重要载体与设施，也是形式多样、建筑技术密集、设计思路多元、较有行业示范性的建筑设计类型。

当前，在文体建筑设计研究中，既需面对较丰富的各种历时性空间艺术范式的认识、解释、传承与创新性应用，又需在独特性、象征性、艺术性的高预期下与建筑技术长足发展中不断探索创造性发展的潜力。在我国，文体建筑执行的不同设计标准间差异明显，材料建构品类多样，建筑形制变化多，设计手法活跃，其技术体系正在多元发展。文体建筑碳排放强度高于一般建筑，这主要源于以下两方面的问题：其一，多样自主的形式创新，使得大量半手工半机械作业的结构材料技术被广泛应用，其生产、加工、建造均属于高碳排放过程；其二，由于建筑目标、等级、标准含糊，加之空间使用低效，进而引发空置、浪费、错配等情况，最终导致高投入的碳耗。

在文体建筑设计中，不仅要用通用标准及技术措施引导来提高建筑性能、改善材料体系、控制建筑建设产生的碳排放，还应在建筑设计阶段提高建筑空间构架的合理性、科学性，优化材料结构体系技术的完整性与应用效能，减少对空调等人工系统的依赖，降低建筑运行中产生的碳排放，尤其是避免因为主观、偶然、误解而引发的低效、浪费及技术拼贴造成的品质劣化问题。

随着数智工具及人工智能的迅速发展，设计类专业对本科人才培养目标转向强调对复杂应用决策的系统科学理解，以及对具体技术自主深化学习能力的引导、发展与支撑。本教材针对建筑学专业本科低碳文体建筑设计教学需求，采用"开放、通用、知识元交叉"编写原则，以适应设计类课程标准中教育目标的调整。

1. 课程目标协同要求

从建筑学设计课程标准目标层面来理解，在类型设计练习与知识系统构建教学过程中，高年级设计任务教学对学生能力培养目标已全面指向对绿色、低碳建筑设计总原则的理解与技能驾驭。具体教学任务不仅关注典型文体建筑类型的空间适应性规律及其空间效果价值导向，还需关注其建造事件本身的耗费绩效，对设计活动的环境影响，以及行业应对新评判的逻辑变化，在一定程度上支持发散性的设计技术创新。本教材的应用对象不仅包括建筑设计学习者，还兼顾跨专业人才的学习需求。应用场景包括：设计原理及通用理论系统提升、专项建筑设计拓展课程，以及设计专业进修操作引导。对使用对象的能力预期从"基于感性直观的物质场所构建"调整为"建造认知系统创作优化",并在内容组织上落实至具体技术应用环节。教材的适用范围不限于本科课程,也面向多元人才培养计划的辅助教学。

2. 培养目标拓展

建筑类专业一直秉承厚基础、宽口径的理念及教学体系。目前,国内大部分建筑学专业通过完整的设计实操与理论结合方式,培养设计创新思维,推动设计创新能力发展。通常在二、三、四年级设置高强度文体建筑类型设计课程,并配合高年级综合性课程设置。这种连贯性与系统性基于较为成熟的传统教育知识结构。不过,当前行业成熟的设计资料、日益变化的技术体系、现有设计标准法规体系知识,以及系统认知基本依靠教师本体意识、知识储备及修养引导。在全行业绿色、低碳转型要求下,建筑整体技术系统正处在较大的变动调整过程,急需强化能直接相互衔接的教材、教案建设,为本科建筑设计学习者及相关交叉技术开发人员提供简明扼要的全图式、伴随式设计基础教材。并在各个环节补充普及技术知识及基本逻辑,以扭转后期执业时期技术反向推动设计的被动局面,适应工科宽口径"知识元结构"的教学结构趋势,在前端厘清绿色、低碳的理念,鼓励开拓全链条技术途径,以较好适应新工科教学改革中知识体系提升转型,建筑设计教学的形式及教学活动综合化多样化调整。

3. 内容组织的要点与特点

教材内容组织以技术术语概念内涵的理解为基础,集成技术基本原理与应用模式及途径。针对公共性特征突出的文体建筑类型,关联行业发展前沿技术及趋势。基于现行行政许可制度的技术流程,以技术动作伴随设计操作过程,解析行业低碳升级的设计模式、技术要点、应用工具变化。主要内容以低碳文体建筑特征为依据,涵盖了低碳设计原理、法则与建筑设计导控技术途径。

本教材由编写团队陈景衡、梁斌、田虎、孔黎明、刘宗刚共同完成,特邀华南理工大学孙一民大师担任主审。内容编写采用平行交错的组织方式,兼顾手册、工具、技术参考的编写目标,具体分工为:第1章文体建筑类型及其碳排放,由陈景衡负责,建立统一知识框架;第2章文体建筑碳排放与控制途径,由陈景衡、梁斌、田虎撰写、统稿,陈景衡架构了碳排放估算方法,梁斌通过体育建筑空间结构分解识别碳排放,田虎围绕文体建筑用房组织识别碳排放,帮助学习者认识现行技术标准、规范与文体建筑技术决策关系;第3章文体建筑低碳设计综合策略、流程与优化逻辑,由梁斌、田虎以文体建筑设计案例还原低碳设计原则、策略与使用流程;第4章文体建筑控碳设计技术,由刘宗刚撰写建筑更新组构及由建筑全生命周期可控的文体建筑控碳方法,孔黎明撰写建筑不同层面轻量化转型的技术控碳方法,集成了低碳文体建筑主要的技术路径，推动学习者探索文体建筑低碳应用技术创新。

教材章节对应知识模块，同构知识图谱，支持知识层面"设计内容基础织补"与能力层面"综合认知与技术提升"的学习目标，适用于各层次建筑设计学习者。本教材成书时间集中，集成了建筑学专业逻辑，架构了适用于文体建筑人工主导设计的低碳认识逻辑，可为不同类型、层次的低碳建筑研究者、工程技术研发及从业者提供参考。

目录

第1章 文体建筑类型及其碳排放

模块1
文体建筑概念及其碳源特征

文体建筑
博物馆
文化馆
图书馆
观演建筑
体育场馆
展览馆

- 文体建筑概念
- 文体建筑基准碳排放强度
- 文体建筑类型的碳排特征
- ▲ 建筑节能
- ▲ 绿色建筑
- ▲ 建筑碳中和
- ▲ 建筑全生命周期碳排放
- ■ 文体建筑碳排总体构成

建筑碳排放强度
建筑碳排放基准

建筑能耗排碳
绿色建筑标准
碳达峰与碳中和

空间的使用强度
建设强度

建筑全生命周期碳排放

文体建筑总体碳排构成

模块2
文体建筑空间类型、原型及发展变化

公共建筑及其设计标准建筑模式

- 文体建筑通用构型
- 文体建筑主要设计原型
- 文体建筑涉及的空间原型
- ▲ 新城市主义
- ▲ 城市更新
- ■ 新文体空间及变化特征

设计原型

用房与空间原型
分区与建筑功能

新城市主义，城市更新

文体建筑类型
建设标准
组成内容
空间特征
与建筑碳排放强度关系

综合文化中心
城市会展建筑
社区综合建筑

● 知识点。与设计任务训练技能掌握目标结合。
▲ 自学知识点。无需直接考察。
■ 拓展知识点。引导创新思考、应用与知识生产。

本章内容导引

1. **学习目标**

梳理现有行业技术体系里与文体建筑设计及设计控碳相关的基本术语。

深入理解文体建筑的公共设施本质、公共使用运营特征，明晰文体建筑长效流传的文化性特质与降碳、减碳技术趋势需求，及碳达峰、碳中和目标之间的内涵关联。（拆解）

引导学生对文体建筑控碳潜力挖潜的兴趣，辨识技术难点，关注难点背后的控制突破逻辑、技术拓展与技术导控协同技术的研发趋势（拆为1集合，2传导，3工具）。

2. **课程内容设计（2~4学时）**

目前，建筑学专业学生对建筑设计与碳排放控制间关联认知盲区较多，对关于建筑碳排放概念名词认识误区也较多。建议首先帮助学生建立基本建筑与碳排放相关概念框架，其次对学生设计工作任务执行时的认知模型展开还原，最后逐层回应建筑设计决策与建筑碳排放的关联，对其展开有层次地讲解推演。

3. **本章主题提示**

文体建筑系统碳排放源是怎样的？

4. **引导问题**

如何区分文化建筑与体育建筑的场所特征？其内在的品质目标是什么？设计前提与标准有何关联？

5. **思考问题**

文体建筑所引起的碳排放由何而来？

文体建筑是一种建筑类型吗？

文体建筑碳排放为什么比较"突出"？

1.1.1 文体建筑概念及常见类型

文体建筑指容纳文化体育类公共活动的建筑,属于公共建筑,一般包括博物馆、文化馆、图书馆、影剧院、体育馆、体育场、展览馆等专项群众文化、体育类公共活动建筑及其组合成的综合建筑基础设施。[①]

作为容纳群众社会文化活动的主体场所与建筑载体,文体建筑多由政府或公共部门发起建设任务。通常选址于环境良好、交通便捷且位置显要的城市区位环境。文体建筑往往预期使用时间长,社会公共文化传播作用突出,使用仪式情景尤为重要。因此,文体建筑建造与设计目标通常对其标志性、形态风格示范性及鲜明社会归属性特征有较高要求。加之其公共服务的公益性,故文体建筑的立项决策逻辑受到较多的社会综合效益考量。其中,新颖独特而内涵丰富的建筑形式,往往成为文体建筑设计的核心驱动与主要审查关注要点。文体建筑不仅要安全、高效,具有鲜明的外在形象,而且在更深的认识感受层次上,还需要稳定、积极地传播具有地区、社团、民族等社会文化属性的共同认识,承载与充分表达优选的历时性信息表现形式,避免盲目、歧化、短视与褊狭的误解,承受来自更多角度的审视,主动传承代表建造的智慧与能工巧匠的聪明才智,是典型的社会文化综合凝结物。

1. 博物馆建筑

从建筑使用用途角度来理解,我国博物馆相关规范较倾向于将博物馆建筑职能定义为广义的博物展示传播教育职能,按展示内容明确将博物馆分为历史类博物馆、艺术类博物馆、综合类博物馆、纪念馆、美术馆,此外还包括科技馆、陈列馆、自然博物馆、技术博物馆。博物馆建筑的空间设计通常按用途主要分为4类:历史类、艺术类、科技类、综合类。

博物馆作为一类机构组织,根据《国际博物馆协会章程》,可将其理解为"向大众开放的为社

---

① 在本教材中,文体建筑指用于国家和地方群众文化和体育类公共活动用途,一般由政府组织和负责建设、运营的公共建筑。根据《公共建筑运营企业温室气体排放核算方法和报告指南》适用范围中的公共建筑概念,文体建筑属于科教文卫建筑。

会及其发展服务的非营利永久机构",并以研究、教育、欣赏为目的征集、保护、研究、传播并展出人类及人类环境的物证。不同组织或国家有关博物馆功能的构成要素[①]也不同（表1-1）。

不同组织或国家有关博物馆功能的构成要素　　　　　　　　　　　表1-1

	保存/收藏	保护	研究	传播	教育	征集/收集	展示
联合国教科文组织	√	—	√	√	√	—	—
国际博物馆协会	—	√	√	√	—	√	√
中国《博物馆条例》	√	√	√	√	—	—	—
美国博物馆联盟	√	√	√	—	—	—	—
英国博物馆协会	—	√	—	—	—	√	√
法国博物馆法	—	√	√	√	√	—	√

目前在我国，博物馆建筑一般由文物管理部门管理、运营并指导建设。我国现行的博物馆建筑，对文物等保存收藏的要求较为具体，而对研究、传播、教育、征集等更广义的公共文化职能在具体的展出场馆类型间与不同等级项目执行中差异较大。已建成的博物馆案例表明，不同的行政管理体制、机制，博物馆行业及展品研究力量，成熟的市场服务水平与文化生活方式等，都能通过建设、使用、运营作用于博物馆建筑设计，并最终影响建筑品质与性能表现。进一步通过影响博物馆建筑的实现技术，改变建筑物的碳排放强度与水平。

从建筑设计角度出发，依据《博物馆建筑设计规范》JGJ 66—2015，建筑设计需根据规模来确定空间设施配套要求，根据陈列和藏品工艺过程来组织公众区域、业务区域、行政区域三大类分区各类功能用房/房间要求与空间设计要点（表1-2）。规范还建议附带一定与对应机构工作的研究及教育空间。

博物馆建筑各类功能用房/房间要求与空间设计要点　　　　　　　表1-2

所属分区	功能类别	名称	空间形式或原型	使用标准（与一般房间标准相比）	空间设计分类（受技术约束的程度）		
					核心部分	辅助部分	完型部分
公众区域	陈列展览区	综合大厅	厅	低	—	强	—
		基本陈列室	堂	低	强	—	—

---

① 联合国教科文组织（《关于保护和加强博物馆与收藏及其多样性和社会作用的建议书》，中国《博物馆条例》，法国博物馆法，美国博物馆联盟，英国博物馆学会）建立21世纪卓越博物馆的宣言。

所属分区	功能类别	名称	空间形式或原型	使用标准（与一般房间标准相比）	空间设计分类（受技术约束的程度）		
					核心部分	辅助部分	完型部分
公众区域	陈列展览区	临时展厅	厅	低	—	强	—
		儿童展厅	厅	低	强	—	—
		特殊展厅及其设备间	厅	低	强	—	—
		展具储藏室	房	一般	中	中	—
		讲解员室	房	一般	中	中	—
		管理员室	房	一般	中	中	—
	教育区	影视厅	厅	低	强	—	—
		报告厅	厅	低	强	—	—
		教室	堂	低	强	—	—
		实验室	堂	低	强	—	—
		阅览室	堂	低	强	—	—
		博物馆之友活动室	堂	低	—	中	—
		青少年活动室	堂	低	—	中	—
业务区域	服务设施	售票室	廊	低	—	中	—
		门廊	廊	低	—	弱	—
		门厅	廊	低	—	弱	—
		休息室（廊）	廊	低	—	弱	—
		饮水间	房	一般	—	中	—
		卫生间	房	一般	—	中	—
		贵宾室	房	一般	—	中	—
		医务室	房	一般	—	中	—
		广播室	房	一般	—	中	—
		茶座	堂	低	—	弱	—
		餐厅	堂	低	—	弱	—
		商店	堂	低	—	弱	—
	库前区	拆箱间	房	一般	—	中	—
		藏品库区					—
		库前区					—
	库房区	鉴选室	房	一般	中	—	—
		暂存库	房	一般	中	—	—
		保管员工工作用房	房	一般	中	—	—
		包装材料库	房	一般	中	—	—
		保管设备库	房	一般	中	—	—

所属分区	功能类别	名称	空间形式或原型	使用标准（与一般房间标准相比）	空间设计分类（受技术约束的程度）		
					核心部分	辅助部分	完型部分
业务区域	库房区	鉴赏室	房	一般	中	—	—
		周转库	房	一般	中	—	—
		书画库	库	低	—	中	—
		金属器具库	库	低	—	中	—
		陶瓷库	库	低	—	中	—
		玉石库	库	低	—	中	—
		织绣库	库	地	—	中	—
		木器库	库	低	—	中	—
		其他库房	库	低	—	中	—
		书画库	库	低	—	中	—
		油画库	库	低	—	中	—
		雕塑库	库	低	—	中	—
		民间工艺库	库	低	—	中	—
		家具库	库	低	—	中	—
		其他库房	库	低	—	中	—
		生物库	库	低	—	中	—
		浸制标本库	库	低	—	中	—
		干制标本库	库	低	—	中	—
		工程技术产品库	库	低	—	中	—
		科技展品库	库	低	—	中	—
		模型库	库	低	—	中	—
		音像资料库	库	低	—	中	—
	藏品技术区	清洁间	房	一般	—	中	—
		晾晒间	房	一般	—	中	—
		干燥间	房	一般	—	中	—
		消毒（熏蒸、冷冻、低氧）室	房	一般	—	中	—
		冷冻消毒间	房	一般	—	中	—
		修复用房	房	一般	—	中	—
		药品库	库	低	—	中	—
		临时库	库	低	—	中	—
		鉴定实验室	库	低	—	中	—
		修复工艺实验室	房	一般	—	中	—

所属分区	功能类别	名称	空间形式或原型	使用标准（与一般房间标准相比）	空间设计分类（受技术约束的程度）		
					核心部分	辅助部分	完型部分
业务区域	藏品技术区	仪器室	房	一般	—	中	—
		材料库	房	一般	—	中	—
	业务与研究用房	摄影用房	房	一般	—	中	—
		研究室	房	一般	—	中	—
		展陈设计室	房	一般	—	中	—
		阅览室	房	一般	—	中	—
		资料室	库	低	—	中	—
		信息中心	房	一般	—	中	—
		美工室	房	一般	—	中	—
		展品展具制作与维修用房	房	一般	—	中	—
		材料库	库	低	—	中	—
行政区域	行政管理区	行政办公室	房	一般	—	中	—
		接待室	房	一般	—	中	—
		会议室	房	一般	—	中	—
		物业管理用房	房	一般	—	中	—
		安全保卫用房	房	一般	—	中	—
		消防控制室	房	一般	—	中	—
		建筑设备监控室	房	一般	—	中	—
	附属用房	职工更衣室	房	一般	—	中	—
		职工餐厅	堂	低	—	中	—
		设备机房	房	一般	—	中	—
		行政库房	库	低	—	中	—
		车库	库	低	—	中	—

注：根据《博物馆建筑设计规范》JGJ 66—2015与经验综合。

　　表1-2显示，目前在设计规范博物馆各功能构成要素中，对"保存"空间要求相对明确，而对博物馆建筑作为文化建筑应有的"传播"等空间形式、技术标准约束不具体。因此，我国设计行业、地方机构对博物馆"公共场所"职能对应的空间设计品质预期虽然广泛存在，但在空间要素的对应性关系中则较为含混；如"教育"等其他功能在设计实践中存在多种多样空间设计回应方式。

　　博物馆建筑类型中相当比例的公共文化活动或公共行为对应的"建筑用房"需根据具体项目条件，由设计者主导开展"构思"，建筑各部分"组构"具体内容形式及之间"构型"关系在设计前期往往指向不明确。

设计者在这类空间设计上的主观性、主导性均较强。对于此类空间的设计，笔者称之为"创作""构思"，这是建筑设计中较为"关键"的重要工作任务，现实中多以案例经验方式反复讨论与细化。因此，博物馆建筑设计中常嵌入较多既定的经验性经典空间形式认识，以唤起使用者对特定文化场所的感受与共鸣。这种感受与共鸣被认为是可利用的、既定的空间形式，通过行为-环境交互过程实现再现或者再构，以实现建筑文化性内涵目标，这在建筑现象学研究中被称为"场所精神"。[①]设计者往往采用原型思维，将功能目标通过类型化空间操作与组织手法，还原为一种空间认识与感受体验。这一过程不可避免地渗透了较强的主观设计作用。

若博物馆建筑未来仍以"以研究、教育、欣赏为目的，征集、保护、研究、传播并展出人类及人类环境的物证"为其核心属性，则可以预见：博物馆建筑除包含展品的展览及工艺用房外，传播、教育等功能要素在博物馆建筑空间构成中也必然占有一定的比例，构成博物馆建筑潜在的用房需求，通过设计才能显化为碳源，并最终参与博物馆建筑的碳排放表现。

2．文化馆建筑

相比博物馆建筑，我国文化馆建筑是面向地方、社区群众的业余文化活动空间设施需求的建筑，多由地方文化管理部门管理、运营并指导建设。

文化馆建筑的定位偏重支持地方群众文化活动的组织与推动，常是承担地方非物质文化遗产保护、展示、传承的主要机构或者空间载体，是一类直接受到地域文化、建筑传统、活动内容形式影响的文化活动建筑。文化馆建筑在不同历史时期，表现出自上而下的文化引导特征，并根据具体的群众文化需求，以群众艺术馆、工人文化宫、职工俱乐部、少年宫、妇女儿童活动中心等形式确定主要服务内容及空间载体。

根据《文化馆建筑设计规范》JGJ/T 41—2014，文化馆的群众活动用房一般宜包括展览陈列类、讲座报告交流类、文艺排演类、文化文艺教室类、图书阅览及多媒体活动类、游艺用房、公共大厅等空间类别。[②]其中，群众舞蹈、音乐、文艺、曲艺、书画、非遗等活动所需的空间设施是较为依赖公共投入支持的活动空间设施。一般按照服务人口规模、文化服务平均水平，由国家标准指导。从建筑设计角度分析，这些文化活动通用而必要的小型报告

---

① "场所精神"（GENIUS LOCI）是挪威城市建筑学家诺伯舒兹（Christian Norberg-Schulz）在1979年提出的说法，用以强调"建筑环境对人的影响，意味着建筑的目的超越了早期机能主义所给予的定义"，对环境知觉的象征性提出了自己的解释。根据《场所精神：迈向建筑现象学》的观点："场所精神的形成是利用建筑物给场所的特质，并使这些特质和人产生亲密的关系。"
② 根据《文化馆建筑设计规范》JGJ/T 41—2014 4.2.1，群众活动用房宜包括门厅、展览陈列用房、报告厅、排演厅、文化教室、计算机与网络教室、多媒体视听教室、舞蹈排练室、琴房、美术书法教室、图书阅览室、游艺用房等。

厅、排演厅、录播空间，尤其是小型观演厅等专业设施是建设投入中较为关键的设施，一次性投入较多、标准要求差异大且运营维护有专业门槛；而地方曲艺、非遗活动所需要的教室、活动室、研究室等空间要求较为日常。

　　图1-1上图是《建筑设计资料集（第三版）》中文化馆建筑设计研究总结的通用功能布局示意，下图是根据行为-空间逻辑开展的建筑空间类型桑基图分析，两者均在梳理文化馆内庞杂的"功能用房"。上图是用"分区"的方法先假设出建筑整体，再通过抽象的"布局结构"判断用房组织布局结构的合理性；下图则通过用房"组织规律""空间原型"归类梳理出"建筑组构"，以帮助设计者简化建筑各组分，更好地展开不同方案的比较，适配条

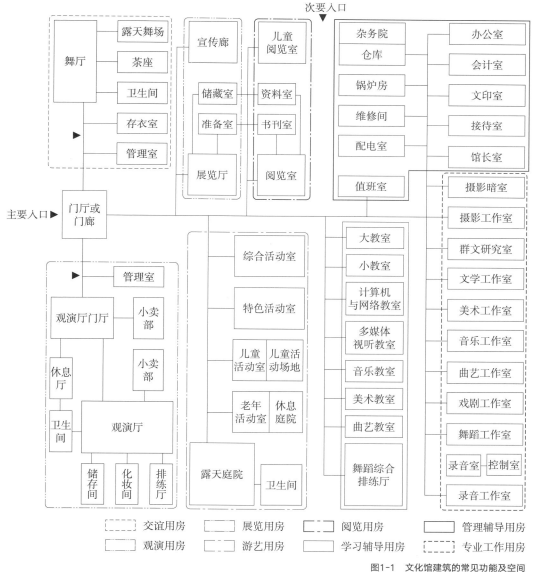

图1-1　文化馆建筑的常见功能及空间

9

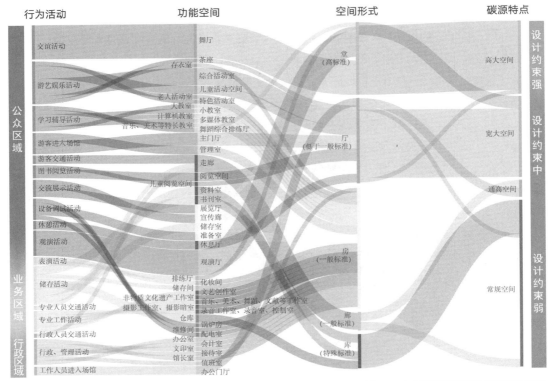

图1-1　文化馆建筑的常见功能及空间（续）

件，推动构思。

　　依赖文化馆建筑空间的多样功能，可以通过练习掌握的模式化抽象思维，较为直观而高效地展开设计构思，既内嵌了建筑通用技术逻辑，又包含了文化馆建筑功能用房的分类分区组织原理。同时，还可以直观理解文化馆建筑的物化技术需求，故而能极为高效地推动、综合、平衡技术、空间、使用整体绩效的建筑模式的成熟深化。模式化抽象思维是建筑设计主要采用的思维方式，也称为"流线与分区"的建筑设计方法。

　　文化馆建筑综合了较多的群众文化活动，包含的各类空间可用的原型也不是单一的，落实为建筑用房后对应的碳排放也有差异，是较为复杂而又有代表性的文体建筑。既有大量的设计案例研究已经积累了不少有关文化馆各种用房、各类空间组构及建筑布局三个层面的构造、组织经验，形成了较为丰富的既有建筑模式，决定了现有文化馆类建筑的碳排放平均水平。

3．图书馆建筑

　　戊戌变法之后，我国历史上传统民间自营的藏书楼逐步解体，向公众服务的公共图书馆开始出现，从而揭开了中国"公共图书馆"机构的发展序幕。

图书资料一直是文化解释、传承的重要载体,具有天然的国家公共秩序影响力。因此,对图书、典籍及相关物品的收集、整理、保护、信息传播等管理问题是各个国家传递思想、统一观念,以及协同各社会阶层的重要事务。

以收集、整理、保管、研究和利用书刊资料、多媒体资料等为主要功能,以借阅方式为主并可提供信息咨询、培训、学术交流等服务的文化建筑,称为图书馆建筑。[①]图书馆建筑主要由各类文化研究学术机构发起、建设、管理。在我国,图书馆学(library science)是一门属于图书情报与档案管理类的普通高等学校本科专业。图书馆建筑需根据不同的图书资料档案管理层次、规模、使用人群范围来区分具体类型,对空间的要求有一定的差异。

从国家机关执行资料保护整理的角度来讲,与图书馆建筑相似的建筑包含档案馆建筑(archives)。档案馆指集中管理特定范围档案的专门机构。[②]从服务公众文化活动的角度来分析,在书籍、影像等这类知识产权物品的社会传播与活动中,不仅包括借阅行为,相关的知识产权物品的翻阅、介绍、学习等社会传播方式的公共活动场所都可以包含在其中,经营性的商业机构,例如书店也包含相似的社会文化传播功能。由于社会行为对空间要求相似性较强,档案馆在一定程度上与图书馆功能构成关系类似,在社区等基层级别展示图书资料服务中,二者也经常可以复合。

根据《图书馆建筑设计规范》JGJ 38—2015,图书馆主要的功能包括收藏、阅、研究与交流分享四大部分,并根据管理编目的工艺与借阅服务的不同方式及流程来组织建筑空间分区与用房。

当前,数字媒体普及,进入了纸媒多元转型时期,使得图文阅读公共活动的综合与泛化迅速演化。而商业服务的普及正深刻影响着图书馆的空间组织,主要表现在以下方面:

1)图书类文化消费商品类型多样,纸媒交互仍然保留,但面临广泛的电子信息的渗透,使得人们和知识产品交互渠道及方式更为多样,"阅览"行为更加多元多样,借阅流程更加便捷。

2)新兴的商业机构如新华书店等,对图书服务及商品展陈、编目、阅选的空间设计组织更为多元新颖,影响着社会公众对图书馆空间品质的

---

① 来源:《图书馆建筑设计规范》JGJ 38—2015 2.0.1
② 来源:《档案馆建筑设计规范》JGJ 25—2010 2.0.1

认识和预期。

图书馆建筑中的阅览室，因人们消费、使用、体验图书等新习惯，出现了支持复合、开放的翻阅、休闲、购买行为的新型空间形式，对应着新的建造技术方式，建筑模式也正在转型迭代。同时，图书馆建筑、阅览室空间与文体建筑中多种空间原型既可以同时并存，也可以相互交织，并有不同程度的创新。

4．观演类建筑

观演类建筑包括电影院、音乐厅、歌剧院、戏剧院、实验剧院、艺术中心、演艺中心等类型。[①]

剧院常承载大型经典的歌舞戏剧演出，多由政府文化部门、社会公益机构等提出建造，公益性质较强，文化公共设施属性明晰，但同时也受到演出市场影响。根据使用性质及观演条件，剧场建筑可用于歌舞剧、话剧、戏曲三类戏剧演出。[②]按照演出规模、观众规模对舞台及观众厅的空间要求差异，对应的建造结构工程难度也不同。因此，剧院建筑主要根据观众厅、舞台等级及服务规模来确定建筑的主要经济技术指标。

实验剧院、艺术中心建设多围绕特定的文化产业人群及艺术内容立项，多由地方公共行政管理部门运营，具有较强的公益属性。

电影院、演艺中心等是电影产业、旅游产业的有机组成部分，多由院线市场决定其商业经营模式，根据观影厅规模、座椅标准、银幕规格等确定经济技术指标，对其空间特色的要求主要围绕商业定位需求展开。

剧院建筑空间组合一般以观演厅为核心，展开组织整体空间布局。观演厅本身建筑建造技术及其布局组合方式受到工程技术的约束较多，模式相对固定，使得其基本的材料用料、结构建造、空间形式规律较强，观演内容、演艺形式构成的综合体验对空间要求形成相对稳定的空间原型，围绕观演行为的基础空间量对应的碳排放也相对稳定。当前，随着现代演艺形式的多元化，剧院建筑也出现了新的空间形式；同时，随着演艺活动的不断拓展与渗透，在各类建筑项目中也融入了不少的观演行为。这就使得建筑环境中对文化体验产品的多样性发展提出了更包容的新要求，而在原型层面的突破较大地影响了观演建筑核心空间的碳排放水平，外围的公共空间形式与规模也影响着建筑整体的碳排放水平。

5．展览馆

展览馆是作为展出临时陈列品用的公共建筑。按照展出的内容，展览馆

---

① 来源：《建筑设计资料集（第三版）》
② 来源：《剧场建筑设计规范》JGJ 57—2016 1.0.4、1.0.5

可分为综合性展览馆和专业性展览馆两类。专业性展览馆又可分为工业、农业、贸易、交通、科学技术、文化艺术等不同类型的展览馆。[①]

展览馆在现代工业化发展中，往往是产业、行业技术、产品链条上下游主体交互信息的集散地，有着较明显的规模效应，且一般人流集散量大，具有明显的社会影响，形成了以会展为形式的衍生经济现象。因其天然的经济、社会公共影响力，展览馆逐渐成为展示城市实力、影响力的标志性建筑。

专业展览馆建筑多由行业推动建设，因其公共设施属性，故多由公共资本先期策划投入。但专业展览馆的运营维护与行业产业发展密切相关，故其多围绕市场逻辑确定其标准与形式。专业展览馆的设备在建造、使用中通用化、标准化、工业化程度较高。其中，文化艺术类展览馆较为强调其空间特色，也可依托各类既有建筑进行改建、扩建、加建。

各类展览建筑总体规模与展览馆的陈列室空间都比一般建筑大。根据空间单元空旷的特点，展览馆往往采用大跨等结构形式。以屋顶采用膜材为例，展览馆膜材重量为500～1500g/m^2，是传统大跨屋盖材料的1/30～1/10。展厅多采用连续大面积较轻盈的围护结构，因此总体建造系统物料使用效率高。从建筑空间类型构型规律上来讲，展览建筑层级结构清晰，流线主次分明，其主体空间占比是文体建筑中最大的，每1000m^2展览面积一般需设置50～100m^2前厅，每10000m^2展厅通常只需配备50m^2办公，主体空间占比可超过90%。在日常运行中，展厅空间舒适性要求不高，且容易通过建筑本体解决，是一种综合绩效很高的建筑类型。由于展览活动的特点，展览馆也有较明显的间歇使用规律及潮汐人流。展览馆的建造体系与环境舒适控制的绩效决定着其碳排放水平。

6．体育建筑

体育建筑是作为体育竞技、体育教学、体育娱乐和体育锻炼等活动用的建筑。包括体育场、体育馆，属于体育设施。[②]

体育场建筑是具有可供体育比赛和其他表演用的宽敞的室外场地，同时可为大量观众提供座席的建筑。[③]体育场建筑中赛场和逐排升起看台的组织方式，可追溯至公元前776年，举行第一届古希腊运动会的奥林匹亚城体育场。1908年，第四届奥运会主场馆伦敦白城体育场，扩大了场地短轴从而可容纳更多项目，具备了足球场地条件，随着奥运项目逐渐稳定和标准化，这种足球场外设有400m田径跑道的场地形式，结合周围露天看台，演变成如

---

① 来源：《展览建筑设计规范》JGJ 218—2010
② 根据《体育建筑设计规范》JGJ31—2013，体育设施是作为体育竞技、体育教学、体育娱乐和体育锻炼等活动的体育建筑、场地、室外设施以及体育器材等的总称。
③ 来源：《体育建筑设计规范》JGJ31—2013

今广泛建设的综合性体育场建筑原型。对特定体育项目比赛和观看品质的追求，衍生出专业足球场、棒球场等专业型体育场。

体育馆建筑根据比赛场地的功能可分为综合体育馆和专项体育馆，不设观众看台及相应用房的体育馆也可称为训练房。[①]现代中型体育馆多按照40m×70m的国际体操要求设计。而目前常见体育馆多以篮球运动为基础，兼顾多种运动项目，称为综合体育馆。围绕特定项目的体育馆类型有游泳馆、网球馆、滑冰馆，以及不带看台的全民健身馆等。

体育属于我国标志性社会发展事业，体育运动赛事是国家社会的重要公共事业的核心事务与事件。体育事业彰显国家竞技实力，各种竞赛是综合国力和社会文明程度的重要展示窗口，也是提升国民运动健康水平的重要途径。体育建筑是专业性较强的公共设施，在我国其建设受多部门管理引导。[②]我国体育场馆建筑总体呈现专业化与普及化两条发展脉络。

专业化体育场馆应按高水平体育赛事的严格标准建造，多为较大规模、尺度的高大空间，有严苛的物理环境、工艺标准及设备设施要求，往往集中采用先进、前沿的建筑技术，其结构形式、建造标准技术门槛较高，有较多的技术细节约束。其一般建设投入大，多由专门公共机构发起、组织投入与建设，往往是城市标志性建筑。因赛事活动具有明显的间歇使用规律及集中人流，其多数日常时段为避免闲置，需要提供不同的使用方式综合平衡运营维护成本，这种动态特征带来空间构成、功能配置、设备设施的不同要求的技术挑战，有明显的间歇使用与长周期转换的运行特点。

普及化的群众运动健身场馆则表现为低标准、小规模和灵活多样，往往是城市、社区公共设施的重要组成部分。相较专业场馆，其建筑类型和空间构成无既定标准，工艺和技术要求弹性较大，更为重视建设的经济性，也较多依赖各种公共机构、商业与市场运营共同推动、管理。其使用状态和方式相对固定，建筑技术逻辑相对稳定且规律鲜明。

1.1.2 文体建筑碳排放强度、基准与控制目标

1．建筑碳排放强度指标概念

为落实"减少建筑二氧化碳排放以降低建筑行为对环境影响的低碳建筑（Low-Carbon Building）"设计目标，建筑设计者需理解、控制并能有效优化

---

① 来源：《体育建筑设计规范》JGJ31—2013
② 《城市公共体育场建设标准》建标201—2024、《城市公共体育馆建设标准》建标202—2024、《城市公共游泳馆建设标准》建标203—2024由体育总局主编，住房城乡建设部和国家发展改革委2024年批准发布。

构思与决策，从而积极平衡处理建筑全生命周期中的各种碳排放。

目前，在建筑行业主要采用"单位建筑面积碳排放量"作为衡量比较建筑碳排放水平的关键指标，也称为建筑碳排放强度指标。这个指标可以反映不同建筑的碳排放对环境造成的影响，也能较好地展开某类建筑碳排放强度纵向对比，从而便于展开工作统计，提取规律并提出可落实的具体控碳技术方式与创新方向。在研究中，针对模型建筑横向对比其碳排放强度，可以深入寻找、定位、优化、激励碳排放控制的设计技术途径。

目前，我国民用建筑运行碳排放统计主要采用的是建筑单位面积年碳排放量，单位为$kgCO_2/（m^2 \cdot a）$，可通过计算获得。

延伸阅读思考内容
1. 建筑直接碳排放与间接碳排放
2. 隐含碳排放与运行碳排放
3. 为何要关注建筑的"隐含碳排放"

1. 建筑碳排放计算中
直接碳排放：化石燃料燃烧产生的CO_2，是由建筑的使用单位（企业）自身拥有或控制的排放源所产生的碳排放。
间接碳排放：建筑使用单位（企业）外购的电力和热力引起的碳排放，此时实际排放源是电力和热力的生产企业。
2. 建筑隐含碳排放与建筑运行碳排放
建筑隐含碳排放指在建筑材料的制造、运输、维护和处置过程中产生的含碳温室气体的排放，也是建筑物投入使用前的碳排放量。
建筑运行碳排放指建筑物完成后运行中的化石能源消耗，如建筑物的加热、冷却、通风、照明和电源插头所需的电力和天然气对应的碳排放量。
3. 随着建筑节能改造和可再生能源的使用，运营碳排放可减少，建筑建设完成时隐含碳排放即已确定。
从全生命周期的碳排放量看，建筑运行阶段占比为70%~90%，建材生产占比为10%~30%，建造约占1%，拆除占约1%；从单位时间看，建材生产碳排放强度最高。

对于单体建筑，建筑碳排放强度可以直观地反映建筑运行阶段的碳排放强弱，对应建筑运行阶段能耗产生的碳排放量，且与既有的建筑节能、节能措施标准、建筑节能等技术与指标体系对应性强，技术上理解操作的关联紧密。

对于建筑设计者与项目开发者，建筑碳排放强度指标对于理解、比较建筑建造阶段集中物化所产生的碳排放则不够直观。因此，在建造阶段由于建材物料等生产、运输、加工而产生的碳排放，也被称为建筑内"隐含"[①]的碳排放。这部分碳排放量与建筑类型、规模，以及根据建筑所在地域的气候条件、需求、经济投入等所采用的结构、材料等技术体系关联较强。也可用单位面积建造碳排放来计量表达"隐含"碳排放强度，《2022中国建筑能耗与碳排放研究报告》即采用了这一指标，单位为$kgCO_2/（m^2 \cdot a）$。

目前，在建筑设计行业里，对于建筑设计与建筑管理而言，国家标准《建筑碳排放计算标准》GB/T 51366—2019计算的是建筑"全生命周期"的碳排放。该标准在术语中明确建筑碳排放概念为：建筑在与其有关的建材生产及运输、建造及拆除、运行阶段产生的温室气体排放的总和，以CO_2当量表示。在具体计算中，常用不同符号来表

---

① 即Embodied Carbon，也翻译为嵌入碳隐含碳，与Operational Carbon（运行碳）对应，指在建筑流程中生产运输加工等尚未成建筑物（Body）前成型阶段（Embodied flow）的碳排放，也可以理解为建筑物投入使用前的碳足迹。

示建筑全生命周期各阶段碳排放量与碳排放强度。图1-2列出了计算计量角度下的全生命周期四阶段建筑本体碳排放组成术语与符号。图1-2中，右边的指标是以碳排放强度方式来表示的，左边一列则直接以排碳量表示。

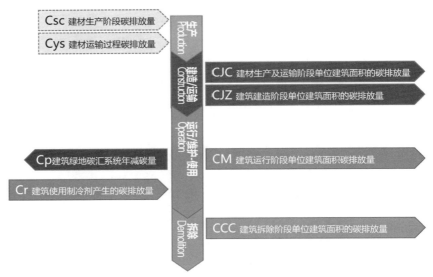

图1-2 计算计量的建筑碳排放组成

2．我国公共建筑碳排放强度及其统计情况

根据中国建筑节能协会《2022中国建筑能耗与碳排放研究报告》发布的数据：2020年中国建筑全过程碳排放占全国碳排放的比例为51%，与2019年持平，建筑仍是名副其实的碳排放"大户"（图1-3）。

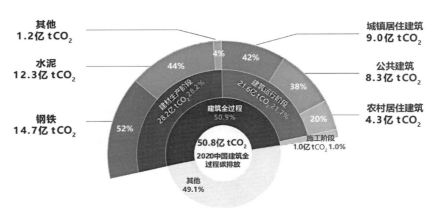

图1-3 2020年中国建筑全过程碳排放统计图

根据上述报告的数据，我国公共建筑2020年碳排放强度平均值为58.6kg CO_2/（$m^2 \cdot a$）。建筑运行阶段在全国能耗占比和碳排放占比数据接近，均为

20%多；而建材生产阶段占全国碳排放的比例却要明显高于能耗占比，接近30%，占建筑全过程碳排放超过一半。这也可以粗略地反映出：当前我国建材生产中所消耗能源碳排放不仅总量不小，和建筑运行阶段的能源消耗碳排放相比，生产运输环节碳绩效水平低于其他制造加工行业的平均水平，生产制造加工业可再生能源替代相对慢，建材生产阶段的碳排放强度在技术水平平均意义上是偏高的。

《2023中国建筑与城市基础设施碳排放研究报告》中显示：2021年公共建筑运行阶段总体碳排放约9.5亿t CO_2，和2022年报告中2020年公共建筑运行阶段总体碳排放约8.3亿t CO_2数值相比，公共建筑运行阶段总体碳排放增长了约1.2亿t CO_2，增幅达14.5%，占建筑运行阶段总体碳排放总增量的63%（图1-4）。虽受特殊因素影响，2020年公共建筑运行阶段总体碳排放基数低，在统计上表现为2021年大幅度增长，但也侧面反映公共建筑运行能耗变化对碳排放控制总量影响权重明显。由于公共建筑使用需求的必要性较难调整，故其仍是总体碳排放控制的重点与难点。

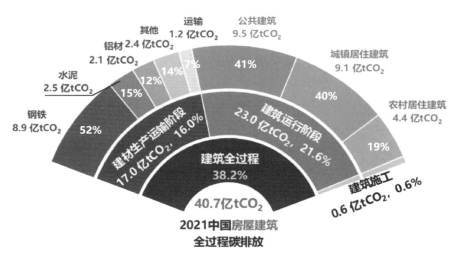

图1-4　2021年中国建筑全过程碳排放统计图

注：建造阶段的建材碳排放和施工碳排放仅包含房屋建筑，不涉及基础设施；建材碳排放仅为能源碳排放，不含建材的工业过程碳排放；全国能源相关碳排放总量106.4亿t CO_2。

由此可以看出：公共建筑碳排放中，建筑运行碳排放总量在整体建筑业当年碳排放量中占比超过56%，其中公共建筑超过40%，比重突出。建筑建造过程中消耗建材产生的隐含碳排放约占总体建筑碳排放的42%，大量的样本分析和文献调研显示，公共建筑的隐含碳排放强度总体上高于居住建筑，且公共建筑建造物化的建材碳排放强度也较高。因此，公共建筑碳排放在隐含碳排放与运行碳排放两个方面均需要大力推动技术创新与发展，在建筑设计中需要强化理解各个设计决策对这两方面碳排放的关联影响。

3．文体建筑碳排放强度认识与低碳文体设计

我国既有的标准体系、规定中对于文体建筑目前尚无单独的碳排放强度限制规定。目前，对文体建筑碳排放控制要求主要包括：1）对完成的建筑设计进行能耗分析。我国几乎所有省市对政府投资的公共建筑都有环境性能强制约束，并通过行政许可流程作为审批的强制审查环节。2）所有立项的新建、改建建筑都需要对所涉及的文体建筑进行碳排放强度计算分析，使其满足碳排放审查要求。根据《建筑节能与可再生能源利用通用规范》GB 55015—2021，从2022年4月起，新建建筑碳排放强度应在2016年执行的节能设计标准基础上降低40%，碳排放强度平均降低$7.8kgCO_2/（m^2·a）$以上。对公共建筑而言，需实现降低$10.5kgCO_2/（m^2·a）$。[①]这一数值针对的是建筑运行阶段所产生的碳排放。只要严格执行遵照《建筑节能与可再生能源利用通用规范》GB 55015—2021中的要求，就能实现对应的运行碳排放降低的目标，即为碳排放达标的建筑。相比之前的建筑碳排放水平，此类建筑可称为低碳建筑。

就低碳设计目标内涵而言，在技术上实现通用标准是目前的通用做法。在具体文体建筑设计中，把不必要的、能通过设计决策影响的致碳因素识别清楚，通过对材料、结构体系、空间形式进行调整，环境控制方式进行转换，替代、升级等方式进行优化，即本教材所指的低碳设计。

1.1.3 文体建筑类型的碳排放特征

文体建筑在设计前期环节不仅需要满足建筑运行的标准规定、技术系统要求，更要对拟建设文体建筑的社会经济长远目标展开定性、定位分析。

文体建筑是公共建筑中建设目标标准与建筑活动强度均较高的类型，其容纳活动的重要性往往通过等级、规模在建筑设计标准中区分，相应的技术措施与空间要求复杂性对文体建筑的碳排放起决定性作用（表1-3）。

不同文体建筑类型容纳活动的空间需求对建筑碳排放的需求与技术约束特征　　　　　　表1-3

文体建筑类型		与其他建筑类型性质差异	物料需碳	运营需碳
博物馆	美术馆	1. 用于文化物的传播、展示、研究，为非营利机构； 2. 空间场所要求高，技术融合及创新特色要求高，空间行为潜在文化作用高，冗余度高	各种技术体系选择主动差异大	因地区等级差异大，主体要求严格
	科技博物馆			
	纪念馆			

———————————

① 来源：《建筑节能与可再生能源利用通用规范》GB 55015—2021 条文解释2

文体建筑类型		与其他建筑类型性质差异	物料需碳	运营需碳
文化馆		1.综合基层福利设施，容纳、推广、引导群众文化活动，兼顾文化及空间特色，空间兼容性强； 2.组合内容、使用方式、预期多样	技术体系选择较灵活；差异大	因地区等级差异大，各部分差异大，各部分需求灵活
图书馆		1.教育福利设施，区分于耦合书店、书坊； 2.承担古籍、档案、知识产权物的传播、收集、整理等职能，图书文献管理有工艺逻辑，公共空间标识性要求高，追求组合效益	技术体系模式较固定；约束多	因等级、目标、绩效有较复杂差异，主体需求固定
观演建筑	电影院	1.公益与商业兼顾； 2.具有艺术表演特性，观众/表演； 3.空间原型相对固定，技术门槛高，维护成本高，空间高大技术特征突出，结构技术约束突出，需平衡技术逻辑组合效益	技术体系选择约束对应强，较固定；稳定，偏高	因地区等级差异大，主体需求使用间歇且特征突出
	剧院			
	音乐厅			
	艺术中心			
	演艺中心			
体育建筑	竞技馆	1.公益与商业兼顾； 2.运动活动场所标准要求差异大，对观演组织技术要求高； 3.空间技术原型成熟，高大特征突出，结构技术约束突出	技术体系约束强，选择差异大	等级约束强，主体需求使用变化特征突出
	综合馆		技术体系选择较灵活	使用间歇要求差异
	健身馆		技术多样	要求多样
展览馆		1.广义公用设施，运营公益商业平衡，文化传播特性强，原型简单，设计技术迭代迅速； 2.空间弹性使用特点突出	技术体系约束强，单位强度低	因地区条件差异大，主体需求使用间歇特征突出

因此，文体建筑作为一种活跃的建筑碳源，其碳排放强度首先表现在类型的差异上，并且有明显的等级差异规律。总体上，和常规的住宅、办公等民用建筑相比，文体建筑的碳排放强度基础偏高，而且碳排放的路径与其内在技术体系密切相关。由于文体建筑本身形象的标志性要求，使得其建筑形式独特性往往成为必然的设计预设，并且空间及形式也有一定的灵活性、独特性，进而也造成其技术方式经常有实验性与示范性。在设计任务中，文体建筑作为具体碳源有以下特点。

1）文体建筑作为公共文化空间活动载体，参与者多，收益与受益范围大，过程长，初次投入标准普遍较高，碳排放研究原型相对稳定，且由于其设计采用的技术思路有差异，故碳基准模型有一定规律性，但也有多元多样的特点。

文体建筑多由相应的公共机构发起建设任务。其文化传承意义突出，多为公益性质，对建筑文化表现的质量水平诉求强烈。相比大多数居住建筑，文体建筑对具体空间使用频率与效率的要求相对较少，但因其所承载的公共活动，故往往对空间形式、场所氛围有较为明确的"超越"预期。有的类型（如观演建筑）的主体活动空间有较具体、复杂的工艺技术标准要求，有的类型（如博物馆）对建筑内部空间场所形式独特性有较高艺术感受要求，这就使得各类文体建筑的建材标准、建造方式、空间模式具体要求普遍超过行业一般标准，但又具有各自特点。

因此，文体建筑的空间本体建造标准在整体房屋建筑体系中使用基础标准较高，舒适及综合品质要求高，设备系统复杂，各类空间使用强度差异大，总体运维能耗基数大。这是理解文体建筑高碳排放"基准"的需求引导规律的前提，也是理解分析建筑碳排放水平技术要素，以便施加设计影响，有效控制文体建筑碳排放的关键前提。

2）文体建筑具体工程的建造前沿性、实验性突出，具体工程中人为定制内容多，现代工业技术支撑性强弱不等，控碳技术思路迭代与设计思维过程关联、缠绕较深。

在现代社会文化生活主流认识下，为应对现代社会丰富的活动类型，文体建筑日益追求空间姿态开放、场馆运维高效、场所质感有特色，故往往在空间建造上集中表现出突出的实验性，并使用先锋性特色空间的建造与技艺。对场所构想创意丰富，容纳涉及的使用情景多元，以及围护结构材料技术多样，使得文体建筑设计手法创新多元且活跃，空间功能形式变化多。因此，就建筑设计创新性方法规律而言，较难捕捉文体建筑的具体完型、赋形手法，也不宜过多地"规定"其具体设计建筑形式。作为碳排放源来看，文体建筑的碳排放控制与建筑设计目标链条长，关联也相对复杂，与设计决策的关联效应不直观。

3）文体建筑作为公共资源承载物，在经济过程中有潜在积极的长尾效应，[①]品质、使用寿命及文化作用与一般建筑差异较大，能够持续广泛地引发城市积极的脱碳效应。

文体建筑一般肩负着比较明确的文化性传播职能，其多数关键空间决策的内在驱动并不限于具体承载的公众具体行为，而是着眼于公众的文化心理预期，且有承载、表达、传播、传承文化的潜在要求。因此，在文体建筑的公共空间设计中考量人们行为的复合度、复合性，需要依赖一定量的空间冗余、符号性装置来符合整体的文化活动承载品质与表现力。这些空间设计往往具有更为显著的历史"空间原型"特征，有较多的计量"冗余"，也可能因包含特定的成熟技术信息而限制其单项环境技术的合理性。

根据文体建筑"因需而建，因用而重"的特性，在传统文体建筑使用过程内，明显有使用价值转化、经济价值增值、社会文化价值显化、凝结持续发展的规律。因此，文体建筑的设计目标常需围绕较高的使用预期来开展技

---

① 长尾效应：经济学研究中用来解释互联网发展趋势经济活动依托聚居及密度也有明显的"长尾"。——《长尾理论：为什么商业的未来是小众市场》

术落实工作。文体建筑选址相对稳定，大部分建成的既有经典文体建筑都有超期服役的历时性特点。虽然文体建筑在不同阶段使用状态与容纳活动强度形式上会有变化，但在行业内普遍观念中，文体建筑的文化社会作用较为重要、多变且有公益性。虽然本体经济收益不明显，且可能经常需负债经营，但文体建筑对社会文化可产生持续、广泛、多样的积极作用，且影响范围广、带动作用突出、时间周期长，其价值显化后置。

作为一种碳源，文体建筑相较于普通建筑的直接与间接碳排放强度均较高。文体建筑的建筑本体经常采用较为前沿新颖的技术模式，量身定制内容多。虽然应用的技术本身成熟度已经较高，但常常处于工业化规模推广先导阶段，且经常混杂应用多元多样的不同时代的技术原型。故建筑直接碳排放控制的前置性技术逻辑组织较为复杂。文体建筑的间接碳排放则由于常承载高强度、高等级、高水平、高标准的公共活动，故在很多情形下，其运行碳排放先天要求较高。

文体建筑的空间资源得天独厚，材料应用、品质等级及质量保障性都比一般建筑有优势，在碳汇、环境-资源利用模式选择上亦有较好的先决条件，在合理的创新下也能产生较好的碳控效果。这也是文体建筑低碳设计发挥效益的核心所在。如图1-5所示，方案构思恰好是对建筑设计碳减排影响最关键所在，影响的方式正是通过对大量的信息处理后的设计思维决策。

在建筑学研究中，大量的既有文体建筑设计研究已涉及相对明确的空间-活动对应关联规律研究。从建造微观系统来讲，建筑的物化阶段有较为直观的空间化规律。在建筑设计前期，人们习惯于通过建筑空间原型、建筑空间组合模式来形成和确定建筑形态。如果假定文体建筑中的主要空间已有明确的活动类型，那么尽管总体上建筑表达结果千变万化，但在具体空间层面其仍具有较明显的成型设计技术规律。在建筑设计方案成型前期，可以从建筑类型、规模、空间组构的角度来理解、判断、推进和控制建筑总碳排放强度。

在文体建筑中，通过各类建筑的空间组构思维，可以使空间场所构思与控碳推测和理解一同迭代。

综上，设计者需要理解各类文体建筑的建筑组构原型，并通过各类建筑的空间组构思维，对其变形及组合方式熟练掌握。只有这样才可能激活前期建筑的整体优化权衡，

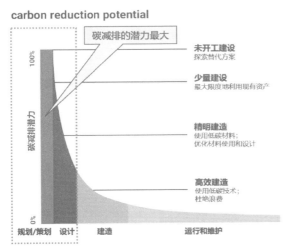

图1-5 建筑设计碳减排潜力

强化与创新前期设计阶段的空间场所构思与控碳推测和创新推动。事实上，虽然在相对稳定的建造技术体系下，建筑碳排放主要强度变化的确与建筑运行能耗基本相对应，但对于低碳文体建筑发展而言，当前技术需求发展已日益拓展至整个技术链条，包括材料组织、部品开发、建造结构、构造、设备等技术体系变革，空间需求与建筑模式更新，以及能源应用模式与效率发展。

从总体上来讲，文体建筑的低碳设计更依赖于前期技术选择、空间组织与构型。

宏观上，从优化设计控制碳排放角度出发，低碳建筑设计的核心是"协调建筑物及其环境与自然系统的关系，使以建筑为主的物质载体顺应自然系统的演化规律，并促进二者的良性互动。"[①]具体在文体建筑低碳设计中，应秉承可持续原则，理解消化各地域建筑不同环境的各种组合模式及其现代演化的碳排放助益与建造技术前提条件。

在设计中，分类控碳上，则需理解反思建筑碳排放过程，建立建筑各部分决策与碳排放的关联认识，了解建筑通过选择材料部品生产、建造、使用而必须产生与额外产生的碳排放量率关系，优化建筑设计中"选、用、组、调"操作过程的决策水平，以设计控碳实现建筑降碳。

1.2.1 文体建筑常见空间类型与设计原型

1．文体建筑中常见的空间类型及其设计构型结构层级

既有的建筑设计思路中，一个完整的文体建筑设计项目往往包含着具有不同属性的几类典型空间。

1）文体建筑类型主体活动对应的空间，称为主体空间。主体空间在建筑布局中往往具有独立分区，并构成主体空间单元。单元内在的技术逻辑通常有较严格的规律，原型明确。例如，观演建筑中的舞台-观众厅及体育馆建筑中的比赛厅，根据表演要求或比赛要求，演员-观众、运动员-观众有相对应行为流程与组织要求，在通用的建筑技术系统下，会形成成熟稳定的类型化原型。其中内嵌了空间尺度等形式几何规律、功能分区流线顺序规律、结构体系与设备系统的技术关联逻辑，也因此具有较为明确的物料及运行规律。当然，主体空间也可由设计者根据具体项目条件，在特定技术环节突破或重构优化为新类型化原型。

---

① 来源:《建筑碳中和的关键前沿基础科学问题》

2）根据文体建筑使用中主体活动组织运行要求，主体空间外常附带一定量的从属空间。例如，观演建筑通常附带有专业排练厅，体育建筑可能附带有特定的训练厅。这类空间一般有专业通用的标准，有专业通用典型组构，具有特定构型规律。从属空间的原型技术约束逻辑相对强，具有更为明显的物料及空间运行规律，但在设计中对其原型操作也有一定自由度。

3）根据建筑日常运行而附带必要的支撑性功能空间，称为附属空间。例如，各类文体建筑中的办公、后勤、研究等一般内部业务的保障性房间，以及小型报告厅、教室、展示厅、门厅等空间。附属空间一般也有相对明显的原型及其组织方法，遵循通用的建筑组织原理与法则。在设计操作上，附属空间组合关系有一定的活跃性，在设计上有较多的特定组织限定，是设计技巧较高的部分，性能差异也较大。

4）通用的卫生间、交通核等统一称为连接组构，遵循通用的公共建筑设计逻辑。这类建筑组构主要是在较为具体的细节尺度展开设计，对建筑碳排放总体影响有限。

"这些不同层面的空间单元模式，具有各自的组织中有较强的规律性"。[①] 图1-6是芬兰现代建筑设计大师阿尔瓦·阿尔托（Alvar Aalto，1898—1976年）设计的三个图书馆分析。从图1-6中可以明显看到三个项目主阅览室形状不同，但都有相似的两级组合规律，主体阅览大厅与附属阅览单元合并为扇形空间单元，并通过交通性连接组构与办公室等附属空间组合。三个图书馆建筑可抽象出明显的组合关系，在设计者采用的木材、混凝土结构体系，其原

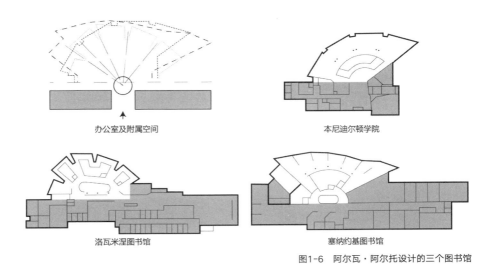

办公室及附属空间　　　　　　　　　　　本尼迪尔顿学院

洛瓦米涅图书馆　　　　　　　　　　　塞纳约基图书馆

图1-6　阿尔瓦·阿尔托设计的三个图书馆

① "模式"引自亚历山大（Christopher Alexander）的《建筑模式语言》，书中认为建筑中的"行为事件模式总是同空间中一定的几何模式相连接。"有一定技术经验规律性。

型组构特征鲜明。此外，附属部分根据三个项目的条件，在空间规模、尺寸、组构细节的变化，但均采用极为相似的廊式组合模式。

图1-7尝试还原文体建筑基本空间组合遵循的通用逻辑，在本教材中概括地将组合单元命名为四种类型：主体空间、从属空间、附属空间及组构连接空间。在建筑学研究中，通常将这类组合性经验规律统称为建筑空间设计原理，从既定建筑提炼出一定的模式结构与层级规律。但这些规律具有较为强烈的主观经验性。常以结构图解来表达，用以解释分析经验规律下的模式应用、调整等设计操作的科学性、可行性与有效性。在建筑设计思维过程中的这种模式化方法、能保障建筑设计方案构思快速成型，且具有较稳定的技术成熟性。

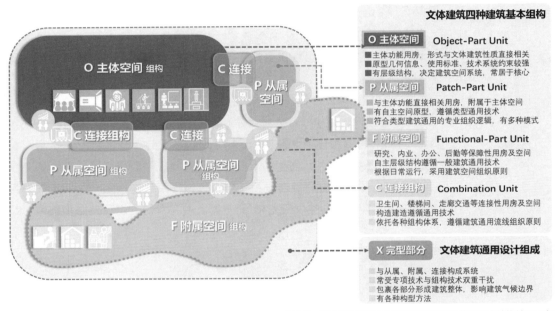

图1-7 文体建筑设计中常见的四种空间组构及组合结构关系示意

设计者认识、理解、应用这些经验时，多依靠几何特征来表征、解释、还原既定类型建筑中常见的空间组构，但其对应着大量根据具体要求而有适应性的变化技巧，包括参数、标准、链接关系，以及既往经典空间体验范式和偶然的场地因素。各类组构在地域性气候与场地具体条件下，可以快速调整、拼合而形成较为具体的技术方案，支持多样的空间具体形态变化。这些变化主要由设计者根据文体建筑空间秩序体验要求理解、场所文化性唤起预期构想等以设计技巧、手法方式驱动，并在示意图中以完型部分来表达。这是文体建筑设计中较有代表性的一种设计解析思维流程。

虽然这一思维主要发生在设计前期，但其与通用工程应用技术体系有较深的潜在对应关系。组构常用的图解具有明显的多维信息综合特征。虽然其中具体技术细节与工程信息指标不精确，还无法直接用于准确计算建筑物料。但相对成熟的原型一经选定，则不管后期优化细节如何，其在建筑物化层面的碳排放水平往往就相对稳定，可以通过一定方法结算。[1]

因此，在绿色建筑、建筑节能及建筑碳排放控制中，以及在建筑可持续目标下，建筑组构层面的工作具有决定性作用，是关键与核心的设计决策。尤其是这一阶段确定了建筑与地域气候之间的宏观交互模式与强度关系，直接决定了建筑的物化技术方式、强度、标准与技术体系，也影响了建筑运行时的状态。[2]

在本教材中，采用建筑"构型"来指代设计者在设计过程中对建筑各层级、各种"组构"的认知与组织思维过程。并通过构型使设计动作与建筑物最终的碳排放量关联起来。

2．文体建筑中的主体空间原型特征

大多数文体建筑核心空间尺度较常规建筑房间大，一般都对应着"成套"的建造技术要求——声、光、热基本标准，水、暖、电等技术系统，包含着较为固定而又关联紧密、互相影响的内在结构与上位连接模式，构成了文体建筑的组构。文体建筑区别于其他建筑的关键设计要素，称为构成文体建筑设计中的主体空间单元类型。

例如观演建筑中的核心空间为观众厅及舞台构成的主体组构，其多由具体承载的演艺活动类型确定其舞台技术参数，由观众规模确定观众厅设计参数，具有典型而明确的结构、声视线等技术约束。观演建筑的核心空间容纳该文体建筑的歌舞剧、戏剧、话剧、音乐厅等多种演出形式，有镜框式、伸展式等舞台几何形式，对应成套建构细节。此外，还由舞台与观众厅相互关系等使用信息共同确定其空间形式与建造细节。

图1-8简要呈现了"舞台-观众厅"的空间组构成型过程中建筑思维依赖的技术约束逻辑框架。和一般建筑相比，表现出较为明显的、前置的、通用的、基于经验规律的建筑碳排放的建筑构型规律。

假设需设计一个800~1000座规模的剧院，则意味着1200m²左右的舞台-观众厅主体空间，其休息厅、前厅等从属空间规模也有专业的通用配比规

---

[1]　之间没有显著差异。相反，在建筑功能、国家/地区和气候区组中观察到显著差异。建筑功能和气候区的子类别之间的差异也是显著的。

[2]　ANOVA（方差分析，Analysis of Variance）结果显示，各结构类型、国家/地区和气候区组之间的ECE（隐含碳排放，Embodied Carbon Emissions）明显不同，所有数值均表明统计学显著性。相反，建筑功能组的没有显著差异。此外，ANoVA结果显示结构类型组的OCE（运行碳排放，Operational Carbon Emissions）之间没有显著差异。相反，在建筑功能、国家/地区和气候区组中观察到显著差异。建筑功能和气候区的子类别之间的差异也是显著的。

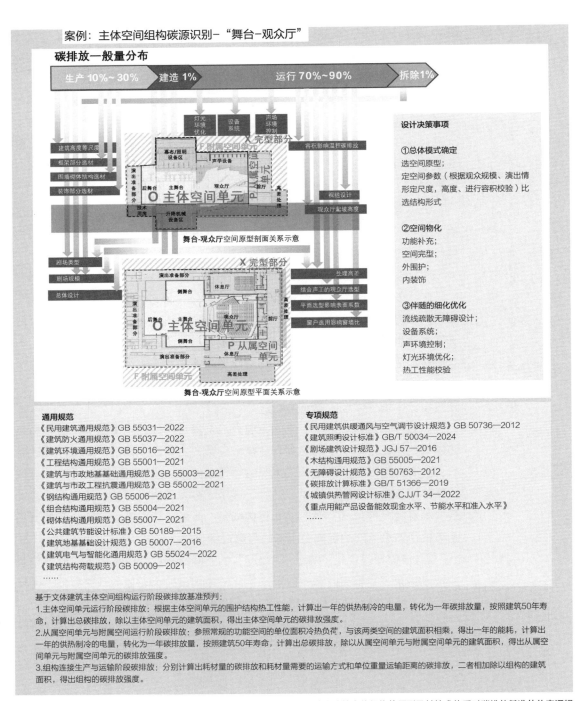

案例：主体空间组构碳源识别-"舞台-观众厅"

碳排放一般量分布

生产 10%~30%　建造 1%　运行 70%~90%　拆除1%

灯光环境优化　设备系统　声场环境控制

X 完型部分

F 附属空间单元

建筑高度等尺度
框架部分选材
围墙栅体结构选材
装饰部分选材

幕布/照明设备区
声学设备
后舞台　主舞台　观众厅
技术用房
升降机械设备区

O 主体空间单元

容积影响温控碳排放

P 从属空间单元

视线设计
观众厅起坡高度

舞台-观众厅空间原型剖面关系示意

X 完型部分

剧场类型
剧场规模
总体设计

演出准备部分
后舞台　主舞台　侧舞台　休息厅　前厅
演出准备部分
演出准备部分

O 主体空间单元

P 从属空间单元

F 附属空间单元

高差处理

处理高差
结合声工的观众厅选型
平面选型影响表面系数
窗户选用影响窗墙比

舞台-观众厅空间原型平面关系示意

设计决策事项

①总体模式确定
选空间原型；
定空间参数（根据观众规模、演出情形定尺度，高度、进行容积校验）比选结构形式

②空间物化
功能补充；
空间完型；
外围护；
内装饰

③伴随的细化优化
流线疏散无障碍设计；
设备系统；
声环境控制；
灯光环境优化；
热工性能校验

通用规范
《民用建筑通用规范》GB 55031—2022
《建筑防火通用规范》GB 55037—2022
《建筑环境通用规范》GB 55016—2021
《工程结构通用规范》GB 55001—2021
《建筑与市政地基基础通用规范》GB 55003—2021
《建筑与市政工程抗震通用规范》GB 55002—2021
《钢结构通用规范》GB 55006—2021
《组合结构通用规范》GB 55004—2021
《砌体结构通用规范》GB 55007—2021
《公共建筑节能设计标准》GB 50189—2015
《建筑地基基础设计规范》GB 50007—2016
《建筑电气与智能化通用规范》GB 55024—2022
《建筑结构荷载规范》GB 50009—2021
......

专项规范
《民用建筑供暖通风与空气调节设计规范》GB 50736—2012
《建筑照明设计标准》GB/T 50034—2024
《剧场建筑设计规范》JGJ 57—2016
《木结构通用规范》GB 55005—2021
《无障碍设计规范》GB 50763—2012
《碳排放计算标准》GB/T 51366—2019
《城镇供热管网设计标准》CJJ/T 34—2022
《重点用能产品设备能效现金水平、节能水平和准入水平》
......

基于文体建筑主体空间组构运行阶段碳排放基准预判：
1.主体空间单元运行阶段碳排放：根据主体空间单元的围护结构热工性能，计算出一年的供热制冷的电量，转化为一年碳排放量，按照建筑50年寿命，计算出总碳排放，除以主体空间单元的建筑面积，得出主体空间单元的碳排放强度。
2.从属空间单元与附属空间运行阶段碳排放：参照常规的功能空间的单位面积冷热负荷，与该两类的建筑面积相乘，得出一年的能耗，计算出一年的供热制冷的电量，转化为一年碳排放量，按照建筑50年寿命，计算出总碳排放，除以从属空间单元与附属空间单元的建筑面积，得出从属空间单元与附属空间单元的碳排放强度。
3.组构连接生产与运输阶段碳排放：分别计算出耗材量的碳排放和耗材量需要的运输方式和单位重量运输距离的碳排放，二者相加除以组构的建筑面积，得出组构的碳排放强度。

图1-8　观演类建筑主体组构的原型及其技术体系对碳排放基准的约束逻辑

律，一般符合0.2~0.6m²/座的规律〔表1-6〕，即为200~500m²的休息厅与前厅，约为主体空间的16%~40%，二者总体规模合计为1500~1600m²。相应的办公等附属空间也有类似的规模对应规律。其主体与附属空间若以常见的

钢筋混凝土结构，按照现有可再生能源使用要求与节能设计参数，则能简单估算隐含碳排放与运行碳排放水平，50年寿命期内在寒冷地区、夏热冬暖地区平均碳排放强度约为21kgCO$_2$/（m$^2\cdot$a）和24kgCO$_2$/（m$^2\cdot$a）。[①]

剧院建筑前厅、休息厅的面积指标 表1-4

类别	前厅		休息厅		前厅兼休息厅		小卖部
等级	甲	乙	甲	乙	甲	乙	
指标（m^2/座）	0.2~0.4	0.12~0.3	0.3~0.5	0.2~0.3	≤0.6	0.3~0.4	0.04~0.1

但是剧院这种观演类文体建筑设计项目，往往还需要根据项目服务的作用与所在的城市区位，承担不同的复合公共文化活动功能或场所功能要素。这些职能往往需要复合或组合于该类建筑主体-从属空间之上，并基于该类型建筑基本建筑构型规律。设计者这时需采用精简、合并、复合、统一等方式完善决定文体建筑品质的综合性创意，开展方案迭代。这一过程额外附着的必要部分在本教材中称为完型部分。对于大部分文体建筑而言，从既有数据经验来看，这一部分设计决策对于建筑碳排放的最终表现影响较大，具有明显的碳排放相关性。其可以达成的碳排放优化，本教材中可称之为"完型低碳设计优化"，不仅包括对主体-从属空间原型中技术体系及其内在模式的审视与转换，对建筑构型规律模式的比较，而且包括在完型部分对空间品质、分区、建筑组构效率、效益的平衡，以及对围护结构体系技术优化等环节。当然，这些工作都需要从建筑整体角度来衡量，主要由设计者主导来达成。

1.2.2 文体建筑新类型发展与演化

1．新城市发展中的文体建筑

1）文体建筑高强度、高标准开发

我国城镇化在接近纳瑟姆曲线70%[②]的快速发展期，出现了一轮以城市土地急剧扩张为主要形式特征的速增发展阶段。而大量城市中心区内的内涵提

---

① 采用本教材的估算方法，电力碳排放因子选取2021年数据。
② 城镇化进程研究中，有一条被称为纳瑟姆曲线的规律描述，由美国城市地理学家Ray·M. Northam在1979年首次提出。该曲线表明发达国家的城市化大体上都经历了类似正弦波曲线上升的过程，并且有两个拐点。在城镇化水平不到30%的初期阶段，城镇化增速缓慢；在城镇化水平介于30%~70%的中期阶段，城镇化增速加速；在城镇化水平超过70%的后期阶段，城镇化增速缓慢；达到80%后一般就不再增加。

根据中国社会科学院、清华大学新型城镇化研究院的研究数据，我国城镇化率1978年约为17.92%；1995年为29.04%，接近30%；2018年城镇化率达到了近60%，可见从30%~60%的增速是非常快的。2017年，北京、上海、天津的城镇化都超过80%，广东省接近70%。

升与城市外围新区的跨越发展往往都是以文体建筑高标准建设作为开发的标志性节点，以代表其建设品质，从而提振和引导城市区域迅速聚集。这一轮城镇化率先在大中城市形成了以文体建筑、CBD、高层居住区构成的"现代城市"的城市建设强度、节奏与密度，激发了文体建筑的新演化趋势。

（1）伴随着国家整体经济产业高速增长，以深圳经济腾飞、北京奥运会建设、上海世博会建设等为标志，刷新了我国文体建筑的建设标准及规模指标。

（2）城市中心区传统文体建筑原本相对独立的文化活动职能也逐渐摆脱单一的政府主导方式。通过采用各种管理手段，依托城市土地商业开发，出现了更为多样的土地、空间及功能复合发展的综合建设模式。文体建筑形成了融合发展的新趋势，出现了各种"城市文化中心建筑""商业文化项目""文旅综合项目"等方式与类型。

（3）传统文体建筑标志性文化场所的原型特征所依赖的城市高品质文化活动的历时磨合经常被人为突破。大部分城市发展重大事件中的文体建筑设计策略相较以往也常常更为激进，超越本体标准与具体需求的"突破拔高"与积极显化"新科技"形象的文体建筑设计思潮较为普遍。在普遍乐观的高发展未来预期下，体育中心、会展中心、大剧院等城市级文体建筑一般都在立项时倾向于高标准建设。在"五十年/一百年不落后"的设计思想主导下，催生了较多的特大型观众席数和超大建筑规模的综合文体建筑及建筑群，将若干文体建筑合并规划为"一场多馆"或"新城市中心"等超尺度的文体建筑总体格局也成为新城市建设中常见方式。

这类城镇化高峰期的文体建筑设计，对建筑运行状态近、远期的综合平衡考量往往较为粗糙，多偏重于局部标志性事件的应用状态分析与校验，常缺乏覆盖所有场馆的可持续运营的成熟论证方案，易出现实际使用强度和运营效率低的现象。

我国的文体建筑标准伴随城镇化大部分形成于20世纪80年代。而在城镇化全面提速后，大部分文体建筑设计标准就已经普遍出现了滞后的情况。

2）在文体建筑综合化、开发运营机制市场化融入成为主要发展趋势后，建造工业化与数智体验及运营控制也变得较为多样。空间的使用状态趋于更为机动、多元、复合。

随着城镇化转向内涵式发展，城市内部由轨道交通建设等基础设施带动的城市新一轮高强度建设中，文体建筑逐渐开始依托城市既有条件，依托旧城更新、历史城区保护改造、社区再生，以及商业综合体建设。其风格多样，灵活多变、见缝插针、小而精与综合化等成为设计背景关键词。

中小型文体建筑的空间原型有了丰富的拓展，技术约束与原型出现了更多样的变化，以及更为综合化、交叉化等原型转化发展特征。文体建筑的使用状态与应用场景更为丰富多样，完整的技术原型也逐渐难以以单一原型覆盖。这使得其空间组构更为多元复合，构型对应的设计思考更加立体，其不仅要能承载完成高标准文体活动，同时也要更贴近大众日常。文体建筑的前期定位出现明显的分化，大型文体建筑承担专业赛事、大型演出集会的建筑空间设计，与灵活多样的中小型文体建筑相比，其材料、空间原型、技术标准、规模、使用场景均有差异。现代文体建筑的活动方式也受到多媒体、电竞运动、商业配套、网上商务的影响，活动本身的形式流程也出现较多变化。有不少文体建筑组成部分的建筑碳排放特征可以参照常规教育建筑、办公建筑与商业建筑，呈现综合分化的碳排放强度，以及更多样的使用状态。

概念链接——新城市主义与城市更新

雄安新区、大湾区建设都是城市基础设施先行，代表我国一种主要的城市开发建设时序。有分析认为这种方式缘起于"新城市主义"的理论实践认识。

新城市主义于20世纪90年代初期在美国兴起。针对城市向郊区无序蔓延带来的城市问题，以彼得·卡尔索尔普（Peter Calthorpe）为代表的学者提出一种再造城市社区活力的城市规划及设计理论，对城市的郊区化扩张模式进行反思，提倡限制城市发展边界，建设紧凑型城市，以及通过以人为本、继承传统的旧城改造，改善城区的自然和人文环境，提升公众参与和社会福利，重新唤起城市活力。

新城市主义思潮对我国现阶段的城市研究及实践都有较深影响。在快速城镇化中老城-新城各自矛盾与问题认识下，基于新城市主义理论，我国的新城市发展理念应运而生。城市建成区采用城市更新的思路，对城市空间形态和功能进行整治、改善、优化，通过文体公共建筑配套、市政设施的完善，引导环境品质、文化传承等全面提升。更新的关键点不是建筑形态，而是居民的生活方式和生活品质，以文体建筑为代表的公共设施在其中充当了重要角色。对待新区建设则转变为精明和理性开发的思路，雄安新区、粤港澳大湾区作为新时期城市建设示范，均遵循了长远规划、绿色发展的基本原则，通过城市基础设施先行建设提升城市品位和品质。雄安新区率先建设了大学、图书馆、体育中心等标志性工程，完善民生设施，并且所有建设都满足绿色建筑标准；粤港澳大湾区以文化、体育场馆为媒介，推动体育、旅游、教育、科技等文体旅商融合发展，着力打造

延伸阅读思考内容
1. 新城市主义对我国城市建设的启示
2. 新城市主义对文体建筑发展的影响

新城市主义亦称新都市主义（New Urbanism）。新城市主义是20世纪90年代初针对郊区无序蔓延带来的城市问题而形成的一个新的城市规划及设计理论。主张借鉴二战前美国小城镇和城镇规划优秀传统，塑造具有城镇生活氛围、紧凑的社区，取代郊区蔓延的发展模式。新城市主义包括两大理论：传统邻里社区发展理论（Traditional Neighborhood Development，TND）；公共交通主导型开发理论（Transit Oriented Development，TOD）。

宜居、宜业、宜游的优质生活圈，将粤港澳大湾区建设成为三地居民的幸福乐园。新的城市更新和城市发展理念体现了高质量绿色发展和以人民为中心的基本思想。

2．综合文化中心

综合文化中心是近年热度较高的新兴建筑类型，是集图书阅览、文化展览、书画艺术、青少年活动和配套商业于一体的综合性文化设施。综合文化中心对于完善基层公共文化服务供给，推动基本公共文化服务标准化、均等化具有重要意义。

2015年，国家先后出台《关于加快构建现代公共文化服务体系的意见》《国家基本公共文化服务指导标准（2015—2020年）》，推进基层综合性文化服务中心建设，全国多地陆续将人均公共文化设施面积标准列入政府考核指标。我国的公共文化设施除了普遍缺乏外，还存在发展不平衡问题。例如上海、北京等发达城市人均公共文化设施面积可达$0.4m^2$以上，而其他多数城市仅在$0.1m^2$左右。填补的部分特别适合发展品质提升类业态，例如新式书店、戏曲演艺、艺术展示、教育培训、休闲娱乐等。

综合文化中心另一个建设特点是结合现有城市存量更新，"采取盘活存量、调整置换、集中利用等方式进行建设，不搞大拆大建"[①]"重在完善和补缺"，可以结合城市既有服务设施改造、闲置厂房、校舍利用及新建住宅小区公共服务配套设施等方式因地制宜建设。从碳排放角度出发，这种方式可以减少建设阶段碳排放，加上合理的规模和标准引导，对于低碳建造和使用意义突出。

3．会展建筑

以会展经济为目标的会展建筑与城市关系密不可分。通过大型展会不仅带来直接的产品销售与招商投资，并且带动区域内的餐饮、住宿、旅游等相关产业。因此，现代会展中心设计除了要进行综合功能整合，还需要统筹城市其他配套设施，打造为建筑集群，形成城市吸纳宾客的引流点与"会客厅"。在如今线上、线下商业模式的协同发展的背景下，会展容易借助网红效应获得更多的商业机会。例如具有全国关注度的西安、哈尔滨等城市，大型会议和展览事件带来的人口和流量转移，都加剧了旅游量激增的现象，促进地方经济收益提升，目前我国会展业发展迅速，年复合增长率达10%以上。

---

① 来源：《国务院办公厅关于推进基层综合性文化服务中心建设的指导意见》

会展建筑的集群主体核心是展览馆。随着会展建筑国际化和专业化发展，大型和特大型会展建筑自身往往综合了会议、酒店、商业等功能，成为一站式大型会展综合体，一般称为会展中心模式。近年来，会展中心建设非常普遍，数量和面积持续增长。例如，近年新建的深圳国际会展中心总建筑面积160万m²，室内净展览面积40万m²；西安丝路国际会展中心建筑面积120万m²，室内净展览面积30万m²；厦门新会展中心建筑面积116万m²，室内净展览面积30万m²。据不完全统计，2023年新增展览馆可展览面积超过100万m²。因会展活动的潮汐特征明显，故会展中心常因活动不饱和造成展厅利用率低，土地和建筑利用绩效受到制约，也会加剧碳排放水平控制的困难。会展场馆设计应特别注重智慧管理、场馆发展及周边配套建设精细配合。

4．社区综合建筑的文体功能

随着"15分钟生活圈"[①]规划概念普及。国家和地方陆续以导则、规范的形式明确实施便民生活圈试点，重点推进社区内体育、文化、商业、健康的融合发展，探索全龄共享的社区模式。出现了社区综合体、社区服务中心、社区体育服务综合体等新建筑类型概念。

社区体育服务综合体是近年新兴的中小型文体设施，是以体育运动为主体，集合文化活动、休闲娱乐、健康服务、商业配套等多业态，将社区服务功能和便民商业设施进行集中集约建设的建筑形式。自2013年国家体育总局、国家发展与改革委员会等八部门发布的《关于加强大型体育场馆运营管理改革创新提高公共服务水平的意见》率先提出"打造特色鲜明、功能多元的体育服务综合体"以来，政府和社会一直对此保持高度关注。随着"双奥"结束，国家公共体育服务重心已全面转向全民健身和全民健康战略，推动大众体育朝向普惠、均等和综合发展。截至2022年底，我国人均体育场地面积已达2.62m²，但与发达国家人均7m²、美国人均16m²相比仍有很大的增长空间。因此，新一轮的场馆建设发展需求仍然强烈，大众体育将占据主要份额，以新建社区体育场馆和部分既有竞赛场馆向体育服务综合体改造等形式出现。社区体育服务综合体功能灵活多样，建设标准和技术难度低，使用效能突出，且深度链接群众运动健康和生活需求，是新兴的大众文体建筑类型。其设计和评价标准逐渐独立于体育建筑，场馆类型的碳排放控制目前设有独立规范，没有可参照的适用标准与成熟技术体系。

---

① 来源：《城市居住区规划设计标准》GB 50180—2018

拓展专栏——社区体育建筑发展

发达国家将社区体育建筑建设放在促进城市经济、环境发展的定位之下，经过多年的政策激励和设施积累，在公共体育政策、社区体育设施等方面形成了较为成熟的体系（表1-5）。美、英、日等国于20世纪60年代起，陆续推出一系列公共体育促进方案，由政府和社会团体协作实施。美国20世纪50年代的"第66号令"规定了社区公园体育配套设施的标准，社区的多功能体育馆+运动公园模式成功解决了室内外运动的差异，以及不同运动项目的搭配，同时提升了环境品质，成为社区的生活服务中心。日本于1961年颁布了《体育振兴法》，至2011年已经基本实现国民各年龄阶段参加体育活动、培育地区体育俱乐部及扩充体育硬件设施等目标。英国在20世纪80年代中期制定了社区体育设施的基本标准，2000年开始连续推出"关于全民体育运动的未来计划""新的青年和社区体育5年战略"等一系列改革方案。德国1990年推出了《东部黄金计划》，重点关注东部落后地区的体育设施建设。发达国家相关政策的共同点是政策在先，注重执行，因而产生了众多优秀的社区体育建筑实践，在推广体育运动、改善人口健康等方面已经受益。

国外社区体育相关政策梳理   表1-5

国家	时间	机关	相关政策
美国	1980	国家卫生部	《关于增强健康与预防国家疾病的预防指标》
	2000	国家健康中心	《健康公民2000计划》
	2000	国家健康中心	《AUU身体健康计划》
德国	1962	奥组委体育联会	《第一个黄金计划》
	1976	奥组委体育联会	《第二个黄金计划》
	1985	奥组委体育联会	《第三个黄金计划》
	1990	奥组委体育联会	《东部黄金计划》
英国	1985	体育理事会	《社区体育中心发展计划》
	1997	英国政府	《1998—2000英国体育发展战略》
	2000	奥组委体育联会	《发展社区专项》
日本	1961	文部省	《体育振兴法》
	1989	文部省	《关于面向21世纪体育振兴计划》
	2000	文部省	《振兴体育基本计划》
澳大利亚	1996	健康部、国土部	《活跃澳大利亚计划》
	2000	体育委员会	《澳式体育计划》

5. 城市建筑更新利用里的新文体空间

依托城市中经典建筑、历史建筑与闲置旧建筑改扩建而成"新"建筑，是现代城市更新中常有的更新方式。

在我国目前城市建筑更新中，主要以两类方式涉及文体建筑：

一类是对既有文体建筑进行加建、扩建与升级改建而成新的文体建筑。如：中国国家博物馆改造，其将原中国历史博物馆与中国革命博物馆结合，在尊重天安门广场重要的历史建筑形象的基础上，为创造出满足博物馆功能需求的大空间，拆除原建筑部分体量，置入新的建筑体量，在新旧建筑之间围合产生新的院落空间。（图1-9）

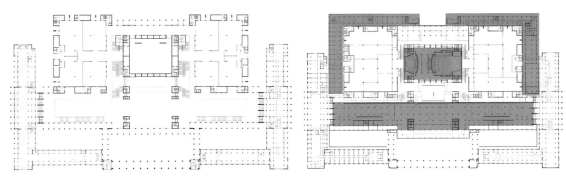

图1-9　中国国家博物馆改造前（左）与改造后（右）建筑平面

另一类是利用功能废弃的旧建筑改造转换为新的文体建筑。如北京798艺术区内的798CUBE美术馆，是工业建筑遗产改造利用的案例。其在尽最大可能的保留原有工业厂房的基础上，填补新的建筑体量，围合庭院空间，形成完整的美术馆建筑组群。（图1-10）。

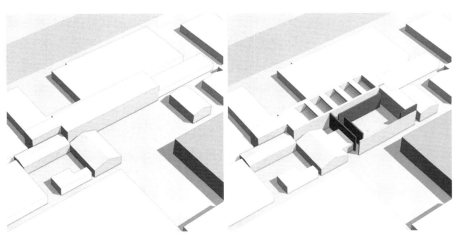

图1-10　798CUBE美术馆改造前（左）与改造后（右）建筑布局

1.3 本章小结

1．文体建筑类型特征与设计规律构成文体建筑基本碳源特征

通过梳理既往的文体建筑案例及设计研究成果，发现在文体建筑设计操作中往往涉及较多的、成熟的建筑原型，其仍然是功能使用约束特征较为明显的建筑类型；同时，各类文体建筑空间布局遵循一定的组合规律，设计思维有明显的模式思维过程。这就成为建筑设计工作中通过掌握组构的技术模式来观察、理解、预判及优化建筑碳排放量的契机与前提。

四类空间组构有其基本结构模式，称之为设计"原型"。其包含了一定的技术体系关联逻辑及构型组合特点，决定了建筑的基本建筑隐含碳排放构成规律与运行状况碳排放，即该类型建筑的基本碳源构成。

1）不同类型的文体建筑根据其重要性等级、性质、规模决定了建筑设计建造使用标准，其结构、设备系统等级等建设技术体系与之对应。

2）文体建筑设计中大致分为甲类公共建筑和乙类公共建筑。甲类公共建筑的单位指标较乙类公共建筑高，依据使用预期而产生的技术需求直接影响建筑碳排放强度。

3）各类型文体建筑相应的主体空间，以及占比大的共享厅堂和交通空间，是区分各类文体建筑碳排放强度的核心部分。

2．文体建筑综合化中的空间原型变化趋势

各类文体建筑都在发生演化，尤其是在城市高强度开发与文体综合建筑设施大幅度提升基础建设的政策推动下，其使用方式、开发模式与建设模式都在变化，出现了建筑功能综合、复合、空间场所使用多样、开放的发展态势。

综合文化中心、城市综合会展建筑、社区综合文体建筑等新建筑类型催生了新的文体建筑模式、空间原型及构型方式。碳排放的基本特征在建筑具体空间组构层面仍相对稳定，但在组合模式与拓扑深度较浅的公共性空间上变动较大，对应的空间形式、结构、材料等多元性发展较为明显。

文体建筑在空间综合质量与容纳活动等级表现、技术标准与建筑上位关系关联紧密，同时也受到管控运营主体、模式等较为直接的影响。其碳排放量通过各种设计标准传导，会产生较大差异。

3．文体建筑构型转变与组合设计排碳基准作用

文体建筑往往有鲜明的文化表达职能。设计所依赖的成熟建筑组构中，既包含既有的、长历时的传统建筑组构，其本体技艺传统，混合较多手工工艺，维护成本高；也常包含较多重视形式样式的现代工艺组构，这些现代工艺组构在选用建筑材料、制成与建造工艺方式等过程中往往围绕建筑文化表达、传播的效果，偏向于追求形象符号形式上的完备，技术过程复杂且定制

细节多。同现代工业化批量加工制造的建材、部品及产品相比，这两类工艺复杂、成本高，性能效率均受限，故而使得一部分文体建筑的建造维护碳排放基准水平偏高。

文体建筑对空间文化体验诉求高，例如博物馆、剧院，其设计所采用的空间组构组合模式常需沿袭经典空间模式。同时，文体建筑的大空间比例高，对空间分区、布局约束较为复杂，故使得建筑室内环境控制常难以直接采用理想的技术原型，也使得文体建筑运行碳排放控制有难点，碳排放水平高。

文体建筑对形象的整体性与鲜明性追求高，设计所关注的完型设计环节中对围护结构工艺要求矛盾较多。高标准、高质量的空间秩序体验，以及体量完整性要求，也常造成较多的艺术表达而导致空间效率冗余。

文体建筑作为社会文化标志事件，其广泛存在的"永恒"性建造目标诉求。从而使文体建筑生命周期预期长，空间效果、使用标准均高，且对空间场所容纳活动复合性、包容性要求复杂。这也造成了对文体建筑中建筑品质、性能管控的高标准，是主要影响其建筑碳排放水平的技术工作前提。

传统文体建筑根据不同条件开展的完型部分设计是文体建筑低碳设计的关键工作。新型文体建筑构型转变与组合模式创新能优化文体建筑的碳排放。

第2章 文体建筑碳排放与控制途径

模块3

建筑本体碳排放与设计碳控目标层级

- ■ 建筑物碳排放与碳中和发展
- ■ 经济脱碳——碳中和途径
- ■ 文体建筑碳排过程与技术层级
- ■ 建筑及碳中和技术发展
- ● 文体建筑控碳技术发展方向

建筑过程碳排放
碳达峰
碳中和

建筑排碳阶段
生产运输阶段
建造阶段
运行维护阶段
拆除阶段

建筑全生命周期LCA分析

建筑物化隐含碳排放
建筑使用运行耗碳
产业经济过程潜在影响碳排放

建筑物料过程碳排放
建筑物使用过程碳排放
建筑设计节益碳排放

模块4

碳排控制技术途径

- ● 文体建筑碳排基准技术预设
- ● 需求/单位面积强度/经济单位/设计原型
- ● 文体建筑"碳控增益"判断
- ■ 文体建筑碳排控制要求与技术新选择

计量建筑碳排放通用办法

需求
单位面积强度
经济单位
设计原型

行业标准
3项主要国家标准

总体经济技术指标
技术体系、建筑模式
建筑本体层面隐含碳排放
有效性局限修正

模块5

文体建筑设计过程中的碳排放估算与分析

- ● 典型文体建筑物碳排放量分拆、计算与估算
- ▲ 文体建筑基准碳排放强度
- ▲ 文体建筑标准/技术要求
- ■ 碳排计算与建筑设计标准的对应性与交错点

三层范围计量评价
三种通用软件

常见连接组构及其碳排放基准

文体建筑排碳与建筑设计关联的基准数值规律

设计过程认知
设计伴随工具
建筑技术本体发展
技术钜动优化

● 知识点。与设计任务训练技能掌握目标结合。

▲ 自学知识点。无需直接考察。

■ 拓展知识点。引导创新思考、应用与知识生产。

本章内容导引

1. 学习目标

引导学生深入理解碳中和新兴战略产业宏观路径，自查和理解文体建筑设计常见的碳排放认知局限，围绕工作流程梳理基本控碳目标、相关术语概念、层级与体系。加深对文体建筑特质与高碳排放技术内涵间关联的认识。

厘清设计者初学阶段易混淆的"建筑低碳运行"与"建筑本体碳排放"概念，在系统层面认识行业相关知识。还原讲解通用设计思维操作过程，引导学生对文体建筑控碳潜力、技术点挖掘、研发创新、实践设计拓展的兴趣，引导学生自主辨识技术矛盾、难点及其背后的科学逻辑，认识相关产业技术应用的拓展与技术导控协同技术需求与趋势。

理解各种主要碳计量统计计算工具、标准及设计中估算碳排放、控制碳排放水平的基本思路。

2. 课程内容设计（6学时）

碳排放目标、绿色设计、地域特色三类概念交叠、交错，导致设计控制间关联认知误解较深，误区与体系性认知差。

教材建议用碳中和目标驱动宏观认识，引导学生自主完成概念框架梳理，通过标准体原理术语与实际案例设计过程的对标讲解，扭转和建立知识点间体系的认知，示范具体设计关联驱动并引导其结合自己的设计内容进行层次推演。建议采用反转认知的方式，以连串设问的形式引导知识逻辑与知识点。

3. 本章主题提示

文体建筑的设计目标是否能决定或影响碳排放基本逻辑，其又是怎么传导的？文体建筑设计目标制定、技术路线选择如何影响其碳排放？

反向："以果求因找矛盾"，即目标与效果导向。

正向："行业技术发展"，即动作流程分解引导。

4. 引导问题

常见碳排放计算工具有几种，如何进行计算？

建筑"基准"碳排放量构成及其内涵关联是怎样的？如何图示？

5. 思考问题

文体建筑的碳排放与设计决策流程的哪些环节相关？

低碳设计就是要使用节能手段吗？

怎么比较文体建筑的碳排放水平才是科学的？

若将文体建筑本体看作一个人工环境系统，从建造技术角度出发，则在建筑技术转型升级时期，建筑设计面对的就是不同时代、不同技术水平、不同应用标准下的差异极大的对象集合。其既可能包含采用材料原始、边界开放、对环境性能要求低的传统建筑技术体系下的设计技术逻辑，也必然包含采用工业装配化方式、边界气密性强、内部空间层次丰富且对环境要求高的现代建筑技术体系下的性能化设计技术逻辑。对于当前阶段的低碳文体建筑设计而言，这个挑战主要集中表现在设计技术的关联途径上。尤其是在方案阶段，发挥设计创新思维系统"构架力"，通过审慎对建筑系统定位、定性及技术途径拓展的可能性挖掘入手，进而从设计过程来实现建筑低碳新模式与环境控制技术二者的科学高效协同。

基于第1章对文体建筑特征的理解，从设计初期的建筑组构选择、判断、组合的层面开展建筑系统分析，能较好地围绕文体建筑公共活动的空间需求。这样既可包容多元化文化，有助于灵活地消纳、利用与积极转化好地域及设计对象用地各种资源，[①]也便于设计者结合生态经验的科学逻辑开展具体组织设计，与技术系统集成目标对接。本章拟从碳排放量预估、预判角度出发，构建基于建筑组构认知的低碳设计流程，并对应文体建筑整体碳排放梳理出其在各种情况下组构优化与碳排放控制目标之间的技术关联，平衡文体建筑丰富多样的建筑目标需求与低碳技术要求。

2.1.1 建筑设计对建筑整体碳排放的构架性作用

建筑设计实质上是由一系列紧密关联的"操作决策"来推动，称为设计技术体系的"动作"属性，[②]具体可简单分解为以下步骤。

通过"组"织（确定空间格局、组织建筑功能、构想建筑形态等构型过程）与"选"择（选材料、结构体系等技术）两大类前端设计决策，确定文体建筑的工艺要求、使用标准及其技术体系与实施路线。

通过理解建筑需求，选择合适的建筑体系，来完成实现建筑物化的全面技术准备，依赖"调"整既有的原型，优化其技术表现，推动落实技术方案细化。通过完整模型表达和预"用"验证反馈，完善建筑方案。

"选""组""调""用"基于设计者经验化的模式思维来确定建筑系统的

---

① 雷振东"西部地域绿色建筑设计探索与试验"技术报告：根据其团队执行完成的十三五科技部重点研发计划项目"基于多元文化的西部地域绿色建筑模式与技术体系"课题示范研究，地域绿色建筑技术体系中的模式"原型是跨地域的，大模式是跨地域的，中小模式是半跨中小地域的，而技术体系是分地域的"。

② 雷振东"西部地域绿色建筑设计探索与试验"技术报告："技术体系的变化支撑、保障、推动但通常不是引发模式转型的起因"，具有动作属性。

模式与组构。这一阶段通常被称为方案构思阶段，形成建筑草案，[①]并细化表达为建筑方案，界定相对明确建筑系统边界，进而梳理出较完整的技术模型。一方面可列出加工、建造清单，确定建筑生产、运输、建造的碳排放；另一方面，确定了建筑整体工作模式后，基本定型了后续建筑"用"的状态，确定了运行、维护使用过程中因能耗而产生的碳排放基础格局，进而影响建筑的碳排放（图2-1）。

对建筑方案的各种设计调整优化都能关联至最终建筑的碳排放。方案阶段对建筑碳排放优化的效果与作用至关重要，有不少研究文献指出，如果在设计阶段早期进行干预，则具有减少近80%的建筑隐含碳排放的可能性。对于低层建筑来说，建筑隐含碳排放主要来自外墙、楼板和地基；对于中、高层建筑来说，隐含碳排放主要来自楼板和结构框架。[②]

从结果上看，建筑设计决策对建筑碳排放的影响不容置疑。尤其是设计者在前期逐渐通过组构而完型确定的建筑空间边界，也是建筑环境与自然环境交互的媒介，也决定了建造中较大一部分的建造标准与技术逻辑，还决定了内部空间尺度与状态，对应着建筑运行能耗的水平与强度。

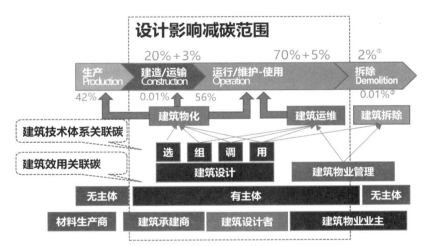

图2-1 设计视角下的建筑碳排放与建筑本体对应关系
注：① 既有研究数据：《建筑运行用能低碳转型导论》
② 2019年统计数据来源：《2022中国建筑能耗与碳排放研究报告》

---

① 建筑设计者模式思维易受个人思维习惯影响。在最初构思过程中，具体设计者形成草案的方式、方法、依赖的工具、技巧与形成草案的最初成果深度、表达形式都不尽相同，但大多由简略的草图表达核心信息，故称为草案。有时也根据目标称其为概念设计，是建筑方案成型关键阶段。在计算机辅助设计、参数指标性能化设计、自动生成、人工智能等计算科学技术、工具与方法发展渗透下，设计者自主决策逐渐与计算机决策逐渐融合，并越来越依赖计算机辅助展开设计工作，使草案形成的方式有更多样的方法。这里提出解释设计决策的过程是普通设计者常见的思维方式。——笔者注
② 来源：Oldfield, 2012; Sansom and Pope, 2012.

在设计中，设计者可以通过图2-2理解设计对建筑碳排放影响作用范围与关联逻辑。与图2-1相比，如将建筑拆除后材料技术关联碳合并在建筑材料技术部分，则左边所示的建筑技术体系关联的碳排放量与强度较完整。而右边也从狭义的运行碳排放，扩展指向因建筑设计而确定的建筑效用关联碳，对设计者决策逻辑对位直接。

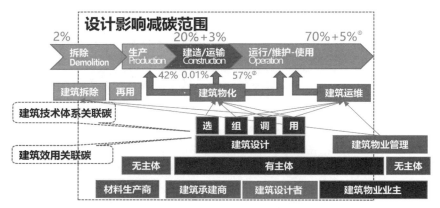

图2-2　设计视角下的建筑碳排放与建筑本体关联逻辑优化
注：① 参考既有研究数据：《建筑运行用能低碳转型导论》
② 参考2019年统计数据：《2022中国建筑能耗与碳排放研究报告》

2.1.2　设计决策思维与建筑全生命周期碳排放

按照本教材预设的建筑设计者角度，即便是对已有一定经验的设计者，理论上分析的"选""组""调""用"的决策，在实际设计思维活动过程中经常是互为前提、多联往复、相互缠绕在一起的，明显具有创造性思维的发散特点。

对于初学者而言，直觉上体会到建筑效果的完备与建筑形式操作技巧经验，工具与发散随机的出人意料的形式"生成"关联较为紧密。但事实上，建筑本体的技术性规律、建筑事件、任务需求驱动机制等既有建筑学基本原理都阐明了：建立在技术、功能之上的形式逻辑才是建筑设计完备性的前提与基础，其不仅是创作形式的前提条件，也是完备形式的必要条件，更是完美形式的充分条件。这一原理也通常表现在建筑系统的整体品质上，是建筑系统效率的决定性要素，自然也是构成建筑系统碳绩效的前提。因此，就建筑形式逻辑而言，只有与其内在机制的科学合理协同，才能使设计者负责推动的具体形式具有较好的完备性、形式内涵、技术支持与实践效果。

而当设计者构建的建筑设计模型一旦确立，即代表所采用的模式落实的技术体系相对稳定，通过组构可较好地发挥建筑构架作用。而再通过碳排放计算结果分析解释开展反推优化则基本上需要较大的模型再组调整。因此，目前在建筑设计实践中，后端计算分析优化，不借助组构与模式，仍很难直接发挥结构构架作用。

建筑不同于一般的工业产品，其生命周期长且影响链条关联复杂。目前，建筑行业的技术标准是半工业化的开放标准，遵循建筑建造技术的基本应用特点，但是随着建造与工业制造技术的不断融合、接轨，也表现出不少矛盾。尤其是基于一般日常使用的建筑功能预设，难以覆盖与跨越文体建筑设计品质预期暗含的"永恒性"的生命周期，大量以底线为逻辑的通用建筑标准对文体建筑的约束较弱，使得文体建筑相较一般建筑，一方面更容易出现公共建筑常见的技术标准被"架空"的超量、超高、超常规等问题；另一方面又因应用技术欠缺而加剧建筑中大量采用非标建筑构件、大量定制设计细节、大量现场人工后补，出现因建筑设计形式化与技术体系化不足双重夹击所导致的工业体系统协同弱、性能控制难的技术短板问题。

因此，总体上文体建筑设计控制方式比工业产品设计精细化控制不仅要多一个宏观层面，普遍面临建筑功能使用主要目标变化，标准要求难预见、不一致的问题，而且还往往面临不少技术体系协同链条整合的挑战。

在具体建筑方案的模型确立过程中，优先控制外围和主要矛盾，一般是实现系统性寻优的基础原则。同时在组构构型、原型优化两个具体设计环节，往往仍有较多的技术细节需要不断优化。对于大量一般建筑而言，对应当前行业碳排放控制技术主流思路，采用对应的设计措施与技术标准即可基本实现建筑本体的碳排放控制。重大文体建筑设计初期方案往往较少采用限额设计的技术逻辑，因此此类文体建筑预算控制难度较大，也很难准确。扎哈·哈迪德中标的东京奥运会主场馆方案，曾因技术落实中的"预算控制纷争"而最终被迫放弃设计权。这表明，文体建筑的设计创新要同时兼顾建筑的文化社会价值与具体的经济成本与碳排放表现。

通过调动与发挥建筑设计决策的积极作用，设计者可以依赖理解建筑碳排放表现与建筑技术系统的关联逻辑，自然展开"正向伴随"组构预估的碳排放设计优化，并伴随建筑主要的经济技术指标正向拆解控制碳排放强度。其机理在于图2-3所示的设计影响的文体建筑碳排放控制环节。

1）基于设计者依赖既有的建筑模式构思习惯，理解其组构构型基本规律。各类型文体建筑不同构型模式对应的具体组构原型往往为经验原型，嵌入了较为成熟的技术基础逻辑，常包含着建筑设计原始模型对应的碳排放基准所嵌套的技术系统规律，建筑设计者较少直接迭代。一经选定，即可估算其"物料碳""建造碳"，也可确定其运行碳排放参照值，即"维修碳"与"使用碳"。

2）通过对设计对象开展的构型过程，可对建筑各个组件展开不同深度和强度的拆解、重组多轮技术迭代过程。通过多轮方案深化所包括的多层次

图2-3 设计视角下的建筑碳排放控制与优化

原型技术参数的落实优化、拆解替换、重构创新等过程，可以较深地影响生产建造及后期维护、拆除过程中的建筑碳排放。[1]落实"回收碳"，减少"材耗碳"，驱动"节益碳排放"，提升"收益碳"。

3）不同文体建筑类型，可利用其较为通用的模式化规律理解其基准碳排放，继而根据不同具体项目中的偶然性条件，重点挖掘与调整技术体系，从而实现全生命周期较为平衡综合的碳排放优化。

这些可通过设计调适的概念碳量，仍无确切的数学模型，有些部分也与目前计算标准及范围有差异，但基于设计工作的思维过程特点，为了在建筑设计环节发挥控碳影响，设计者可围绕建筑"类型""原型""组构"展开碳排放量/率关系的对应理解，有助于建筑构思与设计进程中主动开展控碳逻辑嵌入，实现建筑控碳目标。

2.1.3 建筑碳中和技术发展与应用

从建筑碳排放控制宏观路线来看，国家、地区的碳排放控制目标需要在所在地区、国家、行业的国民经济整体过程来评价认识。我国的"3060目标"中，2030年碳达峰（peak carbon dioxide emissions）目标的内涵就是实现我国碳排放增长与经济发展增速脱钩的时间计划，而2060年实现"碳中

---

① 见1.2.1节，这也是在本教材中采用建筑"构型"来指代设计者在设计过程中对建筑各层级、各种"组构"确定与建筑组织思维，并力求讲解与呈现其碳排放关联影响途径的主要缘由。

和（carbon neutrality）"则指通过经济技术全面转型有步骤、多部门、全社会链动的全面脱碳，并通过生态减碳等"负碳"手段实现完全零碳的行动时间计划。之所以用"碳中和"概念称谓取代"零碳"，正是因为在具体而局部的人类社会行为事件、事务及其过程中，实现单一独立的完全清洁与零碳并不科学，即零碳需要在一定范畴与边界平衡。这说明，若一味追求局部零碳，反而有可能进入局部技术"陷阱"，无法从整体上控制建筑行业的环境影响。

建筑碳排放需要在建筑碳排放与碳中和层面同时来认识。建筑物料过程碳排放、建筑使用过程碳排放、建筑设计节益碳排放都是围绕建筑过程的碳排放，是基础与前提，需要控制好。通过第1章文体建筑碳排放基准概念的讲解可以了解到：目前各种数据表明，文体建筑仍是碳排放的"尖兵"。多重因素使得文体建筑的碳排放基准比一般建筑高出不少。

实现建筑本体低碳与建筑过程或事务零碳，必然是行业发展的核心前沿工作。而在建筑整体生命周期中，作为国民经济中的重要事务与技术发展的具体载体，建筑项目系统工作的碳排放都需要通过建筑设计这一环节来积极推动，需要在更完整的时空周期来评估、理解、干预，并实现其碳排放控制。

例如，2022年北京冬奥会可谓是世界上第一个"碳中和"的冬奥会，其一方面是在碳排放源头中采用"低碳场馆建设、低碳能源利用、低碳交通与办公"等低碳管理措施；另一方面是在地方进行捐赠林业碳汇、企业赞助核证等碳补偿，从而最终实现冬奥会"碳中和"。只有在设计中理解建筑本体碳耗的必要性、可替代性与中和代价，才能真正减碳、脱碳，进而走向碳中和。

因此，对于设计者来说，在关联紧密的设计应用情况下，可以适当地拓展对应性的碳排放过程评价层级与范围，主动理解和掌握不同层面解释建筑碳过程的层次性特征与计量方式、估算方法。

文体建筑设计不仅在技术体系上较为庞杂，而且牵涉经济活动的范围广，使建筑关联排碳具有计量复杂的特点。各行业成熟产品都不同程度有类似的特点。通过"碳足迹（carbon footprint）"[①]这个技术方法，可在概念上回溯建筑全生命周期过程中的碳排放，指导更为平衡的计量、比较与研究，发挥设计的前端决定性作用。当然，碳足迹方法、技术的创新也会自然地通

---

① 碳足迹（carbon footprint）是用来衡量个体、组织、产品或国家在一定时间内直接或间接导致的CO_2排放量的指标。碳足迹的计算涵盖了产品或服务从生产、运输、最终使用到废弃处理的整个生命周期的排放。这种全面的评估方法能更准确地了解和评价人类活动对环境的影响。

过技术标准等方式纳入建筑整体产业技术体系之中，进而发挥重要的减碳作用。这个方法在建筑行业落实必须依托于深入、完整及高强度设计工作投入及大量真实有效的碳排放链数据，尤其是准确认识建筑组构对应的成熟工业化部品、建筑材料、建筑结构构造技术、建筑设备系统产品等集成作用效果。

针对工业化产品生命周期环境影响分析（Life Cycle Analysis，LCA）是广泛应用于经济产品，通过过程追溯分析其环境影响的一种方法。[①]LCA起源于1969年美国中西部研究所受可口可乐委托对饮料容器从原材料采掘到废弃物最终处理的全过程进行的跟踪与定量分析，最终通过标准和制度形成了生命周期评价认证（Life Cycle Assessment）。

在建筑碳中和技术发展前沿布局中，若以低碳建筑的建筑本体为核心环节来认识建筑过程，则设计技术的作用是在范围通过生产、建造、使用、拆除（回收）阶段都能发挥不同程度的积极作用。

建筑本体碳排放由上游或者前端（基础）技术格局来影响确定，即通过行业及相关产业逻辑、技术体系、行业制度来渗透。其包括两个方面的内容。

1）在建筑物化阶段，建筑中用到的各种物料在生产运输中产生的碳排放，其中既包括一般原材料加工及建材，也包括建筑部品、结构及装饰构件等。

从整个建筑行业统计来看，2019年、2020年建材生产碳排放统计占全年统计超过40%，而且显示出"建筑材料生产阶段碳排放量占全生命周期碳排放的比重在省际之间差异较小，反映了建筑发展所需的生产资料和资源要素具有相似性"。[②]建筑工业化效率水平与对能源依赖的清洁化转型是碳控主要依托的背景性技术内核，也影响了建筑物料回收作用与碳控水平变化。

---

① ISO（国际标准化组织）14040系列确定了LCA的基本框架。根据ISO标准，LCA评价共包括目标与范围定义、生命周期清单分析（LCI）、生命周期影响评价（LCIA）、生命周期解释（LCI）四个阶段。
② 来源：《中国建筑能耗研究报告2020》

延伸阅读思考内容
建筑本体工艺数字化控制与产业过程效率
1. 建造效率：建造智能化和轻量化
2. 虚拟空间与人机交互下建筑智能化

1. 建材工业低碳必然也依赖其采用的具体能源类型的碳清洁程度。

但从技术本体应用发展创新角度来看，建造工业整体发展及技术体系转型，主要是以其工业制造体系与技术提升单位建材加工耗费碳与减少建筑材料集成时碳强度来实现低碳。

建造智能化是利用信息技术，以数字和智能化技术的发展，实时自适应于变化需求的高度集成与协同的建造系统。能大幅度提升建造效率。

建造轻量化总体能减少建筑物料总量，生产量、运输量、建造方式都有效率提升。

2. 虚拟空间与人机交互下建筑智能化智能技术的应用可实现空间形式改变，建筑空间资源绩效提高，还可以通过智能化管理系统直接提高建筑各系统的运行效率，并且能辅助建筑在运行期间通过主动设备系统协同管理，降低建筑系统能耗。

2）在建筑运行阶段，建筑耗费的化石能源类型、方式、用量直接影响建筑运行导致的碳排放。

能源的清洁化是各种碳排放控制的总成力量。随着能源技术的发展，清洁能源、可再生能源比例上升，所以即使建筑能耗量不变化也可以降低建筑碳排放，这也是国际研究统计建筑碳排放标准中采用碳排放因子（Emission Factors，EF）[①]的原因与科学逻辑基础之一。具体建筑使用标准、性能要求、采用技术路线、措施、手段、管控要求都通过能耗的碳排放影响建筑碳排放。

建筑行业单位GDP脱碳的挑战需要，到建筑材料、部品加工制造运输、构件、结构、设备等整体建筑技术体系发展转型，以及建筑环境控制方式与标准、建筑用能方式、建筑效能效率等都是建筑业碳中和产业发展中倚重的基础技术内容与环节。2020年，我国建筑业增加值占GDP的7.0%，而建筑碳排放占全国碳排放总量的51.3%。[②]以现有土建工程的主要建材类别细分，混凝土、钢材、砌体、水泥等四类建材占到案例项目隐含碳排放强度的90%。

在建筑工业新体系技术、新型低碳工业产品发展转型和应用于建筑行业的过程中，依照一般技术产业规律，从研发、推出到规模应用，在技术发展前期可能会造成建筑单位成本的上升，也必然会冲击既有建造技术，并重构建造、设计、运营的过程，从而造成局部碳计量审视的局限。在文体建筑设计中，应将其放在建筑设计创新及建筑设计研究中进行更加平衡的考量，并应更多地关注与转化有潜力的技术方式。

---

① 碳排放因子（Emission Factors，EF）起源于IPCC（政府间气候变化专门委员会）的碳排放统计方法，基于假定某种能源在使用时温室气体排出量有固定量规律，用以将使用化石能源时释放出的温室气体与释放该气体的活动联系起来。碳排放因子也被称为CO_2排放系数，可以折算每一种能源燃烧或使用过程中单位能源的碳排放量。在我国，计算碳排放时通常统计的最终能源消费种类包括：煤炭、汽油、柴油、天然气、煤油、燃料油、原油、电力和焦炭九大类。碳排放系数分别为：煤炭0.7476t碳/t标准煤，汽油0.5532t碳/t标准煤，柴油0.5913t碳/t标准煤，天然气0.4479t碳/t标准煤，煤油为0.3416t碳/t标准煤，燃料油0.6176t碳/t标准煤，原油0.5854t碳/t标准煤，电力2.2132t碳/t标准煤，焦炭0.1128t碳/t标准煤。
② 来源：*Carbon emission of global construction sector*

2.2.1 低碳建筑设计控制技术路线

1．建筑碳排放控制的一般策略

通过简单推理，降低建筑本体碳排放的一般技术策略与技术选择包括：

1）在建筑碳排放行为源头控制建筑需求。在全生命周期内合理控制各种建筑空间规模与材料用量。减少总体建造量，改用更高效的建材，利用循环建材等，并使用清洁能源。

2）提高建筑绿色品质。通过提高必要碳行为的绩效（碳效）来控制建筑碳排放强度，具体可以从以下四个角度来理解和比较碳效：

第一，提高建筑空间品质与使用效率，包括在既定需求下采用较为经济高效的建造方式、简洁而适应性强的空间形式、更合理组织建筑舒适区以优化建筑用材及能源耗费等。

第二，采用更为适宜的建筑环境与自然、地理、场地条件的关联模式，细化空间组织对环境特点的适配度，精细化设计建筑系统的物质能量循环过程，提高建筑空间形式对舒适需求的自适应能力。提高空间环境舒适效果，摆脱或减少建筑对人工设备的依赖，降低建筑日常运行的能源负荷。

第三，采用建筑性能优化方法与技术手段，优化围护结构的保温、隔热、遮阳等效果，减少设备系统能耗。

第四，优化设备系统的运行效率，激活建筑各个系统的相互作用潜力，选择高效的设备系统，并提高系统效率。

3）增汇固碳。保护和维护建设区域内的既有植被，在建筑中尽可能增加可以固碳的植物，利用植物的生长过程来抵消项目的碳排放。

4）替代与中和。积极利用水电、风能、太阳能、生物质能及地热能等可再生能源，代替化石能源，采用光伏、光热等设备来优化能源结构，合理分解建筑的碳排放构成。

2．建筑碳排放控制常见的技术工作思路与内容

目前，在设计环节对建筑碳排放控制的主要思路包括三个方面：

1）转变建筑运行对化石能源的依赖

理论上，能源如能提前实现"清洁"（即"去碳化"），那么建筑因耗费化石能源产生的碳排放就会被消解。通过增加光伏，利用地热、空气能等低碳技术途径，可提高可再生能源和清洁能源的使用率。同时，这些措施对建筑而言，会一定程度导致建筑的复杂与冗余。其中，增加设备会导致建筑物料的隐含碳排放增加。若建筑运行过程中的能耗不变，则需依靠优化能源方式来减碳，且主要与设计关联的是物料的技术与应用。目前，对建筑能源系统的研究已经从不同的碳排放边界来探讨隐含碳排放与运行碳排放的平衡，

与应用不同设备、设施造成的碳排放变化，可通过相应的工具展开估算与判定。

2）提升建筑的碳耗效益

指在全生命周期内提高建筑质量和使用效率，控制建筑建造产生的必要碳排放。并在设计中充分挖掘建筑的环境交互效应，以及各部分用房之间的组合效应。采用多种设计手段激活建筑整体和各部分的潜在作用，提升实现建筑需求的技术路径。这是建筑设计减碳的核心，也是实现建筑全过程受益的根本思路。

3）控制建筑的能耗水平，保障建筑的运行条件

通过科学、准确预测建筑使用情境，提出合理的环境舒适要求，精细化对应技术标准及指标。同时，利用数据分析与智能化手段等方式，全面控制和管理建筑的运行能耗。以及通过合理技术比选、引导建筑使用方式，预判并控制极端和高需求使用情况，对系统效率不断优化。

3．两种主要低碳设计工作流程路线

1）正向全流程设计优化

围绕建筑设计的主体作用，伴随设计各阶段的决策逻辑，在不同系统边界上，理解各项设计决策的碳排放关联。从碳排放计算来看，借助正向的设计工作流程影响建筑的碳排放强度，草案阶段的能动性主要围绕在建筑原型与构型环节，重在理解因设计选择而引起的碳排放变化。这种低碳设计思路有利于设计者在设计环节掌握主动并实现创新。草案阶段的建筑碳排放较为容易通过指标或模型来估算，但因为这个阶段的设计较为粗糙，计算精度与允许的误差较难协同，也不直观，则可以按照各类组构的碳排放量数据及规律，采用系数法来粗略控制。

2）反向技术环节突破

在技术方案相对明确的前提下可以对建筑的全生命周期碳排放进行细致计算，并针对设计中的可控环节进行改变或修正，实现对不同方案碳排放强度的比选与优化。这种方法需要完整的设计方案，适合于技术思路和条件约束较为明确，或者前期方案论证已形成较为充分详实的情况。在文体建筑设计的初期，设计方案仍有较多可能，形式选择发散。这种反向流程的每一轮计算技术路线长，时间耗费大，与设计者的设计思维容易脱节。但是，这种方式计算边界相对清晰，对单一因素或矛盾要素精准控制非常高效，且指标约束效果明确，可在多方案比较中展开专项分析。

2.2.2　文体建筑综合排碳控制的三层边界

对文体建筑的环境影响进行评估，必须依附其本质价值变化规律。由于文体建筑在后期存在潜在广义的价值增益，与一般的工业产品相比，对文体建筑的碳排放控制在分析逻辑上有一个客观且宏观的估算边界（图2-4）。

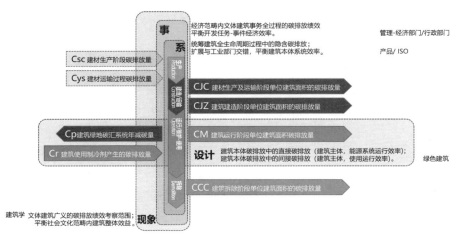

图2-4　草案期（建筑立项、可行性论证）的建筑碳排放分析边界

1．文体建筑设计视角下的建筑全生命周期碳控制层次

在建筑全生命周期中，建筑材料在生产阶段尚未与具体建筑建立关联，拆除时即失去了与具体建筑主体的关联，但其仍处于社会行业经济活动大循环中。因此，主体约束力处于缺失状态，这导致建筑本体的碳排放存在两层不同的碳排放认识范围，设计中必然会应对不同范畴，不同性质，不同来源，不同技术原型、空间的建筑关联碳排放渠道与技术规律，大致可以理解为三个方面的关联：

1）在建筑全生命周期内，围绕建筑物化的物料生产-加工-运输-回收/处理整个过程中的碳排放。不仅包括门窗、幕墙、成品卫生间等建筑项目中使用的集成部品的制成碳排放，也包括砖、瓦、保温材料等建筑专用材料在建筑全生命周期的过程碳排放，还涉及建筑中使用的通用工业原材料的工业过程碳排放。这时的建筑碳排放水平计量必然涉及工业、制造、运输的整体部门或者行业碳排放控制、碳中和技术水平，以及建筑物料消耗利用方式、循环绩效。在本教材中，为区分隐含碳排放及其对应的计量方法，便于与设计过程的理解统一，统称之为建筑物料过程碳排放。在设计中，可以通过房间、楼梯、电梯、围护等建筑组构原型直观理解与比较，这些组构往往有共识性的既有原型，和内含较为明晰且通用的物料组织逻辑。

2）在建筑运行阶段，围绕使用状态和应用情形过程产生的碳排放；涉及建筑利用情况，建筑环境控制逻辑与技术，建筑耗能水平、耗能形式，以及材料部品的维护状态。这与建筑设计确定的空间组织技术路线与建筑房间围护结构质量高度相关，包括选用的建筑-环境交互技术模式与建筑本体的质量性能控制两方面技术工作，在本教材中称之为建筑使用过程碳排放。绿色建筑设计与建筑节能设计两类不同层面的技术工作逻辑常为对应，但又有区别。在具体设计工作流程中，常与组构、空间原型所对应的建筑标准、常见形式、使用方式有一定内在关联规律，可以通过既有的相似案例与数据来比较认识，与建筑能耗控制技术有较强的对应性。

3）伴随建筑的完整经济技术过程，建筑事件中建筑的使用绩效与其最终的使用状态是使建筑过程中发生碳排放的源头。这也是大部分建筑项目立项、策划中最先考量、审查的基础逻辑，与"建筑因需而建"的核心本质原理回应。在这个认识层面上，建筑最终的真实使用寿命、应用后的使用强度与绩效、经济社会效应及技术推广示范作用等建筑绿色品质，在建筑-环境间和谐的因应关系与技术品质都能明显在更大的范围内、更整体的社会活动系统下科学推动建筑可持续，进而影响建筑产业低碳化及现实碳中和。但这些过程很难直接通过方案明确呈现，因其受多重因素干扰，具有先天不确定性，而且没有明确的计算边界，无法在建筑项目具体计量结果中直接体现。其有时与建筑本体节能对应的碳排放节约等概念有重叠交错，也导致决策和理解错位，常与被动设计等技术概念混淆。目前，在文体建筑中，这部分建筑设计技术逻辑及工作任务内涵，与建筑控碳设计根本目标高度一致，主要通过在建筑技术体系里与建筑设计标准、评价逻辑、建筑设计水平质量推动来发挥协同作用，是设计者在建筑设计中应特别关注的技术范畴。最终，通过建筑质量品质来实现的碳消耗效益扭转，被广义地包含在建筑低碳设计范畴内，在本教材中称为建筑设计节益碳排放。

这三类碳排放与建筑设计阶段的关联要点不同，控制方法与途径也有差异。

在建筑本体全生命周期内可以简要理解为"材料"或"燃料"的两种消耗能源的过程。经由设计决策形成的建筑最终模型，包含材料物化清单。通过模式与技术原型对应后期使用的耗能方式与强度，可确定通用标准建筑碳排放的一般基准强度。

在设计创作中，通过直接改变、调整组构原型，以及打破既有的组构构型规律有可能会产生碳节益效果，是设计中应该着重理解、探索的低碳设计。

2．建筑总体经济技术指标与碳排放强度的关联

文体建筑因其与社会经济文化作用链条关联的复杂性，更需要在整体社会发展宏观视野下审视由具体设计操作所引发的碳排放影响。

首先，是对文体建筑合适的社会影响层级的预判。文体建筑使用周期普遍比预期长，文化内涵表达中涉及较多的经验空间与类型化的历史技术范式，且经济价值效应过程历时长，综合效益预期较难与国民经济行为获得结果直接对应或者衡量。想当然地套用一般的文体建筑标准中涉及的造价定额，随意拔高或者简单套用普通标准，都不能很好地利用其基础碳基准。在建筑技术体系及建筑产业链条技术后期变动较大的情况下，计算单体建筑碳排放或者直接控制建筑设计的碳排放易出现较大偏差，且这种参照常容易误导设计过程。文体建筑的碳排放量化规律认识不准确常是由于上位技术预设前提的差异而产生。

其次，合理地控制造价及规模，可依托整体社会低碳、控碳技术的转换发展，形成可观的减碳效益。

再次，在明确科学的定位下，好的设计一直有明显的质量换效益的作用规律。

最后，前期目标与技术路径的选择。尤其是对其效用准确科学的精巧选择，对建筑后期碳排放控制影响巨大（图2-5）。

文体建筑设计目标常明显区分于商品化、产品化的集合住宅，较多指向建筑对承载的具体活动品质的支撑作用与潜在影响作用，对建筑本体形象、内涵创新表达要求突出。多数项目设计需要重点构想、解释、呈现其具体效果与潜在影响，应关注建筑整体综合文化作用，而不是其局部项目的经济效益。

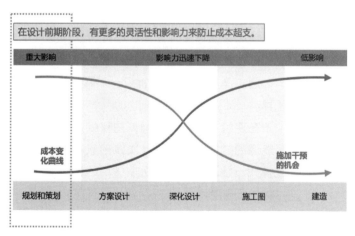

图2-5 不同阶段决策对项目成本的影响

3．建筑项目依托的技术体系、建筑模式与碳排放强度的关联

对于建筑部门整体，建筑本体的零碳建筑技术体系无疑是较为重要的技术发展前沿。但对整个行业来讲，要推动行业技术的低碳化，可回收、

延伸阅读
毕尔巴鄂古根海姆博物馆

16世纪，毕尔巴鄂与巴塞罗那、瓦伦西亚一道构成了西班牙海上霸权的三大对外窗口。随后，荷兰及英国的崛起，令伊比利亚半岛的西班牙失去区位优势，于17世纪让出海域统治权。毕尔巴鄂也随之衰落。到了19世纪，这座城市误打误撞地与铁矿和煤炭挖掘结缘，由此迈入工业社会。但工业城市产业结构单一，以及新能源、新燃料的冲击，毕尔巴鄂的经济缺少新的增长点。再加上1983年洪灾，城市变得千疮百孔，环境恶劣。

在提振毕尔巴鄂多元转向规划中，文化产业发展由一系列高质量工程构成，包括为毕尔巴鄂建造古根海姆博物馆。其收藏的展物及作品准确捕捉欧洲高品质观展者的需求，可以在此看到其他展馆无法展出的画作：毕加索、康定斯基、保罗·克利、安赛尔姆·基弗……古根海姆博物馆由美国著名建筑师弗兰克·盖里设计，耗资1亿美元，占地2.4万 m^2，陈列空间1.1万 m^2。1997年落成开幕后，它迅速成为欧洲最负盛名的建筑圣地与艺术殿堂。毕尔巴鄂一夜间成为欧洲家喻户晓之城、一个新的旅游热点。据说，自古根海姆博物馆修建以来，毕尔巴鄂市的旅游收入增加了近5倍，而花在古根海姆博物馆上的投资2年之内就尽数收回。

木结构、钢结构、装配式等技术体系的发展需要统筹大量的工业系统。建筑本体层面上的碳排放控制技术，首先应对建筑全生命周期预期价值等级、项目执行条件与技术体系展开必要的整体平衡与综合性理解。目前，在现有框架下，有些工业制造与建造在社会经济相对发达地区尝试对建筑碳排放提出有技术针对性的计算范围扩展。例如，2022年，广东省发展和改革委员会初步划分的建筑领域碳排放计算边界，将建筑碳排放定义为建筑在建造、运行、拆除三个阶段产生的碳排放。其中，建筑建造所需的混凝土以及装配式构建生产过程产生的碳排放包含在建造阶段的碳排放中，[①]使建筑碳排放表现直接考虑了技术体系的影响。

在碳排放计算探索中，有研究提出计入建筑使用的可循环材料的碳影响，对建筑所使用的可循环材料在理论上的节约碳排放，既可计入首次使用的建筑，开展折减，以鼓励建筑应用可再生材料，也可按照一定方式纳入后期再次应用于建筑，对其碳排放展开计算折减。目前，我国对于再生材料拆除、运输储存、再制、建造过程的碳排放量，仍然很难直接表现在建筑本体建筑碳排放计量结果中。如不纳入计量，则难以支撑这类技术实践发展，也很难科学地理解这类技术背后对环境影响的效益。从建筑行业层面考量，以技术清单的方式，测算、估算、分析理解其技术上的切实作用是低碳建筑技术的热点、难点之一。在具体实践中，有意识地对可循环材料应用展开技术逻辑与碳排放量专项分析，对于控制建筑整体碳排放也是积极有效的措施。在文体建筑设计中，循环就地利用废料、余料、剩料的方法一直是行之有效的地域化、特色化方法，既符合绿色建筑秉持的3R[②]原则，对于示范作用与历时寿命预期高的文体建筑，也是有效的建筑控碳策略。

---

① 来源:《建筑碳排放计算导则（试行）》
② 3R: 降低减小（Reduce）、重复利用（Reuse）、循环利用（Recycle）三种绿色建筑策略的缩写。

在文体建筑中，大部分既定公共空间行为都有较多的成熟的空间技术原型与之对应。往往所对应的、成熟的建造技术原型，有着明确的经济效益边界，依托既有的建筑模式可以达到一般建设效益。但这代表的是行业常规水平，越前端、越基础的技术应用创新，如能源、材料、产品创新越对广泛的碳排放水平有正向作用。

完整的新材料系统技术，如钢木结构体应用不会对现有建筑组构规律造成本质冲击，但会对原型的技术在应用细节上产生额外的设计要求，以及组构的基础碳排放构成规律会有较大变化。

扩大回收、简化生产工艺、降低隐含碳排放涉及区划建筑组构的"装配式"系统会较为深刻地重构建筑设计模式。引起建筑碳排放基础规律的较大变化。

因此，总体上来讲，通过高质量文体建筑设计，可在具体技术应用上支撑突破建筑既有技术应用体系，这是低碳文体建筑设计研究核心价值之一。这部分应用逻辑与技术创新常因制造规模、产业技术水平、服务与其他社会会经济习惯、行业标准滞后而面临较多困难，可采用专项论证方式推动技术应用。

4．建筑本体层面的隐含碳排放强度关联

将建筑单体作为一个独立单元进行碳排放计算，一般需要统计建筑物化与建筑运行两个独立阶段的碳排放量。

从建筑物化相关的技术过程来看，不同的建材具备不同的CO_2排放足迹。图2-6是为前期选择而开发的"材料金字塔"，[1]可直观显示常用材料对环境的影响。例如，位于金字塔底端的木材，CO_2排放影响为负值，这意味着从材料本身周期来看，木材即便从森林中被采伐加工为建筑材料，因树木CO_2吸收、排出而对环境影响作用，在CO_2方面是吸收大于排出的。

除了材料种类，通过优化建筑设计，包括空间目标、技术方式选择，以及应用情境整合设计，还能改变材料的使用量。这涉及对一般空间要求不仅采用通用的、经验的、理想的原型，而且不断利用独特或新的组合方式满足基本目标，并提高建筑整体品质。这些调整都对建筑隐含碳排放量的控制直接关联。在建造阶段，还要考虑材料的收集和运输过程中的碳排放。因此，就近取材、就地取材也是很好的策略。合理取材、合理用材对建筑建造会耗费的碳、可以回收的碳运行效果都有直接影响。

---

[1] 丹麦皇家学院工业化建筑中心（CINARK）用食物金字塔的图形语言，基于欧盟及丹麦适行的建筑产品环境产品声明（EPD）开发。

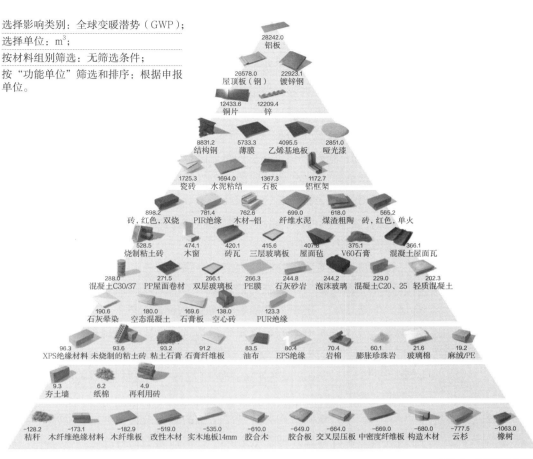

选择影响类别：全球变暖潜势（GWP）；
选择单位：m³；
按材料组别筛选：无筛选条件；
按"功能单位"筛选和排序：根据申报
单位。

28242.0 铝板

26578.0 屋顶板（钢）　22923.1 镀锌钢

12433.6 铜片　12209.4 锌

8831.2 结构钢　5733.3 薄膜　4095.5 乙烯基地板　2851.0 哑光漆

1725.3 瓷砖　1694.0 水泥粘结　1367.3 石板　1172.7 铝框架

898.2 砖，红色，双烧　781.4 PIR绝缘　762.6 木材–铝　699.0 纤维水泥　618.0 煤渣粗陶　565.2 砖，红色，单火

528.5 烧制粘土砖　474.1 木窗　420.1 砖瓦　415.6 三层玻璃板　407.8 屋面毡　375.1 V60石膏　366.1 混凝土屋面瓦

288.0 混凝土C30/37　271.5 PP屋面卷材　266.1 双层玻璃板　266.3 PE膜　244.8 石灰砂岩　244.2 泡沫玻璃　229.0 混凝土C20、25　202.3 轻质混凝土

190.6 石灰晕染　180.0 空态混凝土　169.6 石膏板　138.0 空心砖　123.3 PUR绝缘

96.3 XPS绝缘材料　93.6 未烧制的粘土砖　93.2 粘土石膏　91.2 石膏纤维板　83.5 油布　80.4 EPS绝缘　70.4 岩棉　60.1 膨胀珍珠岩　21.6 玻璃棉　19.2 麻绒/PE

9.3 夯土墙　6.2 纸棉　4.9 再利用砖

–128.2 秸秆　–173.1 木纤维绝缘材料　–182.9 木纤维板　–519.0 改性木材　–535.0 实木地板14mm　–610.0 胶合木　–649.0 胶合板　–664.0 交叉层压板　–669.0 中密度纤维板　–680.0 构造木材　–777.5 云杉　–1063.0 橡树

图2-6　建筑材料金字塔

5．建筑设计视角下碳排放数据的真实性与有效性

多数经济先发达地区公共建筑的舒适标准普及较早，例如欧美发达国家的建筑照明、采暖、空调及通风系统的设备运行标准普遍高于发展中国家，且之前几乎完全依赖化石能源。案例统计数据显示，建筑单体运行的碳排放总量大，且在建筑碳排放总量中占比高。早期数据显示，建筑运行碳排放接近甚至超过建筑全生命周期的总碳排放的80%。根据2013年文献研究，我国公共建筑的建材生产碳排放平均占总量的26%，而其运行阶段平均占74%。[①]因此形成了建筑低碳研究的一般共识：建筑设计控碳任务重点在于降低建筑运行能耗。

控制运行能耗、提高建筑环境性能等相关措施，一直是低碳建筑的技术关键。建筑运行碳排放强度控制往往与建筑运行的能耗直接对应，这一固有

---

① 来源：《建筑物碳排放计算方法的确定与应用范围的研究》

观念也深刻影响了目前的建筑碳排放计算方法。在建筑运行能耗等效碳排放计算过程中，存在将丰富多元的建筑原型简化为单一的"隔绝型"[①]模式，这导致计算结果与实际碳排放可能存在较大误差或偏离。

1）碳排放因子与技术指标控制的一些假定局限

在我国现行通用规范中，对节能与可再生能源的使用均设定了强制性要求，这对建筑碳排放的计算产生了显著影响。根据《建筑碳排放计算标准》GB/T 51366—2019，通过采用碳排放因子来量化建筑能耗对应的碳排放量，体现了能源系统技术发展的一致性，并在标准中列出了不同能源系统的具体碳排放因子。[②]此外，该标准还定义了全球变暖潜值（Global Warming Potential，GWP），即在固定时间范围内1kg物质与1kgCO$_2$的脉冲排放引起的时间累积辐射力的比例。[③]

目前，在我国现行的建筑碳排放强度模型中，节能控制指标是基于2016年的节能标准制定的。在统计建筑运行阶段的碳排放量时，不仅涵盖了暖通空调、生活热水、照明及电梯等设施在使用期间产生的碳排放，还考虑了由于能源系统改进所带来的减碳量（包括可再生能源利用和建筑碳汇系统的贡献）。对于运行阶段的碳排放量计算，依据的是各系统不同类型的能源消耗（如天然气、电力等）及其对应的碳排放因子，即通过追踪能源消耗过程来计量相应的碳排放。

因此，与节能概念相关的低碳措施的减碳效果，经由碳排放因子调整后的建筑碳排放计算结果可能会因具体的取值方法而有所差异。这种"修正与过滤"的计算方式旨在更准确地反映实际的减碳效果，但由于计算方法和参数选取的不同，最终结果可能存在一定的偏差。

在具体建筑碳排放计算过程中，容易被影响的数据包括：

（1）在材料端，手工材料这类材料难以被抽象化或获得一致生产过程；非标准建材的加工和制备过程不易保持一致；可回收材料的减碳收益往往不在建造阶段体现；新兴材料由于技术革新导致碳排放因子未及时调整，造成系数偏差较大。即使在建筑中使用相同的材料，由于实际加工、制备及建造过程中工艺的不同，最终的真实碳排放结果也会有所差异。鉴于碳排放难以精确测量，对各种材料的碳排放量进行合理、科学且公平的排序则尤为重

---

① 基于美国建筑史学家瑞纳·班纳姆（Reyr.er Banham）的总结（1969）：有"建造""燃烧"两种建筑室内热环境调控手段。其中"建造"模型分为"保温型"（通过建筑形体构造提升保温性能）、"选择型"（有选择性地利用自然气候条件调节室内热环境）两种，分别适用干冷与湿热气候。"燃烧"则指利用化石能源系统补充"建造"热舒适不足。剑桥大学迪恩·霍克斯（Dean Hawkes）进一步提炼出"选择性节能设计模型"（对地域气候环境因素进行选择利用）和"隔绝型设计模型"（利用围护结构排除外界自然环境对室内的影响）节能建筑设计技术逻辑。
② 这种方式也借由碳排放因子保障技术标准与能源系统技术迭代应用发展的同步性。——笔者注
③ 以对应碳排放的环境影响效应。——笔者注

要。在整体碳排放控制行动中，确保这种估算的严肃性和可信度至关重要。因此，欧盟各国在其工业体系中推行了严格的认证系统，以帮助稳定并减少不确定性。从宏观角度来看，采用工业制造行业的平均碳排放水平作为参考，不违背建筑业碳排放控制的初衷。因此，一些文献解释了碳排放计算中的通用假设，比如假定每种能源的碳排放是固定的。然而，在文体建筑中，对于某些独特或实验性的材料及其应用方式，碳排放的追踪存在数据上的挑战，这可能会导致高估或低估的情况。当这些材料的生产过程无法直接对应到标准的工业制造流程时，很难准确对标其碳排放。这增加了评估的复杂性，使得此类材料的碳足迹难以准确衡量。

（2）在运行端，各个地域的能源和资源禀赋存在显著差异。因此，能源清洁化的具体程度与实现路径也各不相同。从控制环境影响与确保科学公平的角度出发，不宜采取一刀切的方法。对于各种能源及运行设备的认知，自然会受到地域复杂性和工程条件限制的影响。建筑领域对这一规律的理解与设计应对，在不同地域和国家的建筑文化及观念里仍存在较大差异。因此，建筑运行状态的计量假设往往存在明显的局限性，即无法完全反映文体建筑实际运维情况，可能导致计算结果出现偏差。尤其在一些特定地域的营建经验和场所需求下，空间类型差异较大，且直接套用通用能耗模拟可能导致碳排放的计算与实际产生较大差异。

（3）在全生命周期视角下，建筑不同于一般工业产品的本质差异在于其在全生命周期中可能会出现潜在的功能调整，并出现显著的价值增益现象，特别是在文体建筑中尤为明显。尽管关于既有建筑"永恒性"的理论概念及其设计评价已经达成了一定的共识，但目前这些评价主要依赖于定性的定位和具体过程的描述，这使得文体建筑的全生命周期碳排放计算的边界需要适当扩大。

因此，在这三个不同层面的控制边界中，碳排放因子涵盖了建筑对使用能源形式、方式等碳控技术的影响。运行阶段的碳排放强度与建筑性能及能耗量密切相关。单位面积建造过程中的碳排放强度与建筑施工过程中采用的技术体系紧密相关。

事实上，在建筑设计中，上述三个方面与建筑项目前期的经济技术总体指标关联密切，也与建筑设计初期对条件和需求的总体评估及决策高度相关，并且与所选建筑模式的科学合理性紧密关联。然而，由于碳排放计算难以被直接量化，尚无直接对应指标，故在设计研究中主要以绿色建筑、建筑品质、可持续性、适用性等定性研究来表述。

在建筑设计前期，为技术比较、设计决策而进行的碳排放分析，需注意预判建筑模式与技术体系在不同边界下对碳排放的影响。只有采用相对统一的分析边界，在可比较的模式、应用条件与计算方法下，数据计算才有比较价值。只有伴随设计通过定性、定量、反复分析，才能准确掌握特定文体建筑的碳排放控制边界；只有据此展开的碳排放控制规律分析，才能为设计提供有效参考。

2.3.1　建筑碳排放主要计算边界、方法及低碳设计应用优化

1．目前建筑全生命周期碳排放计算边界

在不同目标和研究尺度下，存在不同的建筑碳排放计算方法与范围。为分清楚计算范围差异，建筑碳排放研究需要明确计算边界，即计算碳排放时所设定的范围或边界条件。

在低碳设计目标下，设计者不但要理解文体建筑碳排放标准计量方式，还需明白不同设计动作或者决策对文体建筑最终碳排放量的影响机制，这样才能通过设计手段、技术应用来调控建筑整体碳排放表现。通过研究建筑全生命周期不同范围的碳排放计算模型，能够促进文体建筑低碳设计方法研究，加深设计者对不同文体建筑模式低碳效果的评价、理解，以及做出相应的设计回应。

ISO 21930：2017[①]规定，建筑全生命周期分为四个阶段，即规划阶段、设计阶段、施工阶段、运营阶段，各阶段对应不同的工作主体。明确这种对应关系，有利于设计者在设计决策中清楚认识不同阶段的控制措施及实施渠道。

《建筑碳排放计算标准》GB/T 51366—2019将建筑全生命周期划分为建材生产、建材运输、建筑建造、建筑运行及建筑拆除五个阶段。该标准偏向于让建筑本体的物质信息和物化过程连续，使对建筑碳排放边界的约束更直接清晰。

以上两种方式体现了不同思路的建筑全生命周期碳排放计算边界设定。

2．目前建筑本体碳排放主要采用的计算方法

目前建筑本体碳排放的计算方法主要有以下三种：投入产出法、物料衡算法和碳排放系数法（表2-1）。

---

① ISO 21930: 2017 *Sustainability in buildings and civil engineering works Core rules for environmental product declarations of construction products and services*（ISO 21930: 2017《建筑和土木工程的可持续性建筑产品和服务环境产品声明的核心规则》）

名称	投入产出法	物料衡算法	碳排放系数法 （清单法，起源于IPCC）
计算方法	单纯以金额来计算能源与排放量，通常由各国统计部门定期发布，里面包含了各行业部门的投入、能源使用及排放情况	基于对生产、使用过程中原料使用、能耗、工艺流程和污染物排放的追踪进行统计计算	根据生产单位产品所排放的气体数量统计平均值来计算产品碳排放量。碳排放量=活动量×碳排放因子（碳足迹因子）
计算特点	通常用于宏观层面的碳排放统计，对建筑碳排放计算误差较大	需要对整个建筑的全生命周期的投入与产出量进行全面的跟踪计算，工作量大、工序复杂	建筑全生命周期碳排放计算目前普遍采用的计算方法
计算边界	较粗糙，与宏观经济关联直观，不适合单体建筑，适用于反映产业关联	较精细，与建筑对应性强、准确，适用于后评价与分析具体建筑	围绕温室气体影响。对于反映建筑过程中不同决策与规律较好，较为依赖建筑数据库与通用标准规律

国际上较早开始且具有代表性的研究机构，如IPCC（Panel on Climate Change）认为"碳排放控制目标应通过经济手段推动"，其总体控碳思路为：通过技术及产业转型，使国家和地区的碳排放量与经济增长实现脱钩，这样才能高效率地真正实现碳排放达峰，并继而实现碳中和。因此，在全球、国家、地区及行业层面的宏观统计中，为使碳排放量与经济过程对应，从而更好的通过经济部门跟踪数据并实现总量控制，将行业碳排放与其单位GDP对应起来。

与建筑相关的上游建材碳排放是通过生产制造口径进行统计汇总，而非在建筑部门。在IPCC体系中，4个主要碳排放部门为工业、建筑、交通、电力。其中，建筑部门主要关注运行碳排放。IPCC对产品制造等工业碳采用系数法，提供的碳核算基本公式为：

$$温室气体（GHG）排放=活动数据（AD）×排放因子（EF）\quad（2\text{-}1）$$

累加求和可得到总碳排放。

这个方法也被称为清单法，既可以应用于建筑建造，也可用来估算建筑设计方案中涉及材料的碳排放量。建筑运行部分碳排放量的计算，主要依据建筑运行过程中消耗能源所排出的温室气体量来统计。

这导致宏观逻辑统计的碳排放量与微观的建筑全过程碳排放量存在范围差异。即使都是针对建筑的全生命周期，不同的计算方法在碳排放计算框架设想、计算边界与计算方式上也有所不同。衡量建筑过程里的碳排放效益本质上是对设计品质水平的控制，衡量建筑单位面积碳排放强度则偏向于以统计目标结果来控制建筑碳排放水平。无论采用何种方式、方法和范围都能在一定程度上反映出因设计不同引发的碳排放规律变化。

在计算方法方面，因较完备的数据规律统计和解析基础，碳排放系数法目前占据主流地位。

简单易行：碳排放系数法计算过程相对简单，只需运用预先确定的碳排放系数，结合能源或物质的消耗量进行计算，无需进行复杂的数据收集或建立模型。

数据需求低：相比其他复杂计算方法，碳排放系数法对数据需求较低。仅需能源或物质的消耗量，以及对应的碳排放系数，这些数据通常较易获得。

适用范围广泛：碳排放系数法适用于各种不同类型的能源和物质，如燃煤、燃油、天然气等能源，以及钢铁、水泥、玻璃等工业生产过程中产生的碳排放。

快速预估：由于计算过程简单快速，碳排放系数法通常用于碳排放量的快速预估或初步评估。这在需要迅速了解碳排放状况或进行初步比较时很有用，对建筑设计辅助决策等更为友好。

常用的行业标准：碳排放系数通常是根据国家或行业标准确定，所以使用该方法进行碳排放计算符合行业惯例，也易于与其他业内人士或组织的数据进行比较和交流。

针对碳排放系数法，中国城市科学研究会和中国房地产业协会联合发布的《建筑碳排放分析报告质量要求》指出，建筑碳排放计算方法分为清单法、经验系数法和比例法，这三种方法的计算精细度和推荐优先级依次降低。清单法与《建筑碳排放计算标准》GB/T 51366—2019采取的方法一致，即借助活动数据乘以单位活动量的碳排放（即碳排放因子、碳排放系数），累加求和得出总碳排放。在建筑规划设计早期或清单数据复杂且获取困难时，可采用经验系数法和比例法。而比例法由于计算精度低，一般只推荐在拆除阶段使用（图2-7）。

其中，运行阶段碳排放量根据各系统不同类型能源消耗及其对应的碳排放因子确定。计算标准提供了部分建材生产碳排放因子以及单位机械台班的能源用量。

对于建筑设计而言，可通过经验系数法、比例法对大量经验原型的组构与构型的碳基准认识进行快速定性比较和预估理解。然而，若要提供较为可靠的决策依据，就需要对其中因组构变化引起的碳排放规律进行简单验证，同时，也需要对这些原型的运行工作状态及碳排放路径有系统性认识，以便能较好地进行矫正。

建筑全生命周期碳排放计算过程

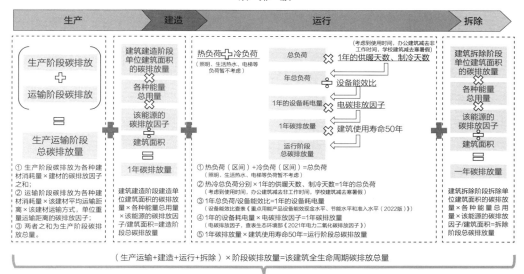

碳 排 放

| 生产 | 建造 | 运行 | 拆除 |

生产阶段碳排放 + 运输阶段碳排放 = 生产运输阶段总碳排放量

① 生产阶段碳排放为各种建材消耗量×建材的碳排放因子之和；
② 运输阶段碳排放为各种建材消耗量×该建材平均运输距离×单位重量运输距离的碳排放因子；
③ 两者之和为生产阶段碳排放总量。

建筑建造阶段单位建筑面积的碳排放量 + 各种能量总用量 ÷ 该能源的碳排放因子 × 建筑面积 = 1年碳排放量

建筑建造阶段建造单位建筑面积的碳排放量×各种能量总用量×该能源的碳排放因子/建筑面积=建造阶段总碳排放量

热负荷 + 冷负荷（照明、生活热水、电梯等负荷暂不考虑）

总负荷 × 1年的供暖天数、制冷天数（考虑到使用时间，办公建筑减去非工作时间，学校建筑减去寒暑假）

年总负荷 ÷ 设备能效比

1年的设备耗电量 × 电碳排放因子

1年碳排放量 × 建筑使用寿命50年

运行阶段总碳排放量

① 热负荷（区间）+冷负荷（区间）=总负荷（照明、生活热水、电梯等负荷不考虑）
② 热冷总负荷分别×1年的供暖天数、制冷天数=1年的总负荷（考虑到使用时间，办公建筑减去非工作时间，学校建筑减去寒暑假）
③ 1年总负荷/设备能效比=1年的设备耗电量（设备能效比查表《重点用能产品设备能效现金水平、节能水平和准入水平（2022版）》）
④ 1年的设备耗电量×电碳排放因子=1年碳排放量（电碳排放因子，查表生态环境部《2021年电力二氧化碳排放因子》）
⑤ 1年碳排放量×建筑使用寿命50年=运行阶段总碳排放量

建筑拆除阶段单位建筑面积的碳排放量 + 各种能量总用量 ÷ 该能源的碳排放因子 × 建筑面积 = 一年碳排放量

建筑拆除阶段拆除单位建筑面积的碳排放量×各种能量总用量×该能源的碳排放因子/建筑面积=拆除阶段总碳排放量

（生产运输+建造+运行+拆除）×阶段碳排放量=该建筑全生命周期碳排放总量

建筑全生命周期碳排放总量

建筑运行阶段碳排放计算过程

方法一：碳排放查表估算法

① 各类建筑热负荷（区间）+冷负荷（区间）=总负荷（照明、生活热水、电梯等负荷暂不考虑）查表《建筑碳排放计算标准》GB/T 51366—2019《城镇供热管网设计标准》CJJ/T 34—2022的3.1节、3.2节

② 热冷总负荷分别×1年的供暖天数、制冷天数=1年的总负荷（考虑到使用时间，办公建筑减去非工作时间，学校建筑减去寒暑假）

③ 1年总负荷/设备能效比=1年的设备耗电量（设备能效比查表《重点用能产品设备能效现金水平、节能水平和准入水平（2022版）》）

④ 1年的设备耗电量×电碳排放因子=1年碳排放量（电碳排放因子，查表生态环境部《2021年电力二氧化碳排放因子》）

⑤ 1年碳排放量×建筑使用寿命50年=运行阶段总碳排放量

⑥（生产运输+建造+运行+拆除）×阶段碳排放量=该建筑全生命周期碳排放总量

《城镇供热管网设计标准》CJJ/T 34—2022

供暖设计热负荷应按下式计算：

$$Q_n = q_n \times A_n \times 10^{-3}$$ (3.1.2-1)

式中：Q_n——供暖设计热负荷，kW；
q_n——供暖热指标，W/m²，可按表3.1.2-1取用；
A——供暖建筑物的建筑面积，m²。

表3.1.2-1 供暖热指标推荐值（W/m²）

建筑物类型	热指标（qr）		
	未采取节能措施	采取二步节能措施	采取三步节能措施
居住	58～64	40～45	30～40

《民用建筑暖通空调设计统一技术措施2022》

冷负荷指标参考1.7.5方案设计用空调系统设计面积冷负荷指标估算W/m²

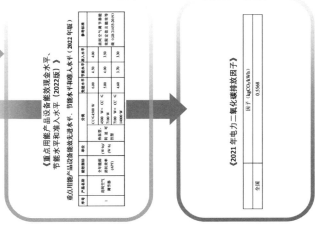

（a）建筑全生命周期碳排放计算过程

图2-7 建筑初期方案阶段常见的计算流程

方法二：碳排放数据计算法

① 各类建筑热负荷+冷负荷=总负荷
（照明、生活热水、电梯等负荷暂不考虑）根据《建筑碳排放计算标准》GB/T 51366—2019、《民用建筑供暖通风与空气调节设计规范》GB 50736—2012。围护结构的传热系数与日射得热因数参考《建筑节能与可再生能源利用通用规范 GB 55015—2021》

② 热冷总负荷分别×1年的供暖天数、制冷天数=1年的总负荷
（考虑到使用时间，办公建筑减去非工作时间，学校建筑减去寒暑假）

③ 1年总负荷/设备能效比=1年的设备耗电量
（设备能效比查表《重点用能产品设备能效金水平、节能水平和准入水平（2022版）》）

④ 1年的设备耗电量×电碳排放因子=1年碳排放量
（电碳排放因子，查表生态环境部《2021年电力二氧化碳排放因子》）

⑤ 1年碳排放量×建筑使用寿命50年=运行阶段总碳排放量

⑥（生产运输+建造+运行+拆除）×阶段碳排放量=该建筑全生命周期碳排放总量

《民用建筑供暖通风与空气调节设计规范》GB 50736—2012

1. 供暖热负荷
$$Q = \alpha F K (t_n - t_w)$$
式中 Q——围护结构的基本耗热量，W；
α——围护结构温差修正系数，按本规范表5.2.3采用；
F——围护结构的面积，m^2；
K——围护结构的传热系数，$W/(m^2 \cdot K)$；
t_n——冬季室内计算温度，℃，按本规范第3章采用；
t_w——供暖室外计算温度，℃，按本规范第4章采用

2. 空调负荷
通过围护结构传入的非稳态传热形成的逐时冷负荷：
$$CL_q = KF(t_{wl} - t_n)$$
式中 CL_q——外墙、屋顶或外窗形成的逐时冷负荷，W；
K——外墙、屋顶或外窗传热系数，$W/(m^2 \cdot K)$；
F——外墙、屋顶或外窗传热面积，m^2；
t_{wl}——外墙、屋顶或外窗的逐时冷负荷计算温度，℃，可按本规范附录H选用；
t_n——夏季空调室内计算温度，℃。

透过玻璃窗进入的太阳辐射得热形成的逐时冷负荷：
$$CL_w = C_{CLW} C_z D_{J MAX} F_w$$
式中 CL_w——透过玻璃窗进入的太阳辐射得热形成的逐时冷负荷，W；
C_{CLW}——冷负荷系数，可按本规范附录H选用；
C_z——窗遮挡系数，可按本规范附录H选用；
$D_{J MAX}$——日射得热因数最大值；
F_w——窗玻璃净面积，m^2。

表3.1.10-4 夏热冬冷地区甲类公共建筑围护结构热工性能限值

《建筑节能与可再生能源利用通用规范》GB 55015—2021

《重点用能产品设备能效金水平、节能水平和准入水平（2022版）》

《2021年电力二氧化碳排放因子》
因子 F：0.5568 kgCO_2/kWh

方法三：建筑工程碳排放软件模拟计算法　所用软件：绿建斯维尔Sware\CEEB　注：更加详细准确、且考虑到照明、生活热水、电梯等负荷

① 创建模型

注：可以且仅可以用CAD2014

| 安装绿建斯维尔匹配CAD2014 | 在CAD2014中绘制好施工图 | 导出t5-t8模式文件 | 进入绿建斯维尔打开文件 | 右键"关键显示"过滤多余信息 |

注：异性、曲线设计等可以在SU、Revit、Rhino筑软件建模后导入CAD
注：轴测模式显示下，墙柱带有高度信息

| 旋转观察模型检查 | 软件自动合成三维模型 | "房间生成"标注建筑面积 | 输入各层对齐点、层高 | 干净图形 | 门窗标注 |

注：跟CAD2014一样
注：右击."模型观察"
注：通高空间在上层选择无楼板
注：可设置标准层
注：仅有墙柱门窗，房间墙体结合

简化图面/调整墙高/调整窗高/建楼层框/搜索房间/模型检查

② 节能设置

工程设置	控温期设置	外遮阳类型	房间类型	空调系统类型	冷源机房/热源机房	电梯	生活热水	光伏发电/风力发电
项目地理位置/建筑类型/设置计算目标/节能标准选用/太阳辐射吸收系数/热桥节点数据	供暖期/供冷期	门窗类型	照明功率密度/设备功率密度	包含房间/系统参数——全年能效/节假日时间表	机组类型/水泵/部分荷载	直梯、扶梯特定能量消耗、数量、运行时间	热水热泵/太阳能年集热量	光电转化效率/电池性能衰减修正系数/地形/风机叶片直径

工程设置/工程构造/门窗类型/遮阳类型/房间类型

③ 节能计算

| 碳排基本结果 | 计算等待时间 | 负荷计算 | 建筑数据提取 | 碳排计算 |

数据提取（权衡判断）节能检查（隔热计算）（结露检查）

④ 结果输出

导出报告书：建筑节能运行降碳报告书（word）

节能计算书（权衡判断表）节能备案表

（b）建筑运行阶段碳排放计算过程

图2-7　建筑初期方案阶段常见的计算流程（续）

3．常见碳排放计算工具

对于一般的建筑前期碳排放估算或计算，可以依托不同阶段的建筑设计模型信息。目前，主流方式是BIM信息计算，主要服务于建筑项目行政审查许可阶段，以形成有效的公共建筑碳排放控制。

目前，我国应用最广、发展最快的建筑碳排放计算软件有东禾碳排放计算分析软件（以下简称"东禾碳排放软件"）、绿建斯维尔碳排放计算软件CEEB（以下简称"斯维尔CEEB软件"）和PKPM碳排放计算软件CES（以下简称"PKPM CES软件"）（表2-2）。

建筑初期阶段常见的碳排放估算流程 表2-2

软件	东禾碳排放计算分析软件	绿建斯维尔碳排放计算软件CEEB	PKPM碳排放计算软件CES
开发商	东南大学、中国建筑集团有限公司	北京绿建软件股份有限公司	北京构力科技有限公司、中国建筑科学研究院有限公司
最新版本	2.1.2	2023	2023
数据导入与跨平台	采用表单式的数据上传格式，也可以上传BIM模型	需建立模型，直接读取斯维尔节能软件和能耗软件模型，支持从AutoCAD等多平台导入模型，或自行创建	需建立模型，直接读取PKPM节能、绿建系列软件模型，支持从AutoCAD等多平台导入模型与PKPM结构软件、钢结构设计软件等通过标准数据接口实现数据联动
软件应用	所有计算通过网页端集成	需要下载软件	
能耗计算方法	准稳态方法	逐时动态模拟	
可再生能源形式	光伏	光伏和风力发电	太阳能热水、光伏、风能发电、热电联产、地热及尾水梯级
其他	—	考虑插座、炊事产生的碳排放	考虑水资源消耗产生的碳排放
建材生产	1. 导入东禾格式和广联达格式建材信息； 2. 同步上传的BIM模型数据	1. 导入建材量清单； 2. 根据建筑模型自动计算建材量； 3. 选取工程指标参考快速获取建材种类和用量	1. 导入建材量清单； 2. 根据建筑模型自动计算建材量； 3. 按面积估算主要建材量（仅限钢筋、混凝土）
建材运输	1. 导入东禾格式和广联达格式建材信息； 2. 同步上传的BIM模型数据； 3. 按照建材生产阶段的比例估算	1. 导入建材量清单； 2. 根据建筑模型自动计算建材量； 3. 选取工程指标参考快速获取建材种类和用量	1. 导入建材量清单； 2. 根据建筑模型自动计算建材量； 3. 按面积估算主要建材量（仅限钢筋、混凝土）
建筑运行	输入建筑基本信息、热水、照明、电梯、暖通、天然气、光伏系统、太阳能热水系统的详细数据后计算	设定空调系统、冷热源、电梯、生活热水等相关参数后逐时动态模拟运行能耗	—
建造	1. 输入机械台班数和规格型号进行计算； 2. 自定义该阶段占建材生产阶段的比例进行估算	1. 输入机械台班数和规格型号计算； 2. 自定义该阶段占物化阶段的比例进行估算	1. 输入机械台班数和规格型号进行计算； 2. 经验系数法：按建筑体量估算； 3. 自定义该阶段占全生命周期总碳排放的比例进行估算
拆除	1. 输入机械台班数和规格型号进行计算； 2. 自定义该阶段占建材生产阶段的比例进行估算	1. 输入机械台班数和规格型号计算； 2. 自定义该阶段占物化阶段的比例进行估算	1. 输入机械台班数和规格型号计算； 2. 经验系数法：按建筑体量估算； 3. 自定义该阶段占全生命周期总碳排放的比例进行估算
绿化碳汇	输入不同种类绿化的面积后计算		

从宏观的行业管理角度来看，未正式进入项目立项阶段的建筑项目都处于方案阶段，也就是建筑设计前期。但从建筑设计任务执行角度来看，将初选未成熟的建筑模式并与原型比较，才是决定建筑设计方案的关键环节，这个阶段称为设计草案阶段。这一时期，大量建筑模型信息中的物化清单通常只是依靠设计者的工程经验与既有案例研究认知。其对物化隐含碳排放的理解主要取决于以下两点：建筑总体建设强度、规模、标准；建筑组构的基本内容与原型，包括具体选择的建筑结构体系与围护结构构成的建筑气候边界。根据行业统计，建筑因选择结构体系所对碳排放产生的影响差异有可能超过几倍。[①]而建筑单体运行碳排放与建筑设计决策确定的构型模式密切相关，包括与地域环境匹配的环境-建筑交互方式。

4．在设计中进行碳排放核算的目标

低碳导向的建筑设计工作，核心工作任务是让设计者理解设计决策对最终建筑碳排放表现的影响，从而合理科学地控制建筑状态，降低全生命周期内建筑因CO_2等温室气体对环境的影响。要确保建筑低碳控制的科学性，设计者和研究者需对所研究的建筑进行严格准确的温室气体排放分析，把建筑项目当作一个完整的建筑行为单元来计量，核算其碳排放。因此，比较建筑各阶段的碳排放量，是优化建筑设计阶段减碳效果的前提与基础。

理论上说，对建筑温室气体排放计算观察与计量的越精确、越完整，温室气体排放的计算内容就越多，计算范围就越大，核算与分析结果对设计动作的干预预期也就越科学。

就目前建筑设计普遍应用的人工思维过程而言，只有当对建筑碳排放计量的认识逻辑与建筑设计研究过程一致时，才可能更好地辅助建筑设计者对主要成型的"核心模型"思维产生较为正向的积极作用。根据第1章内容，对设计对象的基本判断，如建筑人工环境与所在气候因应的主要难点，以及空间需求的等级及其空间化的构架，是决定一个建筑碳排放强度等级的关键设计环节。总体上，伴随建筑决策流程，利用建筑多组构的整体性特点，在各个技术环节与全链条决策过程中伴随需求落实，是实现有效控碳目标较为理想与科学的方法。

具体而言，文体建筑建造过程历时长，应用情境多样，涉及技术链条上下游关联长、范围广，单一设计决策引起的碳排放环节多且相互关联、缠

---

① （建筑）"创新不能只关注环境、能耗，还要关注低碳的结构体系使用，关注建材的低碳化利用。不同结构体系的住宅，碳排放高低相差60%以上，公共建筑甚至高出几倍以上。因此，一定要用政策、标准、价格等方式来引领、规范结构体系。"——《碳排放大户建筑业如何节能减排》

绕，尤其是隐含碳排放与在不同的范围内引发的碳排放效益可能存在矛盾。对建筑本体不同阶段碳排放控制措施，可能引发其他形式的环境影响。例如，为缩减运行碳排放而使用的设备系统常会造成隐含碳排放增加，且过程中不止通过CO_2一种温室气体影响环境；[①]被动房技术秉承高气密性、高保温性能的封闭型技术原型，大量使用有机保温材料，但材料寿命有限，对环境产生负面影响和安全性能常受质疑，严格的热回收及开窗使用要求限制了文体建筑的适用情形，也对空间感染力和建筑整体品质有直接影响；轻便易建的低碳围护结构可能造成极高的运行能耗而引发高运行碳排放，也可能因建筑品质导致更多重复性建设浪费。因此，前期建筑设计常常运用粗糙的建筑概念，在气候类型、建筑目标、建筑模式、效果，以及使用情景中回应主要矛盾。这种方式能快速平衡建筑价值与耗费，对控制总体环境影响构建起一个良好的坚实的建筑空间框架前提。

在建筑施工图技术审查环节，能够严格落实行业分解的基本碳控目标。在前期设计方案技术论证环节，可帮助设计者统筹优化设计方案与各项技术决策，研究、比较、认识并优化设计任务的碳控技术逻辑，平衡各项碳排放，遵循"绿色建筑必然依托巧妙优秀的设计"[②]这一必然规律。因此，在设计前期，对总体技术体系、建筑模式、技术原型等环节整体展开循环优化，才能促使建筑碳排放涉及的下游技术应用协同发展。对具体设计者而言，在进行各项设计决策时，要能及时准确的理解整体碳排放影响，需要具备与行业、产业、部门与国家、国际计量逻辑相通的可靠经验与规律认识，以帮助决策选择，开发出更合适的方式来优化整个建筑系统。

为了在前期寻找实现低碳目标的合理路径，要帮助设计者直接理解建筑碳排放来源以及与建筑要素完整量率关系，在系统层面提出可靠技术应用方案与控制方式，才能在系统层面实现真正低碳。

本教材建议，针对文体建筑这一具体建筑类型，依据设计经验规律，对设计对象的基础碳排放构成先进行基本的自主估算分析。

2.3.2　文体建筑碳排放估算依托的空间构型规律

大部分设计者习惯采用经验模型来理解和推演建筑方案。因此，理解经验模型对应的碳排放水平，辨析经验模型各种构成部分的碳排放基本量率规律，能够辅助建筑设计者更好地比选优化方案对应的基础碳排放水平。在本

---

① CH_4、N_2O、全氟化物、SF_6等其他温室气体，通过"CO_2当量"折算成CO_2后再参与碳计算。
② "建筑都服从一个相同的模式：由巧妙的外部形体构成、室内空间组织、构造与选材及相同的建造技术、运行方式等集合而成。"——《适应气候：建筑建造有诀窍》

节，笔者引入"建筑构型"概念，通过文体建筑通用的构型规律来认识建筑设计与建筑最终碳排放表现之间的关联性。

1．文体建筑构型中的空间拓扑层次分析

文体建筑广泛存在两大类空间——功能用房与公共交通体系空间。按照使用模式以及对应的建造模式设计差异，可以分为"房""室""间""库""厅""堂"六种。从建筑通用组合模式结构来看，设计者常在公共交通系统中增加垂直交通核，搭接联系线性交通空间（如走廊、连廊）形成空间主干，构架组织各类用房，并在"开端、转折、重点处强调"，加入入口、门斗、门厅、过厅等形式强化整体空间秩序体验。文体建筑有较为成熟、复杂的经验性布局模式，通常会用广厅、中庭、院落等形成复合组织结构。

在进行六类成熟标准的文体建筑设计构思时，设计者通常会先理解主体空间及其原型，再通过组合模式调用，形成基本布局模式，并与项目基地、气候、场所、交通、习惯形式等各方面条件融合，确定建筑基础模型结构关系。这是文体建筑设计中常见的一种"选型设计"思维。文体建筑自然地将空间按照活动强度、标准分为不同类型，这种粗略的抽象在文体建筑中具有较为明显的拓扑规律。

文体建筑各类型空间设计中常见的一般空间组合方式大多天然基本符合三度拓扑深度（图2-8）。在空间秩序、体验仪式等文化品质、审美体验、传统模式传承等复杂设计需求下，拓扑深度会有不同的变形与融合，从而产生较多的"灰度"（图2-9）。这种"组合"思维逻辑程序嵌套了常见"组合定

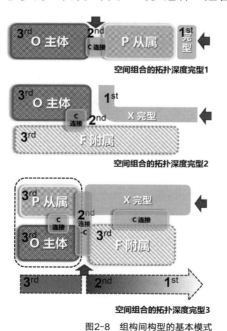

图2-8 组构间构型的基本模式

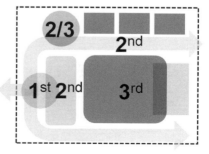

图2-9 空间组合产生的灰度示意

式/手法"对应的建筑技术体系内容。在建筑学研究中,这被广泛称为建筑模式,这与本教材中用来理解建筑组构间构型规律的建筑模式基本相似。不同地域、不同类型、不同项目条件适用的建筑模式差异较大,但仍符合公共建筑基本组合模式规律。

在文体建筑设计创作中,越成熟的地域模式所对应的技术体系越稳定。如果变化、调整、迭代、创新其中的组构原型,或者采用新型的组构间构型方式,对建筑整体可能产生颠覆性变化,相应的碳排放基础水平也会随之调整。相较而言,由于文体建筑适用特征与在城市中所扮演的角色,这类设计变动在文体建筑设计构思中较为普遍,也是建筑设计对建筑碳排放影响的关键环节之一。

组构因遵循的组织原理与技术体系通常有既定的原型。各类文体建筑的主体所采用的基本原型相对成熟稳定。因此,理解和比较既定类型文体建筑的碳排放基准,寻找和判定设计优化的作用点,可以直接依托对建筑组构的拆解。这是一种伴随性好且极为高效的设计控碳途径。

2. 文体建筑中典型空间的基本组合模式

文体建筑主体空间、从属空间,附属空间及连接组构的四类典型组构(图2-10),常通过三种方式发展连接与变化(图2-7):

1)主体空间与从属空间通过连接组构组合;

2)从属空间与附属空间通过连接组构相连;

3)主体空间单元和从属空间直接作为整体,或者通过连接组构相连。

根据主体功能的单一与复合、主体空间数量的不同,以及各空间单元连接方式的不同,会产生多种基本组合模式(图2-9、图2-10),并对应多种实际应用场景。模式的选用由内部因素和外部因素共同决策:内部因素是建筑自身功能构成、规模限定等对建筑自身空间形态的硬性要求;外部因素是用地形态、用地所在城市结构中的地位、场所中文化及意识形态等对建筑整体形态的意向(表2-3)。

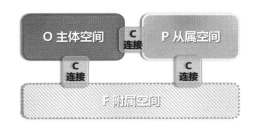

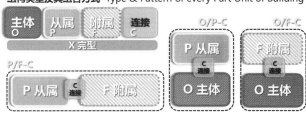

图2-10 文体建筑的组构类型及常见组合

功能	空间基本组合模式
单一功能（S）	**单一主体空间（小规模单一功能文体建筑）**
	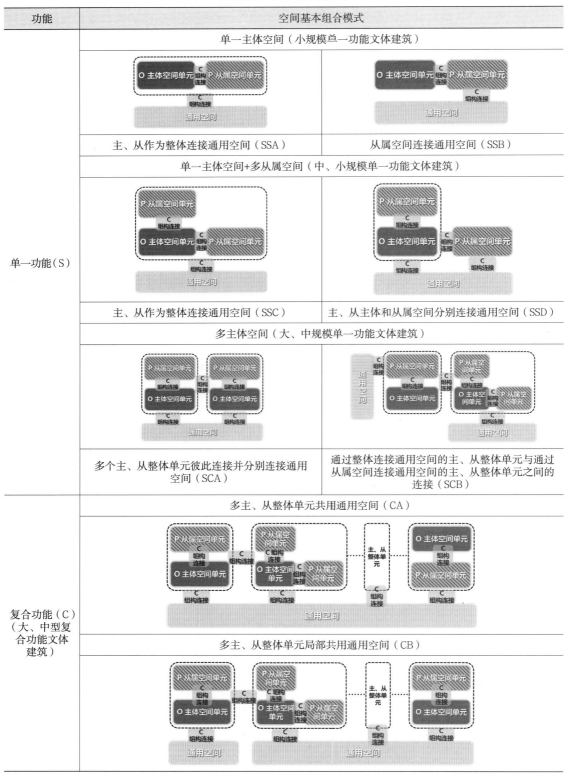
	主、从作为整体连接通用空间（SSA）　　　从属空间连接通用空间（SSB）
	单一主体空间+多从属空间（中、小规模单一功能文体建筑）
	主、从作为整体连接通用空间（SSC）　　　主、从主体和从属空间分别连接通用空间（SSD）
	多主体空间（大、中规模单一功能文体建筑）
	多个主、从整体单元彼此连接并分别连接通用空间（SCA）　　通过整体连接通用空间的主、从整体单元与通过从属空间连接通用空间的主、从整体单元之间的连接（SCB）
复合功能（C）（大、中型复合功能文体建筑）	**多主、从整体单元共用通用空间（CA）**
	多主、从整体单元局部共用通用空间（CB）

功能	空间基本组合模式
	多主、从整体单元不共用通用空间（CC）
复合功能（C）（大、中型复合功能文体建筑）	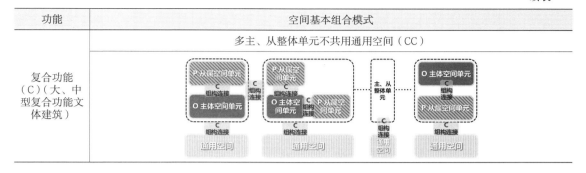

1）内部因素影响

主体空间的形态标准化程度较高，从属单元次之，附属空间和连接组构空间的形态较为自由。文体建筑的主体功能及其规模等级决定了主体空间和从属空间的尺度和数量。规模越大，建筑在空间单元组合形式上的灵活性越强。对于不同功能类型的文体建筑，其主体空间单元和从属空间单元差异较大，而通用空间及组构连接空间的功能内容相类似，具体功能对应见表2-4。

文体建筑功能类型与空间单元类型对应　　　　　　　　　表2-4

空间单元类型	功能类型			
	博物馆	图书馆	文化馆	观演
主体空间	陈列与展示	阅览、信息咨询、研习	活动室、多功能厅、观演厅、排练厅等	舞台、观众厅
从属空间	藏品库及技术区	陈列演讲、书库及专业技术服务	道具库房、专业设备用房	后台、观众附属及专业设备用房、休息厅
通用空间	业务、行政办公及后勤用房，建筑设备用房	业务、行政办公及后勤用房、建筑设备用房	教研、行政办公及后勤用房、建筑设备用房	业务、行政办公及后勤用房、建筑设备用房
组构连接	卫生间、交通核、交通空间等	卫生间、交通核、交通空间等	卫生间、交通核、交通空间等	卫生间、交通核、交通空间等

单一功能且规模较小的文体建筑，选用SSA-SSD的组合模式，形态整体性较强。单一功能且规模较大的文体建筑，选用SCA及SCB的组合模式，主体功能空间可"分"和"合"，形态整体和分散均可。复合功能的文体建筑一般规模较大，选用CA-CC的组合模式，通过调节主、从整体单元与通用空间的连接方式，形成整体或分散的建筑形态。

2）外部因素影响

一般体现在建筑整体形态、意向等方面。

（1）外部约束指向整体：在具有很强纪念性、仪式感、象征意义的城市地段，且对形态整体性要求很高的情况下，可选用SSA-SSD，SCA及CA的组合模式。例如国家大剧院、二十一世纪金泽美术馆、中华世纪坛艺术馆等。

（2）外部约束指向分散：在受到传统风貌影响，需要以院落完成形态塑造的情况；在形态需要与基地周边多个重要因素呼应的情况；在形态受到基地内部重要地物及重大基础设施割裂的情况，可选用SSA-SSD，SCB及CB、CC的组合模式。例如陕西历史博物馆、深圳海上世界文化艺术中心等。

（3）外部约束指向形态消隐：在受到地段文脉要求、限高要求或者公共开敞空间需求的约束，需要消隐于地下或环境中的情况，此类型形态可整体也可分散，且组合设计的影响主要产生在建筑空间与结构竖向表现上。例如梨花女子大学图书馆、南京科举博物馆、深圳罗湖区美术馆。

在文体建筑中，空间组合效果与构成文体空间的各类组构的组织逻辑相关，空间组织逻辑有时会与组构组织逻辑相互影响。各类空间有其通用的经验组合模式或技术传统。在主体、附属空间组构中连续重复的房间，如展厅、阅览室、教室、办公等一般成组出现，通过走廊串联形成基本组合。重复的多个主体空间，如展厅、阅览室可以通过广厅、中庭等配合连接组构组合，形成完整场域单元，称为"场感组合"，也可以用室外空间替代广厅、中庭组合成庭院单元。庭院单元、场感单元与门厅、中厅组合，可以发展出更为复杂的复合组合模式，形成由基本空间组织模式发展而来的四种典型模式：

（1）廊式组合：建筑中线性动态感受秩序突出，具有层次分明的三度拓扑深度。

（2）场感组合：主体空间感受主次分明，根据空间秩序可形成复杂独特的空间体验。组合模式的模型包含主-次两级空间，其核心场域空间通常有较为明确的经典原型，能产生较为强烈的非常规空间体验，空间品质易升级，感染力较强，可支撑较为抽象的文体建筑文化功能要素，并通过建筑构型能明显影响建筑外部量感，在追求空间效果及建筑整体性的文化建筑中是常见的组合方式。但其空间使用复合性较强，为避免造成建筑规模增加，需进行较复杂的整体优化。例如云南省博物馆、广东省博物馆。

（3）庭院组合：可以利用室外庭院改变、调整建筑室内外交互，重构建筑空间主从秩序，扩大、丰富建筑场域使用模式，常与廊式或场感组合协同。这种组合模式会降低建筑交通空间的效率，增加建筑外界面（增加体形系数），但可明显改善建筑空间自然采光通风，有利于控制建筑单体空间尺度，对各种地形、气候适应性强，在文化建筑中也是常见的组合方式。例如苏州博物馆老馆。

（4）复合组合：通过轴线、序列等更为复杂的空间秩序逻辑，展开多层级建筑组构构型。在大型文体建筑设计实践中，这是群体空间组合最常见的建筑组合模式状态，可兼顾平衡多种建筑应用场景，适应多种建筑设计需求与不同场地条件。例如河湟文化博物馆。

3．体育类建筑组合模式及其组构特点

体育建筑主要包括比赛空间开敞的体育场和比赛空间在室内的体育馆两大类，两者空间性质差异显著。体育场建筑在草案期构型设计主要围绕场地-观众席标准与使用场景要求的协同，落实结构体系选择等。有气候边界的用房多属于附属部分，其组构原型符合建筑通用技术规律，贴临主体建设的组构在空间形式上受主体形式约束。

体育馆空间组构拆解主要围绕专业竞技、全民健身、体育综合体等功能倾向，可分为标准竞技型、主副分离型、单厅竞技型、体育综合体型、全民健身型五种基本组合模式（表2-5），覆盖体育馆、游泳馆、网球馆、滑冰馆、全民健身馆等常见体育馆类型。

体育馆空间模式示意 　　　　　　　　　　　　　　　　　　表2-5

	标准竞技型	主副分离型	单厅竞技型	体育综合体型	全民健身型
模式简图					
模式特征	比赛厅占比重大，训练厅作为配套使用；体育馆、游泳馆等类型清晰；座席规模和用房配套大；建筑规模和设施标准高	比赛厅和训练厅分离，训练厅规模较大，可独立使用；可综合游泳、网球、滑冰等其他空间；座席规模和用房配套大；建筑规模和设施标准高	比赛厅占绝对比重，单一大空间为主；空间和使用相对固定；座席规模和用房配套较大；建筑规模和设施标准较高	有无大型比赛厅均可；商业服务、医疗服务或文化设施比重较大；运动项目以健身娱乐为主；建筑总规模偏大，形式多样	无专业的比赛厅，无固定看台或少量活动看台；运动类型多，场地数量多；多层空间为主；建筑规模和设施标准较低

五种模式通过组构关联设计相关要素与其基本碳排放的影响机制侧重点有差异：

1）标准竞技型

以承办专业比赛为导向，比赛厅是其主体空间，训练厅配合比赛厅作为赛事流程使用；观众区座席规模大，体育用房配套附属设施多，建筑规模与设施标准高；功能流线和空间模式较为固定。

影响碳排放量因素：由建筑规模、建设标准较高引发建筑面积、占地面积需求大，建设所需建筑设备、施工工艺和装修标准高；比赛厅由于跨度大、结构复杂，空间容积相对较大；专业比赛瞬时人流量大，交通集散空间需要占据一定规模，不同人群的配套用房需求较高。

2）主副分离型

专业比赛厅与训练厅可相对独立，训练厅空间的标准和规模提升，可结合游泳、网球、滑冰等体育项目的训练使用。

影响碳排放量因素：双厅式布置需要较大建筑和用地规模，带来空间容积和外墙面积增大，交通流线增长；建筑设备、配套功能用房因不便共用，往往需独立设置，但有利于各自设置出入口分别运行。

3）单厅竞技型

承担某种特定体育项目或赛事，比赛厅占绝对比重，以单一大空间为主。因不设训练厅，不满足多数专业体育比赛流程，空间和使用功能相对固定。

影响碳排放量因素：比赛厅空间跨度大、容积大；座席规模和配套功能用房数量较大；承担竞赛类型少，相关设施标准较高，建筑设备、施工工艺标准较高。

4）体育综合体型：体育综合体包含较大比重的商业服务、医疗服务，以及文化功能，目的是为不同人群提供多样的休闲活动空间，所以体育空间以健身娱乐为主，有无大型比赛厅坬可，建筑规模和形式较为多样。

影响碳排放量因素：因建筑规模大、功能构成和需求多样，对建筑设备依赖程度较高，往往需要多套设备形式；服务人群类型多，活动时段分散，开放时间长，因此运营成本较高。

5）全民健身型

代表类型有面向公共体育服务的全民健身馆和高校中的体育训练馆，旨在满足大众日常体育活动锻炼，无需专业比赛厅，无需固定看台或者仅有少量活动看台，设施标准和设备要求较低。由于需要承载多种体育运动项目，场地类型和数量多，往往平层混合布置结合竖向多层布置。

影响碳排放量因素：以多种体育运动空间为主构成，空间组织方式多样；可采用直接采光通风，受外界物理环境影响大，一般应考虑建筑设备辅助调节，但由于使用人群运动时段自由，往往设备开启频率低，容易导致资源浪费或舒适度不高而导致能耗效益受制约。

总体上体育场建筑设计组构往往依托模型直接分拆，有具体而特殊的建筑组构。而体育馆建筑则可部分参照通用文体建筑逻辑展开组构拆分。

4．更新改造利用构型中常见组构

在城市更新中，依托既有建筑更新改造的文体建筑，往往要依据既有建筑现状展开新的构型，并常根据典型的城市公共建筑空间原型作为新构型要素展开设计，这些常见的空间原型有：

1）雨水花园

作为一种可持续的景观设计元素，雨水花园模仿自然环境对雨水的处理方式，使其能被土壤收集和吸收或由植物利用，从而补给地下水源，减少地表雨水径流量，降低城市热岛效应，促进土壤和植物的碳固存。

2）半开放庭院

指使用墙体、栅栏或植被对空间界定，允许空气和视线流通；使用部分遮盖的顶棚，阻挡阳光直射或雨水侵入，所形成的半封闭的室内外空间缓冲区域。半开放庭院能适应不同的气候条件，为使用者提供一个保护性的室外空间，同时能调节自然光照、通风及建筑周边温度。

3）屋顶旱庭

是一种适合干旱和半干旱地区的屋顶绿化形式。采用适应当地气候的耐旱植物和减少水分蒸发的节水设计，从而降低维护工作。同时屋顶旱庭可以为建筑提供额外的绝热层，有助于调节建筑内部的温度。

4）过街楼

指跨越道路两侧或室外空间、连接两个相邻的建筑的结构，从而形成供人行走的桥梁式空间。过街楼能在一定程度上提高土地利用效率，增加绿化用地，同时强化建筑的整体性，促进对其的使用。

5）内街

指通过空间围合、屋顶覆盖或界面划分等方式，将分散的建筑单体连接为整体，或在整体建筑中建立通高的纵横街道的设计手法。内街的设置可以提高建筑的热效率，实现建筑内部自然通风及自然采光。

6）线性中庭

指在建筑内部按照线性或条带状布局的开放空间，或通过屋顶覆盖的手法，将两栋长条形建筑相连所形成的空间。线性中庭不仅增加了室内的视觉通透性和空间感，实现空间的复合利用，还能促进室内外空气对流，调节室内热量需求。

7）室内广场

指在建筑内部核心位置，通过去除部分结构及楼板所形成的开阔空间，或通过屋顶覆盖与墙体围合，将四周分散建筑之间的室外空地室内化所形成的高敞空间。室内广场能在提升建筑内部公共活动品质的同时，增加自然采光，促进空气流通，调节室内温湿度。

通过增加与再构型，更新改造的文体建筑常利用上述空间原型加入既有格局而织补新文体建筑的空间秩序格局，重新平衡新文体建筑的性能、体验与使用要求。

淄博齐长城美术馆。基于原厂房分散与封闭的特征，更新利用的设计以一条透明的"游廊"穿梭于旧厂房内外之间，重新整合原有空间的秩序，定义出新的公共活动场所，增强了空间的公共性、开放性与灵活性。（图2-11）

上海油罐艺术中心将一组废弃的专用航空油罐改造成涵盖艺术展览功能的艺术公园，其中油罐本体被改造为艺术展览空间、音乐表演和餐厅空间，而罐体之间新增的连接空间上部覆土，形成"超级地面"（super-surface），以地景的形式将艺术中心融入城市公园中。（图2-12）

荷兰蒂尔堡（LocHal）。作为荷兰原国家铁路局的机车棚，建筑利用原有的大空间，以水平分区与垂直分层的方法，增加了建筑功能的复合性与空间的层次感，通过建筑的更新利用设计，集阅读、学习、展览、聚会与共享

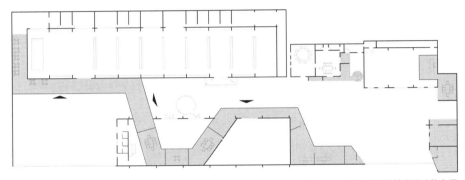

图2-11 淄博齐长城美术馆建筑布局

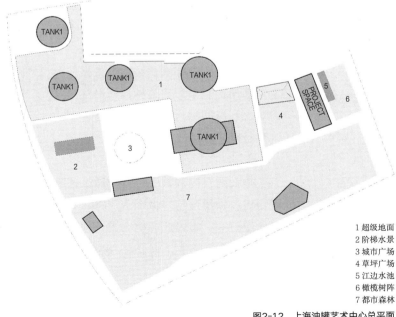

1 超级地面
2 阶梯水景
3 城市广场
4 草坪广场
5 江边水池
6 橄榄树阵
7 都市森林

图2-12 上海油罐艺术中心总平面

办公为一体，成为一流的图书馆和文化场所。（图2-13）

法国奥赛博物馆。奥赛博物馆最早的前身是1789年被烧毁的行政法院和皇家审计院。在20世纪初，设计师保留了审计院原有的柱、铸铁横梁及仿大理石装潢，加入一套完整的金属结构，建成了奥赛火车站。20世纪80年代，设计师去掉火车的铁轨，利用原有的钢和玻璃拱顶创造出贯穿纵深的中庭，将其改造为"欧洲最美的博物馆"。（图2-14）

北京运河美术馆。场地内留存了四座一层条形单元宿舍房和小食堂，成为分散的体量布局，改造通过将建筑群转化为一个建筑的手法，通过体量与片墙将分散的体量串接，条形排屋之间的空间被围合成建筑内部的"街道"，形成了内外的转换。（图2-15）

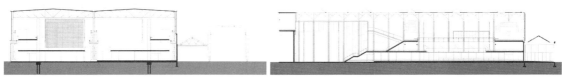

图2-13　荷兰蒂尔堡Local内部空间改造示意

图2-14　原奥赛火车站（左）与改造后的奥赛博物馆（右）

图2-15　北京运河美术馆平面（左）原建筑布局（中）与围合形成的"内街"（右）

可以看出，这类构型多以转换、添加空间为设计构思突破口，展开新文体建筑构思。在改建技术约束下，也有一定的构成规律性与相应的碳排放特征，进而发展出了文体建筑中新的空间原型，形成了文体建筑中一类特殊的文体建筑组构。表2-6汇总了更新改造而成的新文体建筑中的常见组构。

文体建筑更新、改建、增建构型发展中的常见组构 表2-6

所处位置	组构空间原型	空间概念原型	应用示例
室外	雨水花园	天井	
	半开放庭院	三合院	
	屋顶旱庭	屋顶花园	

所处位置	组构空间原型	空间概念原型	应用示例
室内	过街楼	骑楼	
	内街	街道	
	线性中庭	街市	
	室内广场	集市	

5．文体建筑常见连接组构及其碳排放基准

文体建筑中，由卫生间、楼/电梯等组成建筑交通逻辑的通用空间组构，技术逻辑清晰，空间形式固定。其物料及能耗取决于建筑所采用的技术体系，隐含碳排放强度稳定，规律性强。走廊、连廊、设备管腔、间层等可能因改变外围护结构的热作用，或者与中庭等一同参与建筑室内空间环境热分区而影响建筑的运行碳排放（表2-7）。

文体建筑常见通用组构

表2-7

作用	通用组构名称	原型特征	运行能耗	建造技术约束
楼/电梯交通类	综合交通核	形式固定	固定/普通	强
	电梯厅		固定/普通	强
	疏散楼梯		固定/普通	极强
卫生间类	卫生间	形式固定	固定/普通	强
	母婴室		固定/普通	
	饮水间		固定/普通	
走廊及休闲厅	走廊	开放/复合	模式差异大	自由
	过厅	开放/多样	低	自由
中庭/通高	中庭	开放/多样	高	强
	边庭	开放/固定	模式差异大	强
设备管井/层/腔	—	封闭/固定	固定/普通	强

2.3.3 文体建筑设计中对碳排放敏感的重要空间——建筑大厅与广厅

1．从巴西利卡、厅堂到公共活动场所

文体建筑中，除主体空间、从属空间包含较多非常规规模用房外，作为公共活动场所，其完型部分比一般建筑有更多较大规模的门厅、休息厅、连接大厅与广厅。这与文体建筑公共活动场所的空间概念原型有关。古典时代罗马的巴西利卡（Basilica）常用作法庭或交易所，经典案例中常包含外部拱廊（arcade）、中殿（nave），以及半圆壁龛（apse）等（图2-16）。后逐渐形成了公共议事、高等级公共活动、文化宗教活动使用高大空间场所氛围与空间使用传统，并通过在宗教建筑中的规制性使用，成为包含柱廊、中殿空间，拱券等建造结构技术的成熟经典空间原型。最终，在现代公共建始于古罗马时期，最早作为法庭、交易所的长方形大厅型建筑类型，内部被柱廊划分成中厅和侧廊，这个空间主要供人们聊天、聚会，甚至小摊贩在里边做生意，这样一个大厅，被称之为巴西利卡。

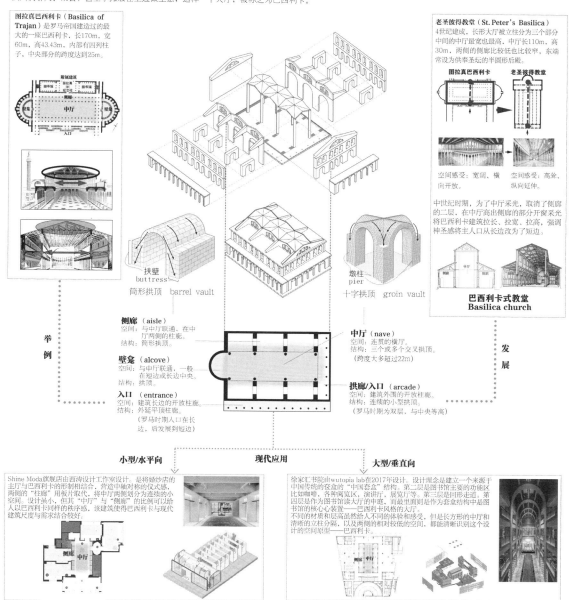

图2-16　巴西利卡空间原型模式图

筑中发展出更多样的演化分型，逐渐成为公共建筑品质的一种空间语言。这一现象符合文化类公共建筑公共空间使用的仪式感要求，及形成公共建筑设计中常见的"厅堂""大厅"与"广厅"设计要素，较为广泛而深入地影响了公众、主流对公共建筑"登堂入室"式的"高大""仪式化""经典"体验预期。

2．建筑文体建筑公共空间组合的碳控要点

随着大跨度结构技术的普及，现代文体建筑厅堂类空间的构造、建造与性能不再受砖石拱券的技术限制。原有历史空间原型中的柱廊与内部分隔逐渐失去结构原型的技术内涵，拱券也逐渐被解释为形式符号要素。随着公共活动需求的多样化、普及化，厅堂在现代公共建筑中逐渐追求"最自由广泛的适应性"。这不仅使平面功能组织打破了以房间组织分割的传统功能单元组织方式，突破了四墙围合的房间限定习惯，还在手法上强化非静态、无中心的空间秩序，在空间内追求视线与体验的开放、自由，发展出"流动"的空间等更为自由的空间样式。著名的巴塞罗那展览馆就由多个不完整的界定形成了较为有趣且连续相关的空间关系（图2-17）。在文博类建筑空间多种"叙事审美"的语义创作需求下，现代建筑分化出更多样的组合手法与原型，较为常见的原型有（图2-18-1、图2-18-2）以下四种：

1）厅堂

空间整体秩序严谨，强调组织层级，拓扑深度在2以下，静态中心感强烈，自然形成引导。如巴西利卡则属于这类空间，一般有较完整的技术约束内涵逻辑，有典型历史原型，尺度较大。

2）市场

空间秩序中整体层级突出，拓扑深度在2以下，无中心或多中心，视线路径自由，有较为强烈的"自由开放"的"活力"公共体验。空间尺度需要通过较为严谨的前期研究，或者多重的二次行为空间单元设计与管理配合，才能完善其理想的场所感，并可以粗略理解为"人-家具"尺度行为空间单元的组织类型，具有多适宜性优势。技术约束多来自大跨结构技术，设计难点

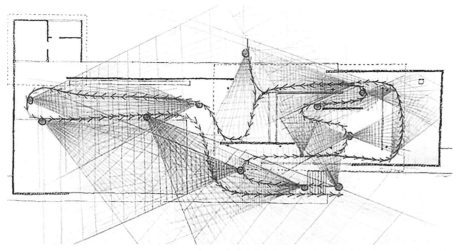

图2-17 保罗·鲁道夫绘制的巴塞罗纳展览馆流线和视线分析（1986）

在于对空间秩序分化的完成度控制，包括多样使用状态的灯光、热舒适平衡。

3）漫游

空间连续性强，通常用于多个空间单元主题性组织。空间体验拓扑深度为2～3，使用者能明确感知所在空间，还能观察到与其他空间的联系，可自然感知到较为清晰的线路。博物馆展厅串联常采用这种方式，以形成层次丰富的空间体验。

4）迷宫

空间内体验密度高、层次繁复，直观感受拓扑深度在3以上。它利用"寻路"这一较为通用的环境心理，形成漫长的线性空间组织逻辑。也可以理解为将流线路径折叠进一个空间，能较好地平衡空间有序性与公共人群行为引导，形成良好的心理探索张力，巧妙地引导人流、组织流线。该类型对视

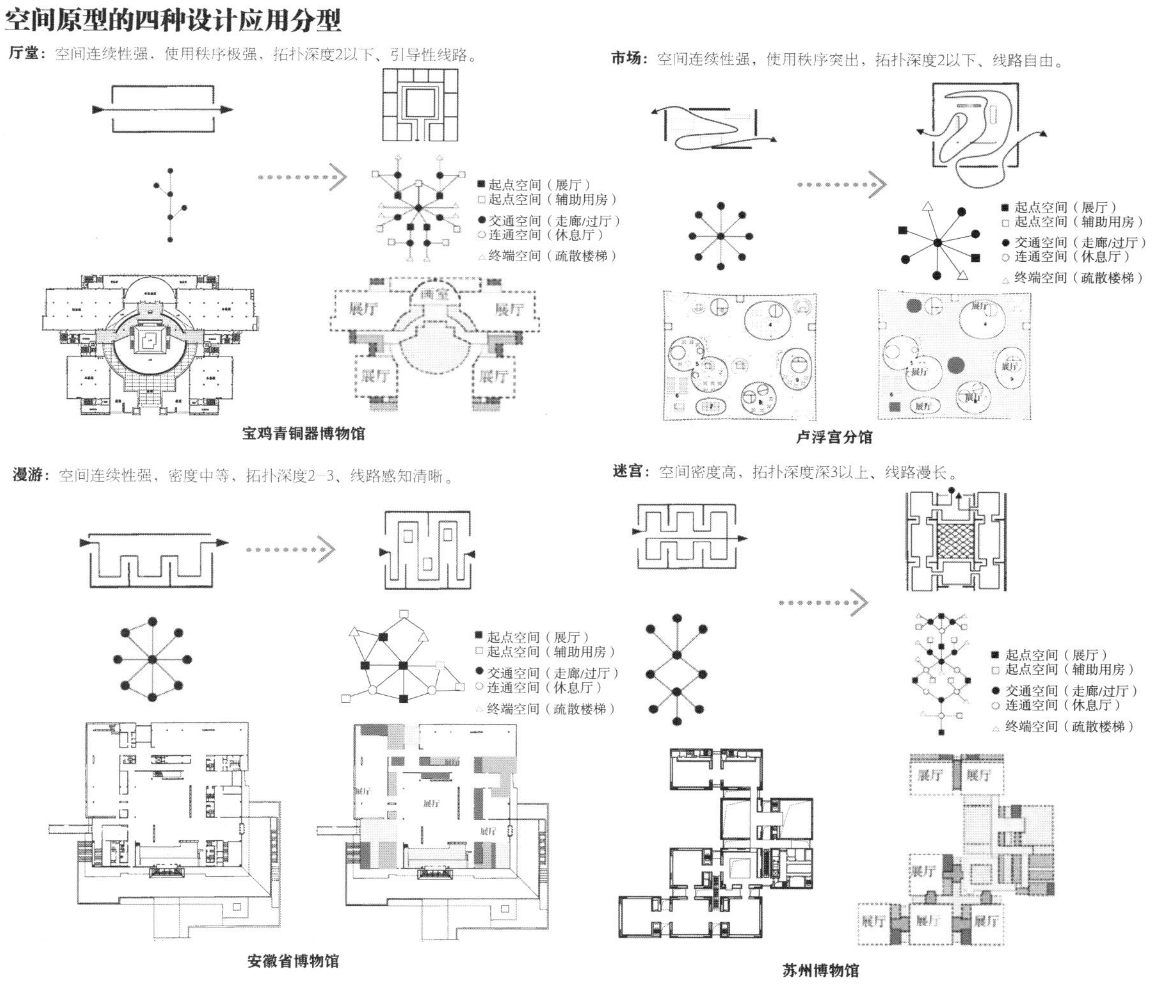

空间原型的四种设计应用分型

厅堂：空间连续性强，使用秩序极强，拓扑深度2以下，引导性线路。

市场：空间连续性强，使用秩序突出，拓扑深度2以下，线路自由。

宝鸡青铜器博物馆

卢浮宫分馆

漫游：空间连续性强，密度中等，拓扑深度2～3，线路感知清晰。

迷宫：空间密度高，拓扑深度深3以上，线路漫长。

安徽省博物馆

苏州博物馆

图2-18-1　四种常见空间原型的设计应用示意1

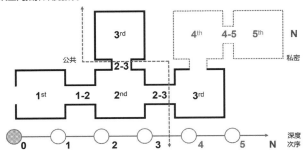

1 建筑空间拓扑深度假设

2 市场原型及建筑应用组合模式

市场

市场定义： 市场一词源自拉丁语mercatus（"集市"）是人们定期聚集在一起买卖食品、牲畜和其他商品的场所。

空间特征： 空间连续性强，使用秩序突出，拓扑深度2以下、线路自由。

BOROUGH MARKET，英国伦敦

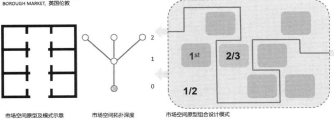

市场空间原型及模式示意　　市场空间拓扑深度　　市场空间原型组合设计模式

3 漫游原型及建筑应用组合模式

漫游

漫游定义： 通过路径让使用者在行走过程中，视点进行变化，产生丰富的空间体验。

空间特征： 空间连续性强，密度中等，拓扑深度2-3、线路感知清晰。

拙政园，中国苏州

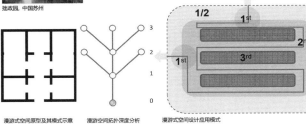

漫游式空间原型及其模式示意　　漫游空间拓扑深度分析　　漫游式空间设计应用模式

4 迷宫原型及建筑应用组合模式

迷宫

迷宫定义： 希腊文：λαβύρινθος，拉丁转写：labyrinthos。Labyrinth这个字经常可以和maze互换使用，迷宫有着可以选择不同路径与方向的复杂分歧通道。

空间特征： 空间密度高，拓扑深度深3以上、线路漫长。

古罗马描绘弥诺陶洛斯和忒修斯的迷宫

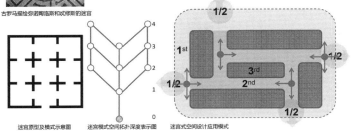

迷宫原型及模式示意图　　迷宫模式空间拓扑深度表示图　　迷宫式空间设计应用模式

图2-18-2　四种常见空间原型的设计应用示意2

觉要素组织与尺度要求设计要求较高。

这些建筑空间语义内涵发展对文体建筑完型部分以及各类连续性组合空间的组合有广泛的设计影响。尤其是后三种设计原型对空间要素"墙"的概念性重构，异化了"空间-房间"的天然对应性，使得空间对象在感受上层次丰富，使用分区不静态，空间边界也不闭合。

公共空间容纳的公共行为多种多样，对文体建筑的空间品质起着关键作用，与公共建筑高空间艺术水平预期效果直接关联。这类空间对品质效果要求往往最为突出，也是设计者前期决策时关注的设计内容。在前期设计中，往往没有具体确切的行为使用，容纳的人群对象行为状态较难准确预估，在初期的任务需求中常较为模糊。

从碳排放的技术控制来看，高大的厅堂空间因热空气垂直分层等流动规律，热分布变化多样，在不同时间有不同的状态。为保持空间温度场均匀舒适，控制风速与噪声，需要较为复杂的设备系统才能达到要求。在较为复杂与多样的流动、漫游、迷宫原型组合中，会有大量围护不完整的空间，即空间的物理边界不闭合。出于对自然要素视线、观感、体验的强化及较高的空间美学要求，随着视线、感受流动，也带来空气流动与剧烈的冷热交换。在维持舒适温场时，在不同的气候条件下，有的会形成薄弱环节进而造成较大的运行负担，有的会加剧室内环境不舒适，与传统"房间"为原型的热过程控制技术原型与原理差异较大。这类开放性空间在统一舒适性要求下，其冷热负荷均为普通用房的数倍。[①]

大部分历经长久历时的经典空间原型，经分析及测试都能发现其与自然环境条件下存在契合性"设计"逻辑，例如在干旱炎热气候下的伊斯兰建筑穹顶中，空气分层明显，体现了对空间热环境的有效干预（表2-8）。在建筑设计中，可利用布局水法与建筑空间组合，发挥引热、送风、降温作用，[②]这是一种天然借力的空间调控技巧。通过优化设计，利用空间与空间的相互作用，能集成为较为理想的自然适宜状态，呈现出不同的状态与负荷。从原理上来看，在低碳目标下，这种"主动顺应气候"的绿色设计途径，不仅能与建筑设计整体协同，融合进入建筑设计模式，自然嵌入建筑本体主要参数及各种细节，也能提高系统投入绩效，降低运行能耗强度与水平，较好地保证建筑的品质。[③]

在文体建筑设计的现代案例中，大部分较为重要的文体建筑的公共空间比例超过40%。除了简单走廊，厅堂、中庭等高大空间比例高。如果设计控制不好，反而容易出现环境舒适控制薄弱环节，对应的建造体系的碳排放强度也比一般普通用房高出数倍。[④]

在设计中，可根据面积、热舒适要求进行整理和完善分区，并参照经验数值进行简单预估。但应该有针对性地展开热过程定性分析的模型。对于不常规的建筑空间，其物理性能及环境控制与视觉和直觉认知并不总是一致。技术分析会引入空气龄、预计平均热感觉指数等。[⑤]依据通用的经验数据展开定量与技术优化分析。在比较理想的情况下，对文体建筑空间形式的构思需要从原型内在的结构选型、热物理原理层面进行统筹，尤其是要从类型上平衡气候条件与使用预期。

---

① 连续而高大的空间的制冷负荷会因湍流、分层、透明外围护结构热辐射、主观热舒适感受等多层面因素而对制冷设备系统提出较高的需求，产生较多的负担，包括新风清洁，转换效率与终端形式。根据《民用建筑暖通空调设计统一技术措施2022》表1.7.7，仅在空调房间设计冷负荷指标估算中，中庭门厅取值为$80\sim150W/m^2$，会议厅最高为$200W/m^2$，插值就为2.5倍。
② 李涛等在《南疆传统大空间建筑的夏季热环境实测分析》研究了典型干热气候下南疆地区传统大空间建筑的夏季室内外热环境，结论显示结合建筑结构需要、功能及空间营建目标，通过复合建造手法形成了建筑边界热缓冲区，可提高建筑外围护结构的保温隔热能力，雨棚、檐廊遮阳可减小辐射热直接影响，采用水体和绿化等建筑外围环境下垫面类型，利用自然"被动"蒸发，可有效改善建筑室内湿度，降低室内温度。
③ 来源：《城镇住宅太阳能辐射利用设计导则研究》
④ 根据简单估算，同样面积层高的$150m^2$的厅堂，如用木材、钢筋混凝土-砌体墙、钢与玻璃三种结构体系计算，其隐含碳排放差异可至数倍。
⑤ 来源：《新疆封闭式清真寺大殿天窗对室内自然通风的影响分析》

穹顶空间建筑原型的生态适应性技术应用模型、分析模型构建及效果分析　　　　表2-8

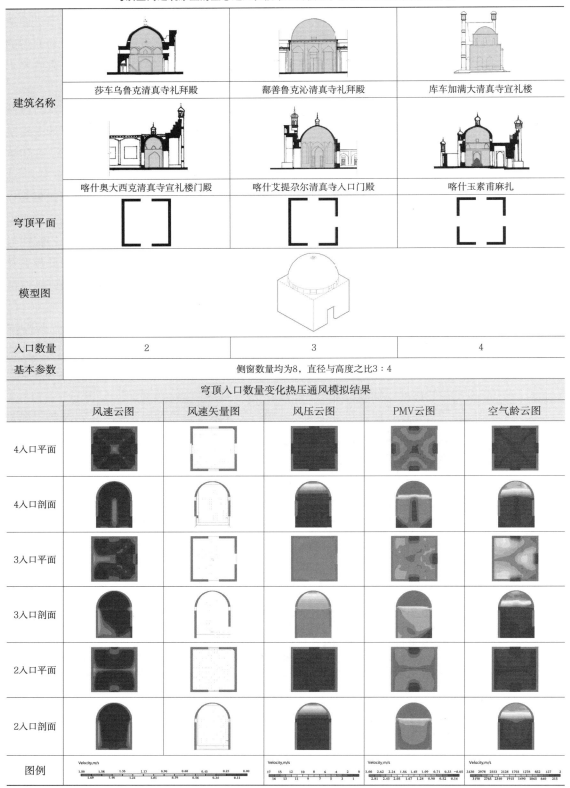

建筑名称	莎车乌鲁克清真寺礼拜殿	鄯善鲁克沁清真寺礼拜殿	库车加满大清真寺宣礼楼
	喀什奥大西克清真寺宣礼楼门殿	喀什艾提尕尔清真寺入口门殿	喀什玉素甫麻扎
穹顶平面			
模型图			
入口数量	2	3	4
基本参数	侧窗数量均为8，直径与高度之比3：4		

穹顶入口数量变化热压通风模拟结果

	风速云图	风速矢量图	风压云图	PMV云图	空气龄云图
4入口平面					
4入口剖面					
3入口平面					
3入口剖面					
2入口平面					
2入口剖面					
图例	Velocity,m/s	Velocity,m/s	Velocity,m/s		Velocity,m/s

文体建筑的这种场所语言与空间设计倾向和低碳目标关系紧密，需要通过设计思维与经验准确控制。应将其作为较强的设计驱动内容，与碳排放的关联主要包括三个方面：

1）空间本体的功能使用效果与效率参数（表2-9），进行总量与效果的引导控制。

公共建筑中的大门厅与会议厅的室内设计主要参数 表2-9

	房间或空间类型	夏季			冬季			人员停留时间	人员活动方式
		温度（℃）	湿度（%）	风速（m/s）	温度（℃）	湿度（%）	风速（m/s）		
建筑类型	大门厅	26~28	55~65	≤0.6	18~20	30~40	≤0.5	短	大
	会议厅	24~28	55~65	≤0.3	18~22	≥30	≤0.3	长	中

2）空间本体与建筑性能相关联，对建筑空间高度利用及透明围护结构进行设计控制。

3）优化建筑组合中对建筑各分区性能的潜在影响作用。例如，中心庭院能形成极具设计感的仪式性空间，极大地改善相关区域的自然通风及热舒适效果，可数十倍提高无需使用或少使用空调负荷的建筑空间规模。

3．文体建筑中的大空间及其碳排放强度参照

表2-10汇总了各类文体建筑中非常规尺度的厅堂类空间。这类空间作为文体建筑中较为核心的部分，大多由主体、从属空间，以及门厅、中庭等附属空间构成。它们是文体建筑较为重要的空间体验基质，也是各类文体建筑低碳设计的重要的设计对象。应从其组构功能使用情景、原型技术体系中的空间气流组织、光热分布、采用的结构及潜在组合效应等方面综合统筹（表2-11）。

文体建筑中厅堂、广厅等高大空间类型 表2-10

大厅与广厅	适用类型	所属类别	原型特征	运行能耗	建造标准
综合门厅	所有	完型	开放/自由	高	高
休息厅/过厅		完型	开放/自由	高	高-低
多功能厅		从属/附属	封闭/固定	高/间歇	高-低
中庭/通高		主体/从属/完型	开放/一般	高	高
会议报告厅		从属/附属	封闭/固定	高/间歇	高-低
展厅	展览馆/博物馆/文化馆	主体	兼有/一般	中/间歇	高-低
阅览、检录厅	图书馆/文化馆	主体/从属	中等/一般	高	高
文艺表演厅	观演/文化馆	主体/从属	封闭/固定	高/间歇	高-低
观众集散厅	体育馆/观演	从属	开放/固定	高/间歇	中

大厅与广厅	适用类型	所属类别	原型特征	运行能耗	建造标准
排练厅	观演/文化馆	从属	封闭/固定	中/间歇	中-低
训练厅	体育馆/文化馆	从属	兼有/固定	中/间歇	中-低
舞台+观众厅	观演/文化馆	主体	封闭/固定	高/间歇	高/复杂
比赛厅	体育馆	主体	封闭/固定	高/间歇	高/复杂

文体建筑主要空间碳排放强度估算参考值（含大空间）　　　　　　表2-11

常用用房类别		采暖与制冷而致的建筑运行能耗碳排放强度估算 [kgCO₂/(m²·a)]				其他运行碳排放估算 [kgCO₂/(m²·a)]		建筑隐含碳排放估算 [kgCO₂/m²]	
		严寒（青海）	寒冷（陕西）	夏热冬冷（江苏）	夏热冬暖（广东）	—		结构类型	
堂	厅	0.79~1.19	2.8~4.43	2.67~3.64	2.91~5.44			木结构	28~266
	会议厅	1.03~1.43	3.93~5.57	3.9~5.69	5.44~7.98				
	观众厅	0.96~1.29	3.61~4.92	3.6~4.98	4.72~6.53				
廊	外廊	—	—	—	—	30%~50%	+	钢结构	87~620
	内廊	0.73~0.95	2.47~3.29	1.82~2.46	2.18~2.9				
房	办公室	0.76~1.04	2.64~3.62	2.38~3.14	2.54~3.27				
	阅览室	0.79~1.02	2.79~3.62	2.46~3.23	2.91~3.63			钢筋混凝土	120~550
	教室	0.93~1.24	3.45~4.6	3.52~4.37	4.35~5.44				
库		车库可参照估算其他专业库房需根据具体情况估算							

说明：

1. 供暖热指标、冷负荷指标引自《民用建筑暖通空调设计统一技术措施2022》1.7.3方案设计用供暖系统面积热负荷指标W/m²，1.7.5方案设计用空调系统设计面积冷负荷指标估算W/m²，厅制冷负荷取值于"中庭""门厅"，采暖负荷指标取值于"图书馆""美术馆""博物馆""展览馆"，堂参照会议厅、观众厅；
2. 碳排放与耗电量转换、地区碳排放因子选取、供暖能耗与制冷能耗与耗电量转换计算，按照建筑碳排放强度计算方法，参照《建筑节能与可再生能源利用通用规范》GB 55015—2021；
3. 建筑隐含碳排放为全生命周期总量，具体数值分建筑结构类型参照《建筑碳排放计算标准》GB/T 51366—2019估算。

　　其中属于完型部分的，规模、型制等原型特征均较为自由的综合门厅、休息厅、过厅，目前在文体建筑中规模占比较高，这与文体建筑高标准，永恒性场所属性预期直接相关。

　　属于主体类别组构、规模确定且型制特征相对自由的展厅、多功能运动馆等，由于具有间歇使用特点以及使用场景的多样性，使得空间形式质量处于半永久的基础状态。主体空间在建筑整体中占比大，低碳设计对原型再创的综合技术链条较为综合。对展示内容、容纳活动机构行为组织策划，需基于深入完整的理解才可准确迭代。

　　文体建筑中的会议、观演等大空间，其形制固定，声、光、视线、热舒适等标准高，技术系统设计参数严格清晰，总体能耗负荷较高。低碳设计对原型再创的综合要求更深入，如对演出形式、组织理解的空间转化需要长期大量的投入，且兼顾创新，难度最大。

2.3.4　设备技术碳控与外围技术碳排放控制

建筑完型过程的碳排放包括建筑整体外围护结构的设计决策。

在整体性的空间秩序形式化框架目标逐渐清晰的过程中，设计工作进一步深入落实。"现代典型、通用的建筑框架结构技术原型"中的建筑表皮，不仅对应着空间组织逻辑上、美学艺术上或者文化上的概念性或者感受性完型逻辑，还是保障和维持室内舒适度的围护（envelope）部分，对应着明确的建构技术逻辑（envelope structure）。

围护结构在建筑设计中对应"立面"，以区分建筑室内与室外环境，与建筑结构主体紧密关联，包含屋顶、外墙、门窗，而且经常不止一层，是由多层交织而成。围护结构的热物理性能决定着建筑内外热、风、光过程的交互，比如玻璃幕墙、砖墙、混凝土砌块墙会使冬季、夏季太阳辐射下建筑热过程差异很大。大部分情况下这部分规律较为直观，但有些情形下其关系规律完全相反。而且就建筑达到环境舒适目标而言，为了美观局部底线或更大范围的整体，结构应遵循的受力及荷载规律与房间内使用的舒适性要求可能存在矛盾。

建筑的设备系统是构建建筑系统时应重点考虑整合的设计对象，不仅涉及能源利用，空调系统对空间温度、湿度、对流速度等舒适性指标均与空间内自然物理特征、几何特征、围护结构特征直接关联。其本身系统效率又与机械、制造、传热物理过程、应用效率、形式、机电性能等诸多因素相关。

影响建筑场所体验的所有要素几乎都对建筑能耗有潜在关联，在建筑低碳设计中，可概括为外围技术，在文体建筑设计中主要表现在建筑空间与其所在自然环境之间的交互方式的控制逻辑构建上。

在具体设计实践中，围护结构是较为核心的设计环节，综合回应了多个设计逻辑，也是相对较为独立的设计任务阶段，往往是文体建筑中最为重要的设计对象，设计者需要对其基本性能特性建立较为清晰的认识。

在这一部分，设计者能够通过具体设计创造出较为鲜明且形象的技术应用新原型。例如在炎热地区进行建筑遮阳时，可以采用建筑自有构件方式，如骑楼、阳台等；可通过对建筑部品进行优化的方式，如门窗上的开启百叶、外立面金属格栅、电动窗帘、石材幕墙等；可以运用构造方法，如双层幕墙、深窗、双窗、墙面空腔、建筑外植栽乔冠、种植墙面等；还有光电膜一体化等新的材料应用方式。这些方式可以进行组合应用，从而实现综合提升与优化。

2.3.5 文化建筑设计阶段的碳排放估算与设计中的建筑碳排放基准认识

与"建筑碳排放分析报告"的体例构成和目标不同，建筑构思中的碳排放估算，力求在设计环节就建立起设计操作与建筑碳排放之间的关系，因此知识构架与碳排放后置分析有几点差异：

1．建筑类型的常见组构原型，包括其对应的技术体系，是理解碳排放基准的基础

从需求出发形成的空间体系，是确定建筑碳排放构成及其强度的根本逻辑。采用不同的技术路线，形成的基础碳排放有差异，优化碳排放的方式也不同。目前，现行的"建筑节能与清洁能源"的相关标准已基于现有建筑能耗运行实况，根据碳排放的计算边界在可行决策内提出可行措施，控制运行碳排放是较为精准有效的。

进一步来讲。一方面，建筑业正在主动接轨工业化，利用全新高效的制造业技术力量，不仅能保障建筑品质、控制价格，也能有效控制建筑材料、部品本身的碳排放；另一方面，文体建筑设计时创造的地域语言、空间原型、文化内涵也能较好地回避装饰性、复杂性工艺，能优化建造过程中的隐含碳排放。

相比较而言，高标准的会展中心、文化中心、体育场馆等正是采用了高效的结构体系、轻盈的新型材料、高比例的工业化部品，才使材料加工与建造的碳排放控制有所保障。而博物馆类建筑由于独特风格对设计的强烈驱动，设计者经常自觉性、突破性地应用地域经验。传统建筑形式中天然带着朴素地域气候应对经验，常能较好地优化建筑的气候适应能力，并控制建筑的运行能耗。其组构的运行碳排放差异大，且部品、构造、材料较为多元。因此，控碳策略较为具体。

充分理解组成文体建筑基本组构的优化潜力，发挥设计的创造力去挖掘各种可能性，是突破碳排放强度基准值的关键前置环节。

2．建筑组构形成的技术体系可沿用既有设计资料，并与新的设计需求进行比较。均可因需求改变或新技术应用而发起设计优化，但需要理解由此形成的碳排放改变，并对其改变的幅度、强度规律有基本认识，缩小优化范围

本教材列举了文化建筑各组构的估算逻辑与体育建筑各组构的参考指标，基于组构思维能更直观的理解并优化建筑的高碳排放与不必要的碳排放环节。对于较好地实现设计环节减碳，设计者需要理解设计动作背后关联的建筑碳排放，并回到需求与目标层面进行设计决策。在设计中，如果能理解文体建筑的基本原型和规律，则可在建筑构型阶段，粗略通过所采用空间组构来统计碳排放。本教材初步建立了文体建筑构型过程预估碳排放的流程（图2-19），用以在方案前期阶段理解、估算和比较不同建筑方案碳排放强度水平，同时能够简略提示影响文体建筑设计的重要碳排放技术措施，辅助设计者提出其组构的技术原型及优化方向。具体步骤与基准参数见附录。

基于文体建筑基本组构规律的基准碳排放估算

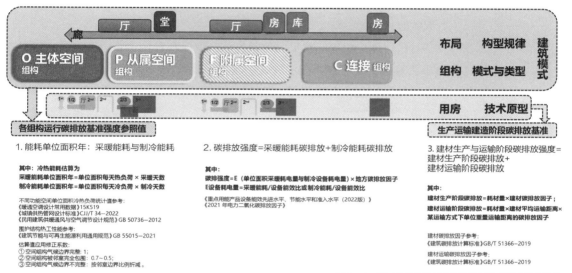

图2-19 基于文体建筑组构规律的基准碳排放估算流程

对于建筑运行碳排放，设计通过模式全面确定来引导运行碳排放减少。在设计中可以通过两个步骤来权衡组构的方式调整带来的碳排放影响。估算方法中关于碳排放基准认识主要分两个步骤。

1）建筑单位面积运行能耗主要包含两部分：

单位面积供暖年耗热量kW/（m²·a）[供暖热指标W/（m²·d）×供暖天数day]；单位面积制冷年耗冷量kW/（m²·a）[冷负荷指标W/（m²·h）×制冷时间h]。

以夏热冬冷的门厅热舒适能耗为例：

供暖耗：

$$（35\sim50）\times90=（3.15\sim4.50）\,kW/（m^2\cdot a） \tag{2-1}$$

制冷耗：

$$（90\sim120）\times120=（10.8\sim14.4）\,kW/（m^2\cdot a） \tag{2-2}$$

2）把能耗转换为耗电量转换为碳排放：

$$碳排放=耗电量E×地区碳排放因子 \qquad （2-3）$$

$$耗电量E=供暖耗×0.437+制冷耗×0.285 \qquad （2-4）$$

前例中：

夏热冬冷的门厅热舒适碳排放=［（1.38～1.97）+（3.08～4.10）］×0.5992（江苏）=（2.67～3.64）kgCO$_2$/（m^2·a）。 （2-5）

对于建筑隐含碳排放，通过对用房的拆解可以较直观地理解其数量与设计决策之间的关系。可以采用建筑技术体系的基准参考值进行简单估算，也可以按照造价来进行简单比较。

对于可再生材料，常见的估算方法、取值和算例中并没有包含。其产生的节益效果，既可以用于折减前期建造阶段的碳排放，也可以作为负碳进入下一轮建筑生命循环周期。除了以上算法的差异，在本教材中只需类比其量能进行碳排放估算即可。建议采用额外标识的方法，避免与传统计算方式混淆。

这种估算与建筑碳排放报告的数值差异可能较大，但是它可以横向预估比较设计决策对碳排放总量的影响。是一种对建筑设计决策思维流较为友好的原理性碳源排碳途径过程影响分析方法。

大多数设计者理解设计任务与开展空间设计构思时，对建筑主要的文体活动特定功能要素设计回应是有经验可遵循的，包括直接与间接的认识与模型可以辅助设计者逐渐明晰设计中的每一部分。既有的案例研究揭示并总结了各种文体建筑主要功能用房的经验范式，一方面内嵌了隐含的技术体系信息；另一方面指向其潜在构型关联。这类经验范式在空间层面通常被理解为"原型"，对应着文体建筑功能、空间要素与成套做法，和建筑最终碳排放水平具有一定的对应规律。每一次设计决策都需对原型进行反复的调整、细化与优化，以便设计者在方案设计前期根据任务书与用房需求直接理解建筑碳排参考基准，展开与方案各种技术决策伴随的低碳设计。

第3章 文体建筑低碳设计综合策略、流程与优化逻辑

模块6

文博综合类建筑控碳潜力分析与优化设计要点

- ▲ 群众活动用房
- ▲ 专业工作用房
- ▲ 管理辅助用房
- ● 建筑组构
- ● 空间原型

核心主导组合型
多房组合型
链通流动型

堂、厅、廊、房、库

模块7

展览类建筑控碳潜力分析与优化设计要点

- ● 功能空间
- ▲ 运行能耗

制冷
采暖
采光
通风

展览空间
公共服务空间
仓储空间
辅助空间
交通设施

模块8

体育类建筑控碳潜力分析与优化设计要点

- ▲ 体育场
- ▲ 体育馆
- ● 空间单元

看台
辅助用房
室外场地

专业竞技型
全民健身型
体育综合体型
主副分离型
单厅竞技型

通高型
高大Ⅰ型
高大Ⅱ型
常规Ⅰ型
常规Ⅱ型

模块9

文化综合体低碳设计流程

- ● 低碳设计流程
- ● 需求控制与优化
- ● 能源品类优化

建筑碳源预判
建筑碳排放强度甄别
建筑碳排放调平
建筑碳排放精控

高效空间
长效建筑
系统协同
适宜标准

被动建筑
被动设计
清洁能源
设备系统

模块10

综合体育馆低碳设计流程

- ● 材料碳控制
- ● 运行优化与节能系统
- ● 固碳、碳汇-中和

低碳建材
结构
部品
围护结构

多系统
多样
多态
错时
链动
交织互补

生态
可持续可循环
环境低干扰

模块11

文体建筑碳排放控制原理与优化路径

- ● 全流程优化技术路线

碳源强度
参照强度
本体强度
碳量优化

● 知识点。与设计任务训练技能掌握目标结合。

▲ 自学知识点。无需直接考察。

本章内容导引

1. 学习目标

在了解各类文体建筑设计通用建筑模式及其对应设计技术体系操作流程的基础上，理解建筑设计决策过程影响建筑碳排放环节及量级。在各类文体建筑不同建筑任务目标下区分全生命周期定位与碳排放控制边界，并可据此通过设计手段综合平衡文体建筑标准、品质，降碳、减碳目标，以及技术框架。

理解在建筑设计中，建筑等级、类型及主要使用空间标准是与建筑碳排放相关的三类典型指标。能从能耗控制绩效的角度来分析较大型的文体建筑构成。能利用教材所提出的文体建筑前期碳排放量估算方法开展前期设计需求分析与优化。基本掌握文体建筑设计中面向所处的环境，设计所选取的主要技术控制策略、部品与设备体系的控碳机制与作用原理。

2. 课程内容设计（8～10学时）

建议通过解析案例与重点空间设计，强化文体建筑控碳潜力，挖掘技术逻辑之间的认知系统性，强化设计过程控碳认知。对于文体建筑中常见技术约束强的大空间体育馆类建筑与仪式体验感强的高厅堂空间综合文体建筑，重点讲解、分析概念设计对建筑总体碳排放的影响作用与强度。使学生能主动在设计中辨识技术难点，关注建筑形式背后的应用方案突破与相关导控协同技术研发。建议引导学生自学、自查、自纠掌握知识点，熟悉技术手册、学习相关工具与数据资源。课程及知识内容以案例与手法为线索，组织、引导学生通过设计手段主动完善文体建筑品质与降碳、减碳目标综合平衡的基本思路。可配合课程设计，采用单元化教学安排，开展案例解析讨论，提高拓展学生对文体建筑设计水平的认识。也可结合第4章内容，对任务书细化、空间构想专项开展控碳技术拓展，思考如何通过方案优化实现建筑控碳与建筑执行方案优化。

3. 本章主题提示

文体建筑设计过程各阶段碳排放强度影响因素及相互关系是怎样的？

4. 引导问题

如何通过优化建筑组构本体降低建筑碳排放？

如何通过优化文体建筑碳排放估算方法及数据准确性降低建筑碳排放？

如何通过创新文体建筑空间组织及构造控碳方式降低建筑碳排放？

如何通过优化技术关联及体系整体降低建筑碳排放？

5. 思考问题

影响文体建筑碳排放强度的关键功能与建筑组构有哪些？

怎么在优化房间布局同时控制碳排放？

怎么在设计中平衡建筑隐含碳排放、运行碳排放？

3.1.1　文博类建筑空间组构及碳源控制

1．文博类建筑空间组构及其构型规律

从碳源角度来看，文博类建筑提供三类人群的用房：群众活动用房、专业工作用房，以及管理辅助用房。

群众活动用房容纳的常见功能类型有演艺活动、游艺娱乐、学习辅导、交流展览、图书阅览五类。五类功能往往按照第2章"主体、从属与附属"组构规律拆分组合，既遵循一定的通用规律，也有多样的具体组织技术与手法，对应建筑设计的"分区"构思。这种组合拆分多由设计者主导，再在系统框架下通过技术落实为具体空间用房。这个过程是建筑设计前期构思的核心，由此建立起建筑组构模式与技术体系的初步结果，形成文博类建筑的常见构型。不同构型对应不同的空间模式与技术原型。

文博类建筑设计构型就是将五类功能转换为五类建筑主体空间。根据组合特征差异可分为核心主导组合型、多房组合型与链通流动型三种组构构型，对应常用空间布局模式如图所示（图3-1～图3-3）。

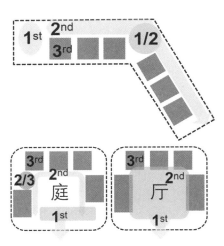

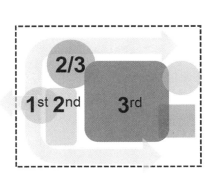

图3-1　演艺、舞厅、训练厅常见的核心主导组合型

图3-2　学习用房、阅览、展厅主体组构常见走廊、广厅、庭院三种多房组合型

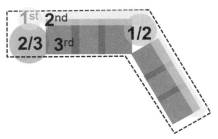

图3-3　图书阅览、展厅组构的常用的链通流动型

1）演艺、游娱类功能往往有突出的观众厅、舞厅、训练厅等用房，以高大的核心用房作为空间主导，逐渐依次展开空间组织，这类组构模式称为核心主导组合型，其空间层级组织结构清晰，均对应有确定的技术逻辑及选型、空间原型、几何传导关系及参数体系。

2）学习辅导功能包含舞蹈排练、书法、绘画等各类工作室、学习室和教室，适用的多房组合型常见分化为以走廊串联、围绕广厅组合、围绕庭院组合三种布局模式，以独立分区形成建筑组构。

3）图书阅览功能可由中心空间直接组织或者由多个阅览室串联构成。交流展览功能可以由连续开放的展厅、中心展厅直接组织，也可由多个展厅串联成为一个整体，以彼此之间直接视线感受关联作为其空间组织特征，这种组合称为链通流动型。多个阅览室、展厅也可以组合形成组构，在建筑构型中多以分区形成组构。

专业工作用房主要服务于使用功能，多为与主体空间对应性较强的从属空间。有围绕演艺类的排练、录播等表演辅助活动及各种服务性空间，也包含与各类活动组织空间连接紧密的训练、创作、制作等内业用房，还有演出中场休息、会议茶歇等必要的辅助厅堂空间。以上有些可以合并进附属部分，有些可直接贴附于主体空间，与主体空间整合，成为相对固定的组合模式，即合并的组构原型。

管理辅助用房主要为管理办公类、研究类空间，包含行政管理、会议接待、储存库房、建筑设备和后勤服务等，属于文博类建筑中的附属部分，可以与主体、从属空间单元组合，也可以采用多房组合型，并独立分区形成空间组构单元。

文博类建筑主体空间组构类型中，演艺功能与观演建筑的模式相似；图书阅览与图书馆的空间规律和模式可以互通；游艺娱乐空间组织可以与演艺或图书馆阅览类似；文化展览与博物馆的组合规律接近；学习辅导、办公、研究、创作、制作等附属空间与教育建筑类似，其空间形式的几何拓扑规律也有图3-2所示的特征。

2．基于文博类建筑空间组构创新的减碳、控碳设计要点

隐含碳排放与运行碳排放这两类建筑碳排放在设计视角下既存在直接对应关联，也存在相互交错关系。两者的目标问题不同，常引发设计决策上的矛盾，造成隐含碳排放与运行碳排放控制全局失衡。这种矛盾表现在文博类建筑的节能与低碳目标上，也常表现在其他目标（如建筑设计评价与决策驱动链条）上。

从技术体系来看，建立起各空间组构与建筑最终碳排放表现之间的关联认识后，设计者就能基于文博类建筑空间组织规律，通过统筹各层级设计过

程与阶段任务目标，在设计构型、完型过程中直接实现控碳效果。这是文博类建筑低碳设计的理想工作状态。

通过前两章对文体建筑"空间原型及组构"的设计规律拆解、溯源与组构层面的梳理，可以理解文体建筑基本碳排放构成，以及在设计调整中遵循组构层面的逻辑。这有助于兼顾建筑空间完型质量与整体低碳排放表现，对人工设计较为友好，也有助于制定相应的智能化、参数化设计目标。若在组构层面因本体结构、设备等技术体系变化而驱动创新，可直观判断其隐含碳排放变化趋势与量级；若在组构层面因空间量及物理状态变化而驱动创新，则对应的耗材、耗能调整也能较为直观地判别和干预。

结合文体建筑组构规律，有利于理解设计的碳控逻辑。即以"建筑组构"等模式化思维辅助决策，完善文体建筑的功能分区，使空间整体有序，并推动具体用房及平面布局组织。建筑组构可通过前置一定的建筑碳排放基准，伴随其他的建筑需求，优化其技术逻辑和组合方式来实现碳控，并具有两个层面的意义：

1）建筑组构思维能直观观察各边界在控制层面上碳排放水平的变化。从结构材料的基础碳（隐含碳排放）、建筑活动消耗碳（直接碳排放）、组合运行碳（运行碳排放）来制定"长寿提质"等更高层面的设计决策，可实现从建筑空间操作思维出发对建筑本体参数所导致的基础性碳排放改变的直观呈现。同时，可将建筑设计中难以影响的直接碳排放、运行用能的能源碳排放因子等非设计因素干扰排除。设计的过程应完成基本判断，将设计操作聚焦于敏感影响环节。

2）通过五或六种的常用文博类建筑用房及其技术参数归纳，可参照建筑碳排放标准简化判断，辅助寻找潜在的建筑控碳优化目标与方向。

碳排放的"绩效"是对建筑环境影响评价的度量，与建筑质量的认识逻辑及既有知识系统可分层融合，从而建立具体建筑碳排放与优化设计决策的技术渠道。设计者依托设计工作流程中的空间优化与必要碳排放的效能整合，可以在建筑构思前期，较好地平衡文博类建筑的适宜技术构想。

通过设计过程所实现的同比物料碳排放下降、节约，与运行碳排放降低，都能使建筑最终的碳排放水平下降，即使是通过建筑设计实现的节益碳排放，也需要伴随在设计逻辑里观察和控制碳排放。

3.1.2　文博类建筑各类用房及碳排放控制

由文化馆功能-用房桑基图统计可以看出：文化馆由高大空间的"堂"、宽大或通高空间的"厅"、常规空间的"房""廊"与"库"组成（图3-4）。

功能	群众活动用房				学习辅导用房			专业工作用房			管理辅助用房				
项目组成	演艺活动	游艺娱乐	交流展示	图书阅览	教室	舞蹈排练	学习室	文艺创作	研究整理	其他专业工作	行政管理	会议接待	储存库房	建筑设备	后勤服务

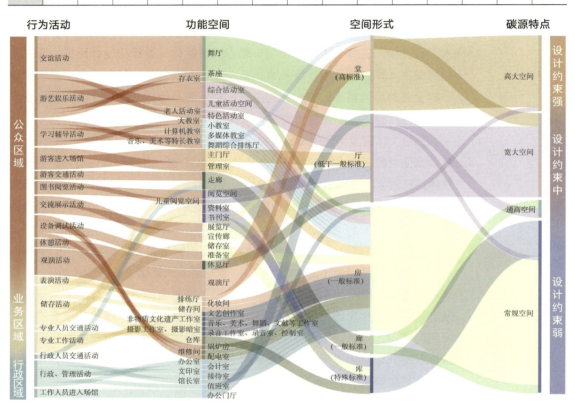

图3-4　文化馆空间桑基图

通过对南通公共文化中心（图3-5）、寿县文化艺术中心（图3-6）空间的分析可以看出：

1）用于培训、教育、研究的空间是文化馆的主体空间，一般表现为封闭的、常规的"房"的空间，约占整个建筑面积的48%。空间原型基础技术性约束（技术刚性）强，技术门槛低，构成组构时采用的组合模式较为自由，设计影响权重大。

2）用于学术研讨、交流的报告厅空间，比常规用房高大，因其使用要求较为"封闭"，空间领域独立，实体边界清晰，建造技术明显区别于建筑其他部分，称为"堂"，约占整个建筑13%的面积。空间原型设计参数严格，技术关联紧密，对设计操作约束程度强。

3）各类门厅、过厅、综合大厅、休息厅较常规用房高大，但与"堂"空间类型不同，对其空间领域的界定一般不依靠承重结构或墙这类实体，而

1 共享大厅
2 文化中心门厅
3 500人观众厅
4 5 6辅助房间
7 舞蹈排练
8 武术健身
9 跆拳道
10 职业体验馆
11 内庭院
12 咖啡、休息
13 展览厅
14 开放查阅
15 服务大厅
16 等候区
17 电子阅览区
18 100人报告厅
19 图书馆门厅
20 中庭
21 22 23阅览区

各类型占比

图例
交通核　厅
房　堂
廊　库

图3-5　南通公共文化中心

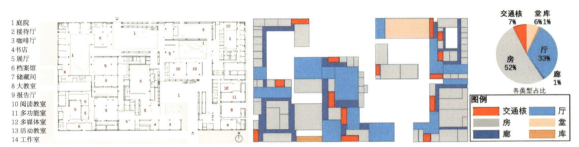

1 庭院
2 接待厅
3 咖啡厅
4 书店
5 展厅
6 档案馆
7 储藏间
8 大教室
9 报告厅
10 阅读教室
11 多功能室
12 多媒体室
13 活动教室
14 工作室

各类型占比

图例
交通核　厅
房　堂
廊　库

图3-6　寿县文化艺术中心

采用尺度、材料色彩、光线等综合多样的手法，呈现为边界开放、上下链通、宽绰的不完全独立场域状态。以门厅、中庭为代表，多由建筑组合需求推动，称为"厅"类空间，约占整个建筑27%的建筑面积。因其在建筑整体中的连接关系情形的差异，造成规模弹性大、几何形式多样，设计决策与具体功能目标关联弱，而与建筑空间氛围、文化含义等主观感受关联紧密。其声音、光线、热舒适评价较为复杂，技术约束不严格，但支撑性标准高，对建筑整体品质的凸显较为关键，也是设计决策中较为关键的空间类型，对设计经验依赖性较强。

博物馆的功能按使用范围可以分为公众区域、业务区域和行政区域。公众区域包含陈列区、公众服务区和研究教育区；业务区域包含藏品库区和藏品保护技术用房；行政区域包含行政管理用房和设备用房。从图3-7可知，博物馆建筑由高大空间的"堂"、宽大或通高空间的"厅"、常规空间的"房""廊""库"组成（图3-7）。

通过对浙江马家浜文化博物馆（图3-8）、无锡梅里遗址博物馆（图3-9）的空间分析可以看出，展厅空间是博物馆建筑的主体空间，一般表现为封闭的、宽大的"堂"，约占整个建筑面积的40%，设计约束程度强；各类门厅、前厅、过厅、大厅、休息厅，一般表现为开放、宽大或通高的"厅"，约占

区域分类	公众区域			业务区域		行政区域	
功能区或 用房别类	陈列区	公众服务区	研究 教育区	藏品库区	藏品保护 技术用房	行政管理 用房	设备 用房

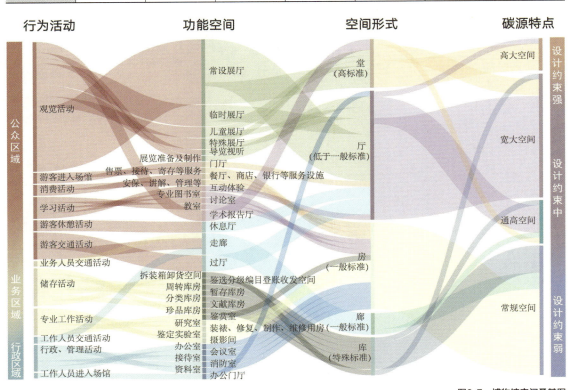

图3-7　博物馆空间桑基图

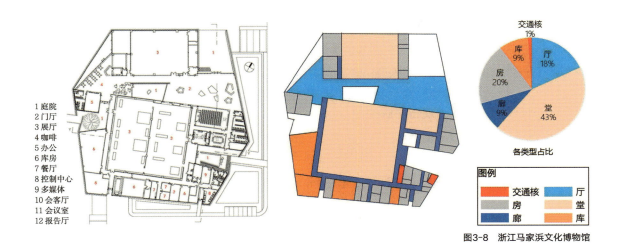

1 庭院
2 门厅
3 展厅
4 咖啡
5 办公
6 库房
7 餐厅
8 控制中心
9 多媒体
10 会客厅
11 会议室
12 报告厅

各类型占比

图例
交通核　　厅
房　　　　堂
廊　　　　库

图3-8　浙江马家浜文化博物馆

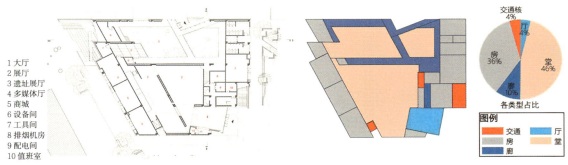

1 大厅
2 展厅
3 遗址展厅
4 多媒体厅
5 商城
6 设备间
7 工具间
8 排烟机房
9 配电间
10 值班室

图3-9　无锡梅里遗址博物馆

整个建筑面积的15%，设计约束程度中；用于业务、行政、管理、设备专属的空间，一般表现为封闭、常规的"房"，约占整个建筑面积的30%，设计约束程度弱。

常规空间采用的技术体系与厅堂类空间的结构、标准、设计要求均有差异，对应包含的材料、建造、运行造成建筑各部分碳源差异。从这个角度来分析，文博类建筑中普遍由以下五种基本用房构成：

1）"堂"。一般为封闭的、空间容量比较大的观演厅、报告厅、排练厅、独立大展厅等，承载文博类建筑主体活动，具有相对独立的、专属的空间属性，空间边界清晰，多为高大空间，大多由从属空间包裹。运行阶段主要依赖暖通空调设备调节室内环境，技术体系约束强。围护结构的轻量化能够有效减少"堂"空间的隐含碳排放，是"堂"空间减碳的关键。

2）"厅"。一般为开放的门厅、前厅、过厅、大厅、休息厅、中庭等，常见于文博类建筑的开放展厅、服务区、阅览区、讨论区、商业售卖区等。这些空间的边界较模糊，上下链通，空间感受上"自由度"高，形式多样，尺度夸张，一般要求较为自由。运行阶段主要依赖暖通空调设备调节室内环境，技术对其约束不明晰，但对技术要求高，减量、复合、优化空间几何特征、气流组织及围护结构的性能化、轻量化设计都能够有效减少"厅"空间的隐含碳排放，是"厅"空间减碳的关键。

3）"廊"。一般为交通性组织空间。最常见的原型为走廊，空间的边界有强有弱，有时与厅设计融为一体，成为开放、通高的空间，技术逻辑对设计约束弱。

4）"房"。一般为业务、行政、管理、培训、教育、研究、会议、设备等专属用房。这些空间尺度较小，边界明确，多为封闭常规的"间"，因容纳功能有尺度上的差异，技术原型简单。节能措施对应性强，能直接降低"房"的运行碳排放，"房"空间减碳常是建筑低碳设计最易实现的技术手段。

5)"库"。一般为仓库、库房、书库、资料库等专属用房。这些空间的边界非常清晰，多为封闭的常规空间或宽大空间，设计约束程度低，较为固定。其单位面积碳排放主要取决于建造技术，设计手法的减碳作用有限，主要依靠材料体系与设备效率、能源清洁程度来实现减碳。

从"堂"到"库"这五类空间基本遵循以下特征：空间面积从大到小，空间高度从高到低，空间容量从大到小，空间开放性从开放到封闭，空间复合性从强到弱，单位面积人员密度从高到低，空间使用频度从高到低，依赖动力设备系统调控的能力从强到弱，单位面积能耗从高到低，设计约束程度从强到弱（表3-1）。

文博类建筑各类房间综合比较 表3-1

	堂	厅	廊	房	库
空间面积	大————————————————————小				
空间高度	高————————————————————低				
空间容量	大————————————————————小				
空间开放性	开放————————————————封闭				
空间复合性	强————————————————————弱				
单位面积人员密度	高————————————————————低				
空间使用频度	高————————————————————低				
依赖动力设备系统调控	强————————————————————弱				
单位面积能耗	高————————————————————低				
设计约束程度	强————————————————————弱				

通过合并、减少、套用，与积极采用合适的环境-空间交互模式，在方案阶段可实现30%~50%的空间面积对应的设计减碳效益。

在文博类建筑设计中，经过分拆、再构的迭代，采用较有适应性的组合方式往往是建筑设计的关键，以下三种策略能够有效控制文化馆建筑的碳源规模，较好地提升文博类建筑的减碳绩效。

1）精简转化不必要的高大空间。在文博类建筑运用各类组构的组合过程中，根据各空间组合的几何匹配、功能连接与交通流线节奏，会产生不少介于拓扑深度在1~2与2~3的空间，其多由设计者根据具体需要定义并构型。门厅、中庭、过厅、间庭等空间的尺度、高度、形式、结构与围合特征都较为灵活，并且功能相对自由，氛围、尺度、结构体系与设备系统选择有较大裁量余地。

2）合并套用间歇活动用房，再构组构。文博类建筑各组构用房里，基于分区相对独立完备的功能设置原则，往往有较多的同质、可借用、可套用、可复合利用的用房。如图书阅览、教育科研功能中的报告厅与行政管理功能中的大会议室可以共享，群众活动用房中的展廊与文化展示功能中的展厅可以共享，非遗资料、图书档案与演艺用房中的贵宾接待可以共享，新闻发布可以兼做文博类建筑主入口门厅，餐饮、服务设施、后勤、停车、设备、库房等功能则可以与所有分区共享。

3）利用外廊、庭院、空腔等空间激活、强化高大空间的环境交互模式，发挥其组构结构层级的积极作用。

3.1.3　文博类建筑常见空间组构原型优化

1．文博类建筑中"房间并联"空间组构原型优化

阅览室、书画教室、办公等房间是文博类建筑中的常见空间类型，多为各种连续的室、间、房，面积占比30%～40%，一般表现为封闭、常规的"房"，在空间组构中通过外走廊、内走廊、厅或者院组合而成。

组构模式对空间隐含碳排放、运行碳排放的影响主要为结构用材、房间性能与耗能方式决定的能耗水平。

在碳源上，教室空间的大小往往受到建筑本体的使用需求约束。行业标准有明确的参数要求及原型参照，立项投资也有较严格的面积指标、品质要求等控制审查，设计决策操作及变动余地较小。附着的照明、暖通设备要求也较为通用固定。围护结构传热系数要求在现有规范执行中趋于类似，不同气候区单位空间冷热负荷参考值有明确对应性。所采用的结构体系目前使用最多的为钢筋混凝土框架结构。因此，其空间原型在需求变动小的情况下极为稳定，空间碳排放估算相对确定。

框架结构尺寸与空间尺度大小的规律呈正相关。因此，一般来讲，阅览室、书画教室的围护结构、装饰部分等方面的选材直接决定教室空间的隐含碳排放，教室空间的体形系数、窗墙比、围护结构绿色性能等方面决定了教室空间运行碳排放。空间使用效能与节能设计是"房"类空间减碳的关键，合理的被动式节能设计，比如自然通风设计、遮阳设计、采光设计、日照设计等，都能够有效地减少教室空间的运行碳排放。

但是，在设计中如果有机会进行有效地系统优化和原型迭代，产生覆盖三个层面的碳排放变化，就能从根本上提升技术系统、空间使用与建筑形态的整体品质。如图3-10所示，为适用于河湟地区外廊的间、室空间设计优化决策的信息关联框架。其可以明显看到原型所包含的基本碳基准，主要是由通用的使用功能驱动与既有的成熟技术体系适配的设计模型，围绕它有较多的参数，可以直接对应这一类房间碳排放基准值的构成逻辑。新原型针对这一地区夏季温和、冬季漫长寒冷、以采暖能耗为主的技术系统运行状态，综

合了新功能，形式上联系了地域符号，加入了与冬夏可用的夏季拔风、冬季新风热回收系统。在升级外围护结构的设计精度、密闭性、保温隔热性能的同时，兼顾原有的自然采光和通风，增加了"太阳能烟囱"来提高夏季自然换气、通风降温，以及冬季新风和热回收的作用。新原型不仅是空间操作，还涉及外窗、外墙的材料构造与建造技术，并内嵌了新风和热回收系统，在建筑外表形成了具有地域适应性内涵的新建筑文化符号（图3-11）。

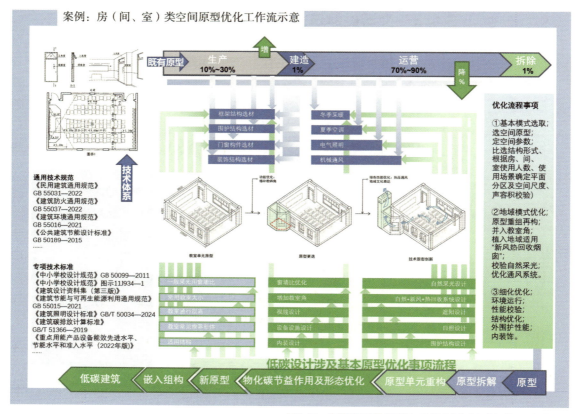

图3-10　文博类建筑的典型间、室等"房"空间的设计原型操作示意

图3-11　根据干旱寒冷气候条件而新构的带新风热回收系统的"房"组合模型的效果

2．文博类图书馆用房组构部分构型优化

图书馆的功能一般由公共活动、辅助服务、行政办公、业务用房及技术设备用房等部分组成。从图3-12可以看出，图书馆由高大、宽大或通高空间的"厅"、常规空间的"房""廊"与"库"组成。

通过对南方科技大学图书馆（图3-13）、新疆大学科学技术学院图书馆（图3-14）空间分析可以看出：阅览区是图书馆建筑的主体空间，连同各类门厅、过厅和休息厅，一般表现为开放、宽大或通高的"厅"，约占整个建筑面积的60%，设计约束程度适中；用于学术研讨、交流的各类报告厅空间，一般表现为封闭、高大的"堂"，约占整个建筑面积的15%，设计约束程度强；用于业务、行政、管理、教育、研究、设备等业务空间，一般表现为封闭、常规的"房"，约占整个建筑面积的15%，设计约束程度弱。

图书馆设计包含两类典型的设计技术工作：一是根据任务目标识别并初定建筑组构及其组合模式；二是"挤压、调整、细化"空间区划，平衡建筑形式及其他目标需求的技术约束，以契合具体任务条件与用地。

遵循图3-15所示的工作流程，伴随减碳潜力判定与设计迭代，可对应为简要的碳排放优化工作：

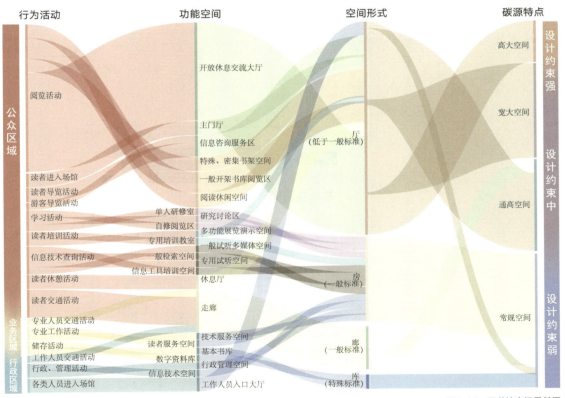

图3-12　图书馆空间桑基图

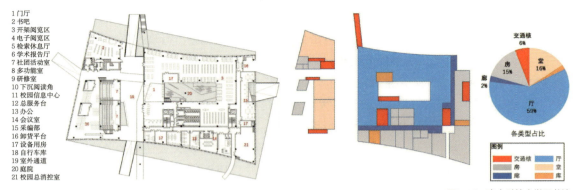

1 门厅
2 书吧
3 开架阅览区
4 电子阅览区
5 检索休息厅
6 学术报告厅
7 社团活动室
8 多功能室
9 研修室
10 下沉阅读角
11 校园信息中心
12 总服务台
13 办公
14 会议室
15 采编部
16 卸货平台
17 设备用房
18 自行车库
19 室外通道
20 庭院
21 校园总消控室

图3-13　南方科技大学图书馆

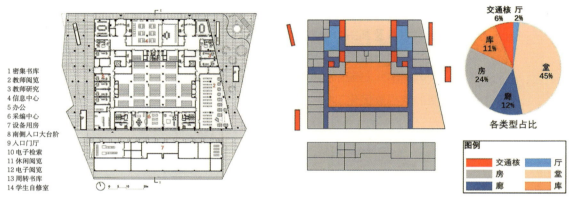

1 密集书库
2 教师阅览
3 教师研究
4 信息中心
5 办公
6 采编中心
7 设备用房
8 南侧入口大台阶
9 入口门厅
10 电子检索
11 休闲阅览
12 电子阅览
13 周转书库
14 学生自修室

图3-14　新疆大学科学技术学院图书馆

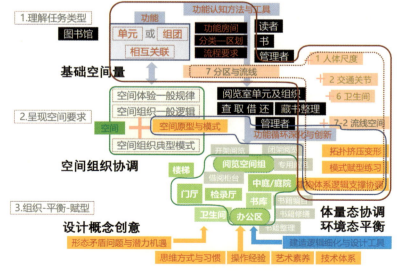

图3-15　图书馆设计中规模及空间明确一般流程与内容

1）在任务书消化阶段，围绕图书储藏、阅读形成基础的分类区划，首先确定读者、书（业务处理）、管理者三种主体的使用空间量，初步判定基础房间量，也可根据既有数据推算出与面积对应的能耗以及与建设技术体系对应的碳基准。

2）在空间体系化过程中，初定的分区流线可以进一步组合为明确的组构，对应构想为较为明确的空间原型与组构关联关系。这一阶段，典型的中庭、庭院式空间组合方式等空间组织结构都被进一步细化与明确出来。

3）在具体的设计中，伴随必要的设计任务研究，依据图书馆的功能要求展开阅览、办公、工艺用房的空间量优化与形式细化，其中包括：确定并明确适配读者和管理员行为习惯的空间尺度；适配包含热舒适标准在内的空间环境分区与房间形式；适配藏书和设备空间尺寸要求的层高、柱网和荷载；明确读者、管理员、藏书和设备的数量及其增长率，及图书馆业务工作流程；明确读者使用图书馆的空间流程规律；明确图书馆管理方式和服务方式的现状及发展趋势。

结合投资额、可占地面积、馆址地质条件、自然环境条件及周围建筑环境等其他参照因素，根据基本组构，选取组合模式，再减小完型公共空间以适配对应的用地条件。

阅览单元、办公单元及图书业务用房多采用"房间并联"的方式组织。除了房间本身的优化，串接房间的廊式交通空间在图书馆建筑中发挥了较为积极的作用，是决定图书馆组合模式的关键（图3-16）。

中庭式组织布局模式和庭院式组织布局模式较为常见（图3-17、图3-18）。中庭式空间组织模式是图书馆建筑设计中最常用的空间设计模式（图3-19），阅览区、办公后勤一般围绕中庭布局。

阅览区作为图书馆建筑的主体空间，有以下两种形式：一种是有明确围护边界、封闭的"房"的空间；另一种是无明确围护边界、开放的"房"的空间。它们或通过"廊"与中庭相连，或通过过渡的"厅"与中庭相连。

办公后勤一般为封闭的"房"，通过"廊"与中庭相连。

国家图书馆二期即国家数字图书馆
四周包围式

法国国家图书馆
大小空间组合式

北京大学图书馆新馆
组团式

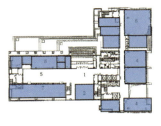

中科院图书情报中心
并列走廊式

图3-16　图书馆阅览单元组构的常见组合方式

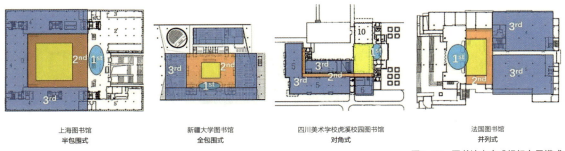

上海图书馆　　　　新疆大学图书馆　　四川美术学校虎溪校园图书馆　　法国图书馆
半包围式　　　　　全包围式　　　　　　　　对角式　　　　　　　　　　并列式

图3-17　图书馆中庭式组织布局模式

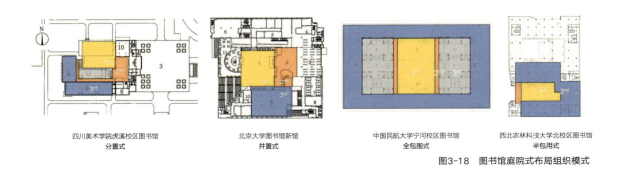

四川美术学院虎溪校区图书馆　北京大学图书馆新馆　中国民航大学宁河校区图书馆　西北农林科技大学北校区图书馆
分置式　　　　　　　　　　　　　并置式　　　　　　　　全包围式　　　　　　　　半包围式

图3-18　图书馆庭院式布局组织模式

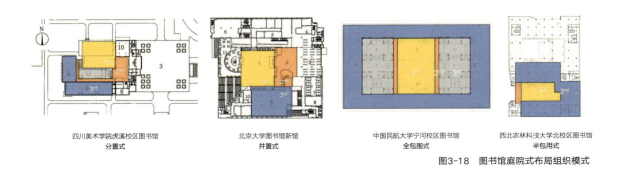

图3-19　图书馆中庭式空间组织模式

相较于中庭空间，封闭的"房"围护边界比较明确，空间体量不大，运行碳排放比较稳定，减碳潜力较低。中庭空间与开放的"房"围护边界模糊，空间相互贯通，体量偏大，运行碳排放占比大，减碳潜力比较高。中庭常作为图书馆建筑公共文化活动、交流、休憩、集散的核心空间，协调好与其并联的用房的关系，能够达到较好的建筑减碳效果。如西宁市图书馆的中庭式空间组织模式设计（图3-20～图3-23）。

1）整合交通空间与开放阅览形成中庭，提高空间效率，在有限面积指标下满足整体空间结构上公共空间节点的场所诉求。

2）"V"形围合的中庭模式设计，既在分区布局上利用房间热舒适不同要求，将图书馆办公与阅览组合为"V"形布局，使位于北侧的中庭空间被围合在致密房间中，且使阅览区房间全部可以向南，结合窗墙围护结构，外墙双层构造兼顾厚重造型与保温性能，窗户采光及辐射得热效果较好。在设计中将屋面向北倾斜，使其外形符合建筑低于北侧沈那遗址公园的形态要求，也可实现内部与遗址环境崖体环境对望，同时避免了夏季直接辐射，减小了中庭空间容积。

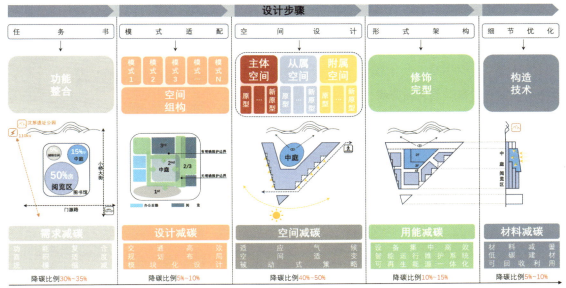

图3-20　西宁市图书馆阅览区空间构成及其低碳设计作用

设场地中段延续自然冲沟空间态势，利用地下管廊控制用地，沿门源设置城市公共开放空间，以"民族团结，多元文化融合"为主题，回应"西陲安宁"的历史概念渊源，题名"宁合广场"，立多彩名族文化主题雕塑为核心景观。

建筑群东侧主入口以"图书文化"为主题，聚合图书馆、文化馆功能，题名"文化广场"，步行主入口处立江河源安宁石以点题。

建筑群西侧建筑群入口以"民众活跃的地域文化艺术"为主题，突出博物馆美术功能，题名"文博广场"。

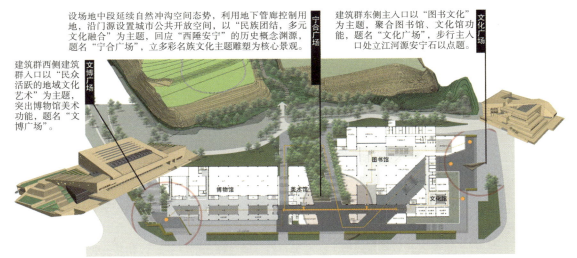

图3-21　西宁市图书馆空间在西宁群众文化艺术活动交流中心的空间组成

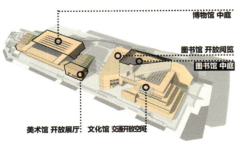

图3-22　西宁市图书馆中庭实景

105

图3-23 西宁市图书馆阅览单元的南向采光窗与用地形态关系

3）具体构造设计上，中庭的屋面构造采用条形双层空腔，减小眩光，调整自然采光量，可开启双层天窗，夏季可通风降温，冬季可形成保温缓冲空腔。

设置中庭空间，增强了图书馆公共空间的开放性和共享性，给读者提供了高质量的阅览及公共建筑场所体验。增加的建筑面积及相对复杂的构造使建筑平均隐含碳排放强度大于一般建筑，但通过设计组织，中庭空间及周边阅览空间自然采光和通风状态均较为理想，图书馆照明、通风设备的能耗水平得以有效控制；冬季大部分阅览室都处于辐射热直接利用区，在夏季利用中庭拔风的自然通风作用可减小建筑整体通风与制冷负荷；中庭空间四周被办公区、阅览区包裹在中间位置，仅屋顶部分与外界接触，中庭空间夏季空调、冬季采暖的设备能耗也通过设计得以优化。最终建筑整体的运行能耗水平比同地区同类型建筑能耗引导值低10%，并通过了绿色三星标识评价，使建筑运行碳排放水平较低。

进一步来讲，通过空间组合与调整，图书馆预期的高质量公共空间被进一步明确。在不同的气候条件下，设计合理回应了符合图书馆等级的公共活动，并通过与地形、场地形状、出入口等外部约束交互，逐渐合并与控制形成合理的空间综合方案，细化公共空间整体模式，报告厅等特定组构技术原型，阅览室具体组合模式与具体规模、标准等参数。通过技术尝试，可以初步比较论证其适用的设计技术体系，尤其打破"房间并联"的阅览房间组构，不仅能形成新的空间模式，对图书馆整体碳排放也可产生较大影响。

现代图书馆建筑设计的实用性原则可概括为：（1）要具有一定的灵活性、适应性和扩展性；（2）各功能空间之间要有有机联系；（3）读者直接接触藏书；（4）内部空间环境舒适；（5）建筑整体与各局部空间要具有一定的安全保障设备，如防震、防火防潮、防蛀和防空气污染等；（6）应充分考虑各种现代技术设备的应用。设计的经济原则不仅包括经济使用投资，还体现在能最大限度地发挥功能效益和尽可能减少维持费用。至于设计的美观原则，应服从经济和功能的要求。

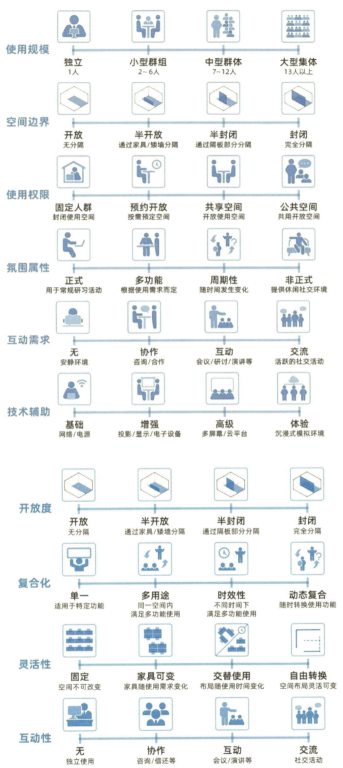

使用规模	独立 1人	小型群组 2~6人	中型群体 7~12人	大型集体 13人以上
空间边界	开放 无分隔	半开放 通过家具/矮墙分隔	半封闭 通过隔板部分分隔	封闭 完全分隔
使用权限	固定人群 封闭使用空间	预约开放 按需预定空间	共享空间 开放使用空间	公共空间 共用开放空间
氛围属性	正式 用于常规研习活动	多功能 根据使用需求而定	周期性 随时间发生变化	非正式 提供休闲社交环境
互动需求	无 安静环境	协作 咨询/合作	互动 会议/研讨/演讲等	交流 活跃的社交活动
技术辅助	基础 网络/电源	增强 投影/显示/电子设备	高级 多屏幕/云平台	体验 沉浸式模拟环境
开放度	开放 无分隔	半开放 通过家具/矮墙分隔	半封闭 通过隔板部分分隔	封闭 完全分隔
复合化	单一 适用于特定功能	多用途 同一空间内 满足多功能使用	时效性 不同时间内 满足多功能使用	动态复合 随时转换使用功能
灵活性	固定 空间不可改变	家具可变 家具随使用需求变化	交替使用 布局随使用时间变化	自由转换 空间布局灵活可变
互动性	无 独立使用	协作 咨询/借还等	互动 会议/演讲等	交流 社交活动

图3-24 高校图书馆研习阅览空间多元化要素与公共空间多义化要素分解

图书馆建筑作为重要的文教建筑，同时受到使用需求扩展、技术体系转变、空间品质提升、节能降碳约束等多层面的变革驱动。从设计模式源头着手，也能为图书馆建筑提供新的有效控碳途径，应综合平衡功能构成、空间组织、室内物理环境特征等方面对建筑能耗与碳排放量的影响。图3-24是对高校图书馆阅览与公共空间多元、多义的因素分解示意，对图书馆空间模式碳排放优化方向的开拓也可依托空间基本功能优化的思路展开。

首先，使用需求导向下的功能构成是低碳图书馆设计的前提与基础。根据使用规模、空间边界、使用权限、氛围属性、互动需求、技术辅助、适变属性等关键要素，可对阅览区、研习区、公共活动区等主体功能空间进行功能复合化设计，通过并置、叠加、环绕、嵌套等方式提升可变功能适应性。

其次，不同功能类型限定了空间组织方式。空间组织是对多元化功能构成的形式表达，设计初期应按照各功能的空间属性合理组织分区，按照主体阅览空间的区域建构、核心公共空间的节点组织、辅助服务空间的分级置入等空间复合化策略，提升空间使用效率。结合南向阳光间、中庭热压通风等被动式措施，可降低建筑能耗与碳排放量（图3-25）。

最后，各功能空间差异化的物理环境属性也对建筑形成了一定的性能约束。按照各功能空间的物理环境权重特征，通过高需求稳定型空间、中需求适应性空间、低需求独立型空间的层级关系，形成合理的功能分区与过渡缓冲空间，进一步加强建筑空间对能耗与碳排放量的积极作用（图3-26）。

在构型过程中，根据组构采用不同方式探索整体集成的减碳潜力。

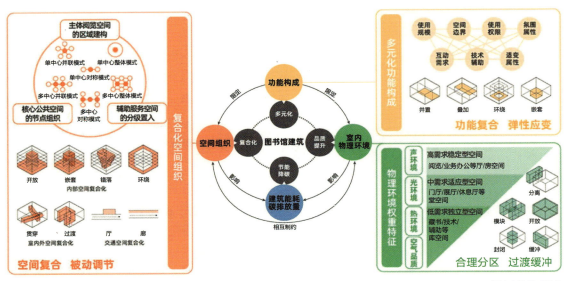

图3-25　图书馆建筑模式优化

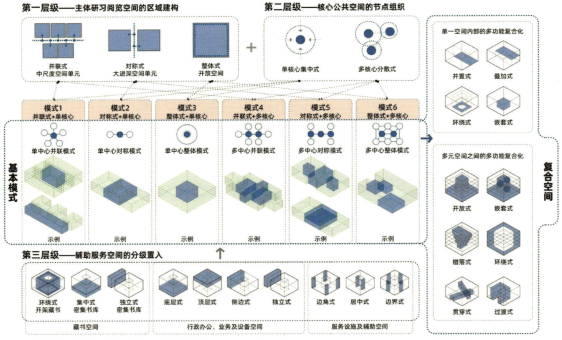

图3-26　高校图书馆建筑"三层级"基本模式建构示意图

3.1.4 核心观演空间主导的演艺建筑低碳设计

演艺建筑是以核心观演空间为主导的典型文博类建筑。演艺建筑的功能一般由"前厅、休息厅、观众厅、舞台区、后台区"[①]组成。从图3-27的统计与整理可以看出，演艺建筑用房的构成规律与文博类建筑用房通用规律一样，也包括完整的"堂""厅""房""廊""库"五类用房。

其中，尺寸高大且设计型制规律独特的"堂"类用房，设计原型由舞台-观众厅组合而成。在既有的空间组合基本原理中，舞台-观众厅组合而成的"观演空间"是演艺建筑的主导性主体空间组构。其用房为连续统一的无柱空间，和一般用房相比，面积大、高度高、容量大（表3-2），空间高度大约

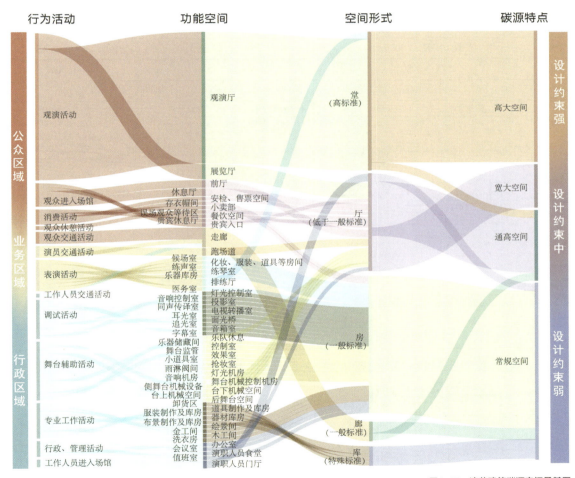

图3-27　演艺建筑碳源空间桑基图
来源：根据《建筑设计资料集（第三版）》改绘

---

① 来源：《建筑设计资料集（第三版）》

建筑类型	歌剧院		
规模	特大型（1500座以上）	大型（1200～1500座）	中型（800～1200座）
面积	3000m²	2400～3000m²	1600～2400m²
高度	24m	18～24m	17～20m
案例	意大利米兰斯卡拉歌剧院（2289座）	挪威奥斯陆新歌剧院（1350座）	德国埃森歌剧院（1125座）
	音乐厅		
规模	大型（1200～1500座）	中型（800～1200座）	小型（300～300座）
面积	2400～3000m²	1600～2400m²	600～1600m²
高度	18～24m	17～20m	13～15m
案例	奥尔堡音乐厅（1298座）	什切青爱乐音乐厅（1000座）	拖伦音乐厅（552座）
建筑类型	戏剧院（一般800～1200座）		实验剧场（一般300～600座）
规模	中型（800～1200座）	小型（300～800座）	小型（300～800座）
面积	1600～2400m²	600～1600m²	600～1600m²
高度	17～20m	13～15m	13～15m
案例	梅兰芳大剧院（980座）	荷兰市场剧院（725座）	美国达拉斯威利剧场（600座）

为常规用房的3～4倍，面积大小约为常规用房20～30倍，单位面积的建造用材量约为常规用房的3倍，单位面积造价高约为常规建筑5～6倍，设计者主要依据剧场的型制、剧类、观众席规模而选择原型（图3-28）。设计过程主要通过理解、回应三类对应关系，基于原型展开具体工作：

通过对神木艺术中心（图3-29）、Jacques Carat剧院（图3-30）空间的分析可以看出，观演厅是演艺建筑的主体空间，一般表现为封闭、高大的"堂"，约占整个建筑面积的30%；各类门厅、过厅、休息厅、大厅等约占整个建筑面积的15%；用于业务、行政、管理、设备等的空间属于封闭、常规的"房"，约占整个建筑面积的20%。

1）由舞台表演对应的舞台空间类型、设计参数及其技术逻辑；

2）由观众规模及观演中视听行为对应的观众厅形式、设计参数及其技术逻辑；

3）舞台与观众厅关联的技术参数。

作为演艺建筑的主体空间组构，其碳排放基准若与一般的平均碳排放强度对标，根据造价粗略推测，由建筑物料过程产生的碳排放（物化过程引发的隐含碳排放）可达普通建筑平均水平的

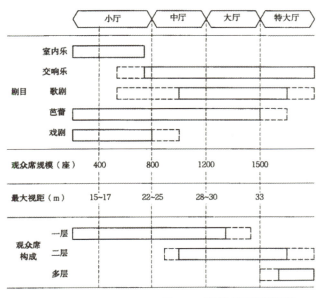

图3-28 剧场设计规模参考标准
来源：《建筑设计资料集（第三版）》

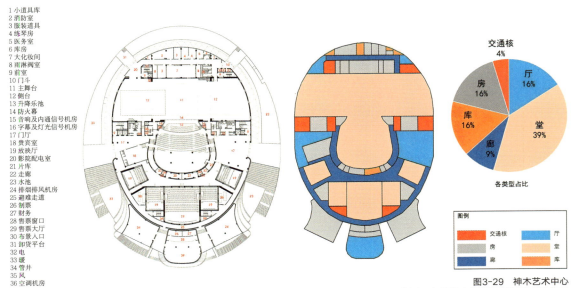

1 小道具库
2 消防室
3 服装道具
4 练琴房
5 医务室
6 库房
7 大化妆间
8 雨淋阀室
9 前室
10 门斗
11 主舞台
12 侧台
13 升降乐池
14 防火幕
15 音响及内通信号机房
16 字幕及灯光信号机房
17 门厅
18 贵宾室
19 放映厅
20 影院配电室
21 片库
22 走廊
23 水池
24 排烟送风机房
25 避难走道
26 制票
27 财务
28 售票窗口
29 售票大厅
30 市景入口
31 卸货平台
32 电
33 暖
34 管井
35 风
36 空调机房

图3-29 神木艺术中心
来源：中科院建筑设计研究院有限公司

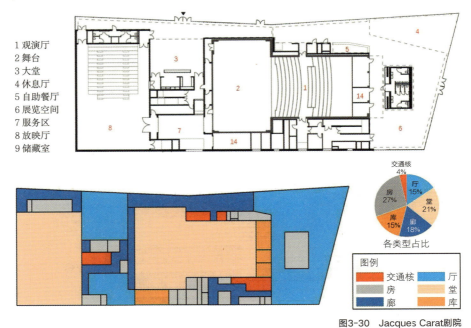

1 观演厅
2 舞台
3 大堂
4 休息厅
5 自助餐厅
6 展览空间
7 服务区
8 放映厅
9 储藏室

交通核 4%

厅 15%
堂 21%
廊 18%
库 15%
房 27%

各类型占比

图例

交通核 | 厅
房 | 堂
廊 | 库

图3-30　Jacques Carat剧院

7～12倍，[1]明显超过其他建筑。而且从既有造价用料规律来看，其用房的空间规模、建造标准等级与其耗材总量，理论上也超过正比规律。

　　舞台-观众厅用房单位面积运行能耗为165～245W/m²，属于中高水平。[2]根据运行能耗与容积成正比的一般原理，用房尺度越高大，系统运行控制难度越高，系统复杂性越强。舞台-观众厅用房的运行碳排放（运行能耗所引发的碳排放）与用房使用需求关联紧密。从设计角度出发，认为其设计技术体系对建筑用房本体的约束性较强，即建筑使用过程碳排放较为固定。

　　对于这类空间，设计者通过设计层面可调节的建筑减碳效果有限，主要依靠选用与匹配的技术细节来实现。这种情况下，可选用的降低建筑碳排放的常见技术策略及方法包括：采用适宜气候的用房布局组织方式；利用缓冲、包裹、复合的方法巧妙利用环境条件；使用环境影响水平低、单位建造碳排放的各种材料及结构系统；利用合理的高大空间内自然的热流效应；合理划分分区，协同建筑热过程，降低新风系统与空调系统负担；选用高效的设备等。

---

① 　根据全现浇结构楼0.19万元/m²，市剧院平均1.4万～2万元/m²（不含特殊定制舞台机械演出设备）造价估算。
② 　根据供暖热负荷：严寒：50～65W/m²，寒冷：45～60W/m²，夏热冬冷：35～50W/m²，制冷负荷：130～180W/m²估算。

3.2.1　展览类建筑空间规律

在展览建筑举行一次完整的展览活动，需要五类功能区支持：展览区、公共服务区、仓储区、辅助区、交通设施。展览区主要包含展厅、洽谈室、登录厅，展厅空间通常高大且方便灵活划分与组合，以适应不同类型和规模的展览需求；公共服务区包含交通廊、过厅、租聘服务、餐饮服务、贵宾接待和商务中心，保障展览活动顺利进行；仓储区指在展览布展和撤展期间，用来存储器材和临时堆放货品的空间，包含室外堆场、室内库房和保税仓；辅助区是配合展厅使用的设备用房、后勤办公和技术管理；交通设施是在组织人流、车流、货流过程中，用来集散的室内外空间和相关设施，并对接城市交通系统，包含转运场、停车库/场和公交站场（图3-31）。

区域分类	展览区			公共服务区						仓储区			辅助区			交通设施		
功能区域用房别类	展厅	洽谈室	登录厅	交通廊	过厅	租聘服务	餐饮服务	贵宾接待	商务中心	室外堆场	室内库房	保税仓	设备用房	后勤办公	技术管理	转运场	停车库/场	公交站场

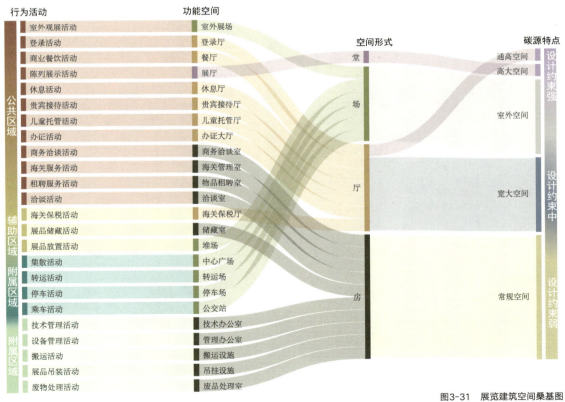

图3-31　展览建筑空间桑基图
来源：根据《建筑设计资料集（第三版）》改绘

113

3.2.2　展览类建筑空间碳排放特点

　　从用房原型来看，大部分现代展览类建筑的展厅都采用了大跨结构，从而使得空间具备高大、开放、透明等特征，是一种形式简单的"厅"类用房（图3-32）。

　　展厅空间的高度是常规空间的4～5倍，但因为其建造技术体系工业化程度高，单位面积用材极为高效，其单位面积碳排放强度并没有增加那么多倍。展厅屋顶面积大、围护结构轻薄、窗户面积占比高，其运行能耗往往较难控制。展厅具有伴随办展和撤展而间歇性使用的特点，尤其在夏热冬冷地区的夏季与严寒、寒冷地区的冬季，使展厅建筑的保温、隔热、控温、遮阳设计面临挑战，其对暖通系统的效率与适配性要求也更为苛刻。由此可见，在展览类建筑中，运行碳排放的控制更具挑战。

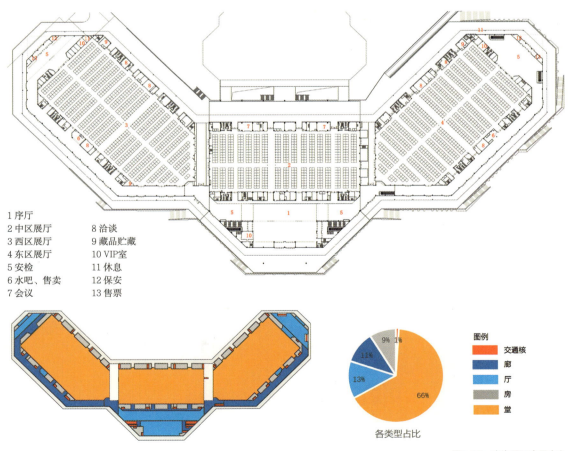

1 序厅
2 中区展厅　　　8 洽谈
3 西区展厅　　　9 藏品贮藏
4 东区展厅　　　10 VIP室
5 安检　　　　　11 休息
6 水吧、售卖　　12 保安
7 会议　　　　　13 售票

图例

交通核
廊
厅
房
堂

各类型占比

9% 1%
11%
13%
66%

图3-32　青海国际会展中心

从空间占比来看，展厅在展览建筑中的面积占比往往接近70%，有的甚至达到85%，交通厅和卫星厅则通常占对应展厅面积的1/7～1/6。因此，展览类建筑的厅堂比例非常高，碳排放主要由高大空间结构体系的建造能耗及其空间运行能耗而决定。

3.2.3　展览类建筑展厅空间

展厅空间是展览类建筑的核心空间类型，在空间组构中一般以多个规律的展厅单元通过登录厅和交通廊组织形成。展厅的等级可按其展览面积确定，以5000m²和10000m²为界分为甲等、乙等和丙等，其对应的净高分别不宜小于12m、8m和6m。常见的大型展厅多为无柱单层通高空间，净高达20m左右，以实现最大程度的多功能使用。当展览类型相对固定且对净空尺度需求不高时，展厅可采用竖向分层的多层形式，在下层展厅设置结构柱可能会降低布展的灵活性。但因降低空间高度且下层展厅保温性能更好，综合碳排放强度较低。例如青海国际会展中心利用场地东西向达17m的高差，形成局部双首层展厅设计，在东侧展厅下增加一层9m净高的常年展厅，其结构柱跨为24m，满足当地农产品和旅游工艺品等特产展销用途（图3-33）。

因展厅空间的高度、进深和体积相比常规建筑更大，对制冷、采暖、采光等物理性能进行控制的难度较大。高大空间的空调设备投资高，且在运行过程中容易出现温度分层现象，造成夏季空气不流通、温度过热，或冬季过冷等舒适度不佳的情况，因此在设计中应优先采用自然通风，再配合机械通风，来降低空调负荷。自然通风量宜大于联合运行风量的30%。

在北方寒冷地区，铺设地暖是最舒适、有效的采暖形式，可以结合使用频次、展出类型等实际情况考虑。太阳辐射是主要的能量来源，充分利用其自然采光与得热可以有效减少展厅内的照明和采暖负荷。青海国际会展中心在评估不同展厅冬季可能的使用频次和时长后，采取了更有针对性和差异化的采暖方式。冬季使用率最高的常年展厅和登录厅设置了地暖，以提升其冬季开放使用时的舒适性。上层展厅设置均匀分布的天窗以增强自然采光。同时，在展厅外廊增加46个巨型伞状遮阳构件，对其上百叶的角度进行多目标优化，以满足冬季进光和夏季遮光。伞状构件在室外形成半遮阳的休闲空间，在室内形成光影丰富的长廊空间。

展厅空间的形态也是低碳设计的重点，其与空间效率和建设成本直接相关。国际标准展位尺寸为3m×3m，展位间主通道为6m，次通道为3m，这就决定了3m作为展厅设计的基本模数。从上部的结构、空调、灯具到地面的展位和管线铺设按需一一对位。展位布置的适应能力决定了展厅的空间

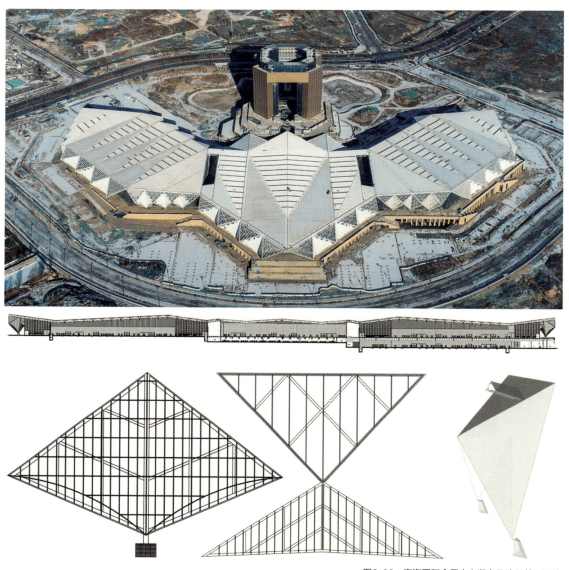

图3-33 青海国际会展中心竖向及遮阳单元设计

效率。因此，展厅平面形态一般以矩形为佳，但规则的扇形和多边形也可以作为高效的布展形态。例如，山西潇河国际会议会展中心在设计中考虑了多种展厅形式以承载不同展览形式。其中单个重型展厅净展面积9700m²，被设计为72m×135m的矩形，内部可布置504个展位。单个常规展厅净展面积9600m²，被设计为扇形，通过端部非标展位调节后，可布置488个展位。青海国际会展中心最大的单个展厅净展面积16070m²，为36m×36m网格45°斜交生成的六边形展厅，端部为等腰直角仍能适应正方形展位，一共可布置850个展位。由此可见，经过展位排布优化后，扇形和六边形展厅的布展效率与矩形接近，但需保证空间的规律性和弧度的平缓。在设计中应避免不规则的异形展厅，否则容易造成结构、设备与标准展位难以对位，从而影响展厅的展位数量和经济性，增加建造和运行中的碳排放（图3-34）。

图3-34　山西潇河国际会议会展中心不同展厅对比

体育类建筑按照主要空间的室内外属性分为体育场和体育馆两大类：体育场承担田径、足球、滑雪、赛车等规模较大的室外项目，代表性的有综合体育场、专业足球场、棒球场、跳台滑雪场、赛车场等；体育馆承担篮球、体操、游泳，以及全民健身等室内项目，代表性的有综合体育馆、羽毛球馆、游泳馆、滑冰馆、全民健身馆等。它们各自有其鲜明的空间规律和碳排放特征。

3.3.1 体育类建筑空间规律

1．体育场

体育场主要由看台、辅助用房、较大的室外场地组成。体育场按功能可分为观众区、运动员区、竞赛管理区、贵宾区、媒体区和场馆运营。每个分区都有相对独立的出入口和流线：观众区包含观众看台、门厅过厅、商业服务；运动员区包含比赛场地、训练场地、更衣室、检录处；贵宾区包含主席台、贵宾休息室、包厢；竞赛管理区连接场地和看台，包含裁判休息室、技术用房；媒体区连接混合区和新闻发布厅，包含媒体看台、媒体工作区、混合区、新闻发布厅；场馆运营区包含后勤办公和管理用房（图3-35）。

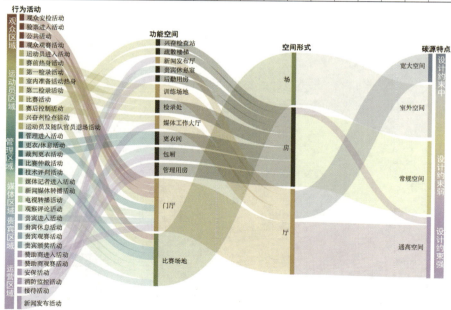

图3-35 体育场空间桑基图

看台和场地构成体育场最大的开敞"场"空间；休息厅、直播间、发布厅等为中等尺度的室内"厅"空间；各类技术、管理、服务类辅助用房和包厢则为看台下常规尺度的室内"房"空间。

兴平市体育中心体育场为20000座丙级体育场。因为造价和规模有限，所以设计采用单边看台形式。体育场西侧为10000座有罩棚覆盖看台，南、北、东三侧为10000座露天混凝土简易看台；中间提供各项活动的"场"空间；"厅"空间压缩至最少；看台下为基本的服务运动员、贵宾、媒体和管理的"房"空间。总体构成最经济低碳的小型体育场模式（图3-36）。

1 比赛场地
2 管理
3 多功能厅
4 记者工作
5 运动员更衣室
6 随队
7 运动员准备
8 医务急救
9 主门厅
10 贵宾接待
11 检录大厅
12 奖品陈列
13 裁判休息
14 计时记分
15 组委会
16 数据处理

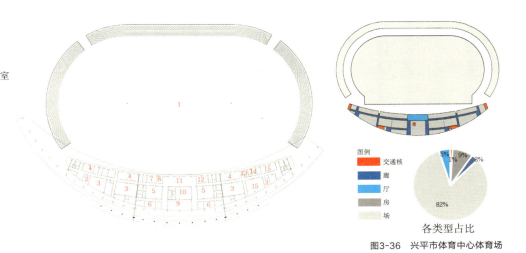

图3-36　兴平市体育中心体育场

大连梭鱼湾足球场为63000座FIFA标准的特级专业足球场。场地以足球场大小为基准，四周为8~10m缓冲区。88m×125m的内场地尺寸远小于400m田径场地的综合体育场，形成的"场"空间观赛氛围更聚集、热烈（图3-37）。

2．体育馆

体育馆的空间规律可以按前文归纳的标准竞技型、全民健身型、体育综合体型、主副分离型、单厅竞技型等空间模式来解析。

1）标准竞技型体育馆主要由比赛场地区、看台区、辅助用房和训练热身场地组成。比赛场地区包含比赛场地、缓冲区、裁判席位和摄影机位；看台区包含运动员席、媒体席、主席台、包厢和普通观众席；辅助用房包含运动员用房、竞赛管理用房、媒体用房、场馆运营用房、技术设备用房和观众用房，具体内容构成与体育场相似；训练热身场地包含热身场地、健身房和库房（图3-38）。

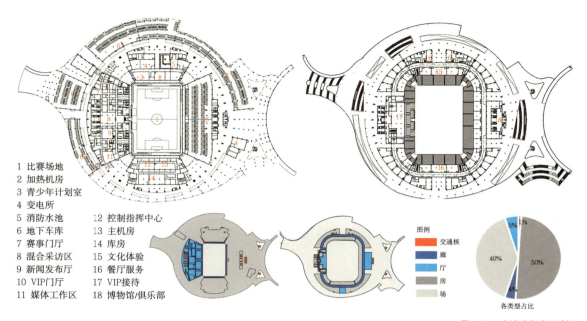

1 比赛场地
2 加热机房
3 青少年计划室
4 变电所
5 消防水池　12 控制指挥中心
6 地下车库　13 主机房
7 赛事门厅　14 库房
8 混合采访区　15 文化体验
9 新闻发布厅　16 餐厅服务
10 VIP门厅　17 VIP接待
11 媒体工作区　18 博物馆/俱乐部

图例
交通核
廊
厅
房
场

各类型占比

图3-37　大连凌鱼湾足球场

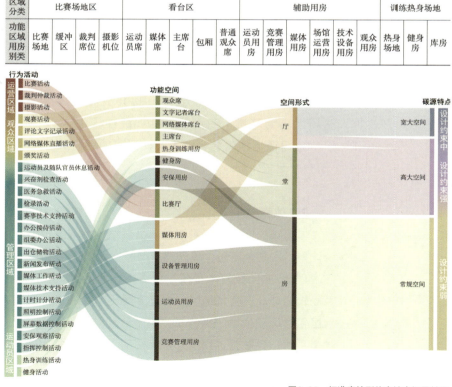

图3-38　标准竞技型体育馆空间桑基图

120

羽毛球馆、游泳馆、滑冰馆等专业体育馆的区别在于场地的内容和设计要求，但功能分区和流线近似。空间上，看台和比赛场地在比赛厅中形成最大的"堂"空间，休息厅、训练场地等为中等尺度的"厅"空间，各类辅助用房和包厢则为看台下常规尺度的"房"空间。

韩城市西安交大基础教育园区体育馆为标准的竞技体育馆，由4500座看台、37m×58m的比赛厅、37m×58m的训练厅组成。园区与地方政府共建共用，加大的训练厅提升了日常面向群众健身开放的效果，同时将檐口高度降至11m，通过压缩空间来降低造价和运行成本（图3-39）。

乌鲁木齐市冰上运动中心冰球馆也采取了标准竞技型体育馆的空间模式，比赛厅为70m×40m，并设置61m×30m标准冰球场，同层设有含另一块冰球场的热身训练厅（图3-40）。

1 竞赛管理大厅
2 裁判员休息室
3 竞赛用房
4 贵宾门厅
5 贵宾接待室
6 组委会办公室
7 门厅/检录厅
8 运动员训练室
9 运动员更衣室
10 兴奋剂检查室
11 医务急救室
12 记者工作区
13 新闻兼训练门厅
14 新闻发布厅
15 器材室
16 比赛场地
17 热身训练场地
18 体育办公室

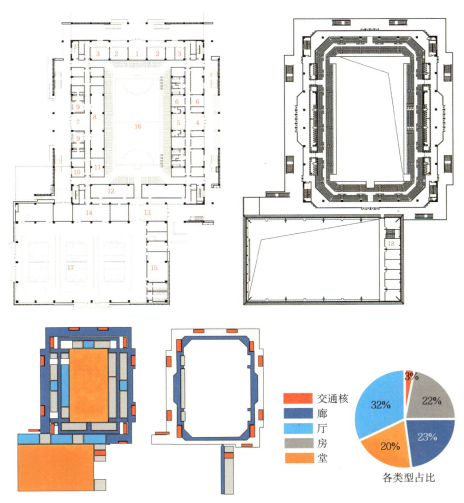

交通核
廊
厅
房
堂

3%
32%
22%
23%
20%

各类型占比

图3-39 韩城市西安交大基础教育园区体育馆

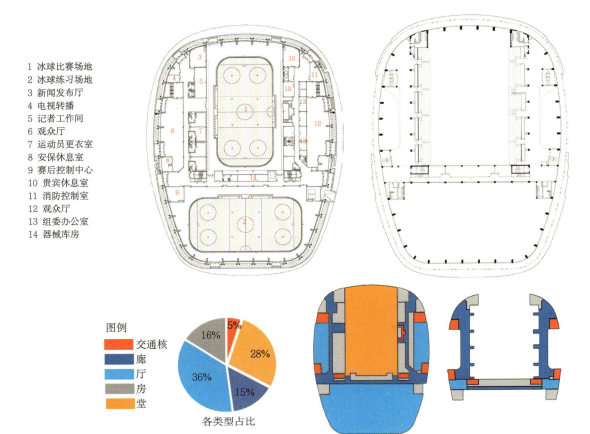

1 冰球比赛场地
2 冰球练习场地
3 新闻发布厅
4 电视转播
5 记者工作间
6 观众厅
7 运动员更衣室
8 安保休息室
9 赛后控制中心
10 贵宾休息室
11 消防控制室
12 观众厅
13 组委办公室
14 器械库房

图例
交通核
廊
厅
房
堂

5%
28%
15%
36%
16%

各类型占比

图3-40 乌鲁木齐市冰上运动中心冰球馆

2）全民健身型体育馆典型代表有健身中心、综合训练馆、风雨操场等。因不举办专业赛事，场馆内无大规模固定看台，有时布置少量活动座椅。主要功能包括基本设施和辅助设施两大类：基本设施包括球类场地、游泳池、舞蹈用房、滑冰场、健身房、棋牌室和教室构成的主要运动用房；辅助设施包括门厅、卫生间、更衣室、商业休闲、医务室、体质监测、办公室和设备机房。根据建设需求、建筑规模和《全民健身活动中心分类配置要求》GB/T 34281—2017等规范要求，全民健身型体育馆应配置相应种类和数量的运动项目，以及相应面积的辅助设施。需要注意的是，全民健身型体育馆的运动空间需要根据空间尺寸规格分别设置，一般按照大型球类、小型球类、游泳类、教室类等类别整合，同时在竖向上对不同层高的空间加以优化排布，以保证空间的利用率和经济性。空间特征上，除规模较大的场地可以形成"堂"空间，多数分散的运动场地和门厅主要为中等尺度的"厅"空间，各类辅助用房为常规尺度的"房"空间（图3-41）。

区域分类	基本设施								辅助设施							
功能区域用房别类	球类场地	游泳池	舞蹈用房	滑冰场	射击场	健身房	棋牌室	教室	门厅	卫生间	更衣室	商业休闲	医务室	体质监测	办公室	设备机房

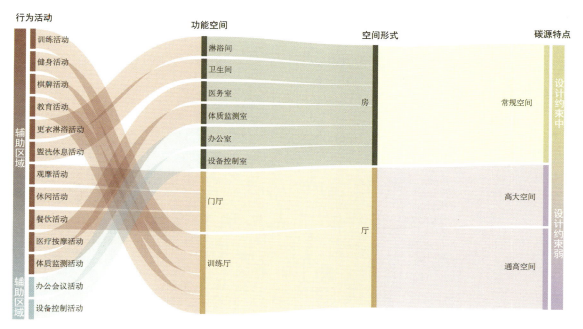

图3-41　全民健身中心空间桑基图

对比三原县全民健身中心和陕西师范大学体育训练馆，7350m²的中型馆和20500m²的大型馆具有相近的空间规律和特征。全民健身型体育馆的功能构成和使用场景单一，主要由各类运动场地的"厅"空间构成，占据整个建筑的70%以上。因人员密度低，门厅不需要太大，走廊尽可能缩短和减少，其余为基本配套服务用房等"房"空间，仅占据总面积的10%左右（图3-42、图3-43）。

3）体育综合体型体育馆在空间构成上综合了标准竞技型和全民健身型场馆的空间特点，除了比赛厅作为"堂"空间外，还包含较大比例的其他运动和商业空间作为"厅"空间。同时，其综合性还体现在一些重要空间的复合使用，和带动"厅"与"堂"之间的转换、合并或分隔使用。体育综合体型体育馆通过打破固有空间模式来满足多种使用需求，借助空间复合、转换等技术手段压缩场馆建设规模，提高使用效能，避免重复建设或高碳排放改造，从而实现综合节能降碳目标。

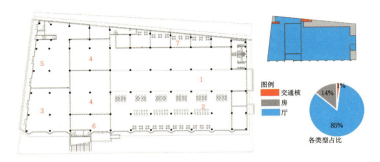

1 田径运动区
2 全民健身指导
3 体质测试区
4 器材室
5 体育设施用房
6 门厅
7 办公室

图3-42　三原县全民健身中心

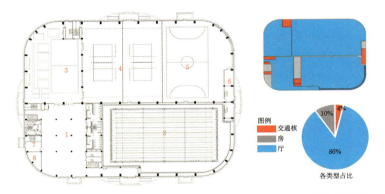

1 门厅
2 游泳馆
3 体操场
4 排球场
5 五人足球场
6 器材室
7 消防控制室
8 赛时医疗区

图3-43　陕西师范大学体育训练馆

　　兰州二十四城文体演艺中心仅有10000m²，但需要满足图书馆、体育馆、演艺中心、会议、培训、商业六类功能空间。中小型综合体因为面积有限，兼顾多种功能的同时还需根据定位侧重部分功能，并通过设计组织好多种功能的主次关系（图3-44）。

　　合肥少荃体育中心体育馆由体育馆和体育配套两部分并置而成，体育馆部分定位为10000座甲级体育馆，体育配套包含丰富的体育运动、餐饮、售卖和服务功能。两大部分相对独立，仅通过地下车库和二层平台相连，使得主要空间均有自然采光和通风条件，降低建筑运行能耗，并能保证各自灵活的运营和管理（图3-45）。

　　主副分离型、单厅竞技型和标准竞技型体育馆主要体现在空间构成和连接关系上的差别，单厅竞技型以比赛厅为核心，主副分离型包含较大且相对分离的训练馆，具体功能分区和流线组织均是以服务专业比赛为目的，三者统称为专业竞技型。

1 门厅
2 文化配套用房
3 展览兼体育馆
4 图书馆
5 声光控制室
6 库房
7 化妆间
8 器乐库
9 贵宾接待区
10 医疗急救室
11 办公室

图3-44 兰州二十四城文体演艺中心

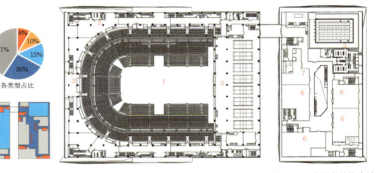

1 比赛场地
2 羽毛球场地
3 入口门厅
4 附属用房
5 游泳池
6 商业用房
7 厨房区域

图3-45 合肥少荃体育馆

3.3.2 体育馆空间单元控碳引导

体育馆空间虽构成繁杂，但是严格受到体育运动和体育工艺制约，同类空间在结构选型、空间尺寸、配套设施等方面均具有鲜明的标准化特征。因此，除按空间规律分类外，可按承载的运动项目归纳出标准空间单元，掌握其碳排放情况，即可将体育建筑的复杂碳排放问题分解，便于研究和计算。以下仍以体育馆为例，推导从空间单元到整体模式的碳排放计算过程。

1．基本空间单元分解

综合各类体育馆的空间构成，按运动项目和空间规格分级归类为通高型、高大Ⅰ型、高大Ⅱ型、常规Ⅰ型、常规Ⅱ型，每组按项目和数量区分规模。其加上中庭、服务用房、交通核等公共空间，构成体育馆的所有基本空间单元（表3-3）。

类型	空间单元模型				
通高型	篮球比赛厅	游泳比赛厅	中庭	边庭	交通核
高大Ⅰ型	短道速滑场	篮球场×3	网球场×3	篮球场×2	展厅
高大Ⅱ型	篮球场×1	气排球场×3	羽毛球场×3	儿童乐园	非标泳池
常规Ⅰ型	商业用房	餐饮用房	小型会议室	培训教室	小型教室
常规Ⅱ型	健康服务用房	休闲用房	后勤用房	管理用房	服务用房

　　1）通高型：空间高度通高。空间单元包括篮球场、游泳等比赛厅空间，和中庭、边庭及交通核等公共空间。

　　2）高大Ⅰ型：承载较大或多组运动项目的空间。其跨度依据滑冰场和横向排列的篮球场、网球场选取36m，层高依据网球训练高度选取12m。空间单元包括滑冰场（短道速滑、花滑、冰球、冰壶等）、篮球场×3、网球场×3、篮球场×2等运动空间，以及展厅等较大文化空间。

　　3）高大Ⅱ型：承载一般运动项目的空间，跨度依据篮球场短边和羽毛球长边选取18m，层高依据羽毛球训练高度选取9m。空间单元包括篮球×1，或气排球场、匹克球场等老年人运动空间，轮椅篮球、轮椅网球及羽毛球等残疾人运动空间，非标泳池、儿童乐园、趣味攀岩等儿童娱乐空间。

4）常规 I 型：层高6m的标准柱跨空间，空间单元包括多种规模配置的商业用房、餐饮用房、小型会议室、培训教室和小型教室等。

5）常规 II 型：层高4m的标准柱跨空间，空间单元包括多种规模配置的健康服务用房（体质监测、健康咨询、心理咨询、物理治疗、预防保健、健康信息管理、医务室等）、休闲用房、后勤管理、管理用房、服务用房等。

2．空间碳排放特征

应用CEEB软件的专业模式，对各典型空间的碳排放进行计算。对比计算过程和结果，可以确定各空间类型的碳排放特征，掌握体育馆建筑的碳排放构成（表3-4）。

通过输入建筑的工程信息、控温区、工程构造、门窗、遮阳、材料、构造、空间参数、设备设施等信息进行计算，可得到各类空间所模拟的碳排放强度结果。办公、餐饮、篮球训练厅和比赛厅四个空间年均单位面积碳排放强度依次为49.69$kgCO_2$/（$m^2 \cdot a$）、56.09$kgCO_2$/（$m^2 \cdot a$）、82.92$kgCO_2$/（$m^2 \cdot a$）和97.20$kgCO_2$/（$m^2 \cdot a$），由此可见碳排放强度与空间尺度和容积正向相关；餐饮与办公属于常规尺度的公共功能，并且碳排放强度均小于全国公共建筑平均值58.6$kgCO_2$/（$m^2 \cdot a$）；比赛厅、篮球训练厅碳排放强度均远超过平均值58.6$kgCO_2$/（$m^2 \cdot a$），属于减碳设计的重点。对比各空间不同阶段的碳排放比例，比赛厅运行阶段占比最大，达76.1%，办公空间占比最小，为67.1%，由此可见随空间尺度增大，运行阶段碳排放强度和占比均增大。

体育馆典型空间碳排放模拟计算结果 表3-4

空间类型	常规 II 型（办公）	常规 I 型（餐饮）	高大 I 型（篮球训练厅）	通高型（比赛厅）
空间尺寸（m）	$22.5 \times 9 \times 4$	$27 \times 20 \times 6$	$36 \times 18 \times 12$	$63 \times 45 \times 20$
空间模式				
年均单位面积碳排放强度 [$kgCO_2$/（$m^2 \cdot a$）]	49.69	56.09	82.92	97.20

3．空间设计控碳引导

对比以上的计算过程，可以发现影响体育馆空间碳排放的主要参数变量：规模、建筑结构、维护结构、遮阳构件、设备选型、可再生能源等。

调整以上设计参数进行计算，可以掌握体育馆空间的碳排放规律，从而找到控碳设计方法。将空间控碳分为横向维度参数调整和纵向维度阶段性把控两个维度，分别设定不同的实验工况进行模拟计算。采用控制变量法依次对比各参数下的碳排放强度，选取碳排放浮动较低的参数变量作为较优取值，明确各参数变量对于空间碳排放的影响。调整各设计参数进行组合叠加即得到相对理想的空间减碳模型（图3-46）。

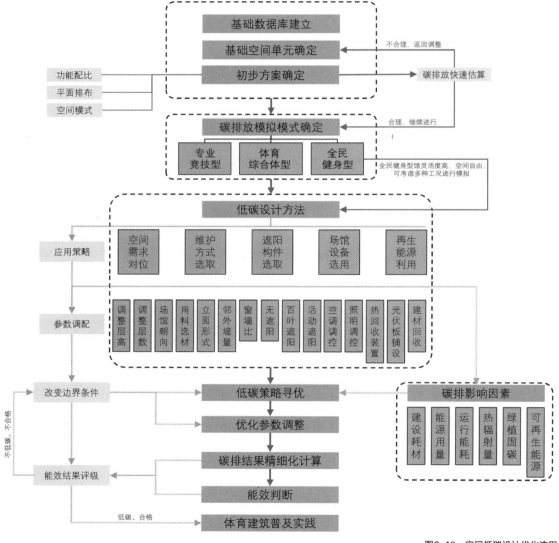

图3-46 空间低碳设计优化流程

128

这里以篮球训练厅为例进行空间碳排放计算，模型基础参数设定见表3-5。

1）横向维度

依据体育馆设计经验和规范，在合理范围内取值，划定规模、确定结构方式、选取维护方式、选取遮阳构件等。如以3m为模数增加空间高度，将层高设定为9m/12m/15m/18m，采用控制变量法计算不同层高的情况下空间年均单位面积碳排放量（表3-6）。

篮球训练厅空间基本模型参数 表3-5

基本模型	层高（m）	进深（m）	开间（m）	基底面积（m²）	场馆邻外墙情况
	12	36	18	648	四面均邻外墙

朝向	立面形式	遮阳类型	窗墙比	开窗面积（m²）	年均单位面积碳排放强度［$kgCO_2/(m^2 \cdot a)$］
南	规则	无	0.3	129.6	82.92

横向参数模拟结果对比 表3-6

设计方法	参数调配	结果对比［$kgCO_2/(m^2 \cdot a)$］	相关结论
建筑高度变化	9m/12m/15m/18m	100 90 80 70 77.9（9m）82.92（12m）87.65（15m）92.22（18m）	层高与单位面积碳排放量呈线性相关，层高越高，单位面积碳排放量越大
朝向变化（四面均临外墙）	南/北/西/东	90 88 86 84 82 80 82.92（南）85.05（北）85.95（西）85.98（东）	建筑朝向由南到北转换时，单位面积碳排放增长显著，由北至东时，碳排放量呈缓和增长

设计方法	参数调配	结果对比 [kgCO₂/ (m²·a)]	相关结论
遮阳形式变化	无遮阳/垂直/挡板/百叶		遮阳形式与单位面积碳排放量呈线性相关，不同遮阳形式不同使得单位面积碳排放增大
窗墙比变化	0.1/0.3/0.5/0.7		窗墙比与单位面积碳排放呈线性相关，窗墙比越大，单位面积碳排放量越小
临外墙数变化	一面/北、西侧临内墙/北侧临内墙/四面外墙		一面至三面邻外墙时，单位面积呈线性递增，增至第四面时，单位面积碳排放量增长显著
层数变化	单层18m/双层9m		相同高度情况下，增加场馆层数可使单位面积碳排放量降低
立面形式变化	规则/凹凸/折板朝东/折板朝西		立面规则时，单位面积碳排放量较小，立面凹凸、锯齿等不规则形状会使单位面积碳排放量明显增大

计算结果呈现出以下规律。

高度变化：因为更高的建筑需要更多的材料和能源来建造和维护，所以随着建筑高度的增加，年均碳排放量也呈上升趋势。

朝向变化：不同朝向的建筑在碳排放量上存在一定差异，例如建筑朝南可从采光中获得更多热辐射以便减少冬季设备供暖能耗，使得单位面积碳排放量变低。

遮阳形式变化：在北方寒冷地区，遮阳设施带来的夏季隔热效果有限，但会因冬季采光减少而带来的能耗增加，以及遮阳构件自身的生产和建造过程，很容易产生更多的碳排放量。

窗墙比变化：虽然玻璃、型材等外窗构件的隐含碳排放高，但对于特定条件下的南向房间，增加开窗面积可以获得更多的采光和热量，以减少运行碳排放，从而降低全生命周期内的综合碳排放量。

邻外墙数变化：外墙直接受室外温度影响，内墙可依靠相邻空间形成冷热能量传递，减少了空间自身调控温度的能耗，所以随着场馆邻外墙数量增加，年均碳排放量也呈上升趋势。

立面形式变化：立面形式影响建筑体形系数，从而影响建筑能耗，所以规则的建筑形体可以有效降低单位面积碳排放量。

层数变化：从模拟数据来看，两层空间的单位面积碳排放量低于单层。建筑层高增加会产生更高的碳排放，但层高不变、总体容积变化不大，建筑分成更多层数时，因为上下层间的热量传递，减少其余空间能耗从而使单位面积能耗降低。

对以上计算结果进行数据分析，可以得到影响碳排放强度的相关参数的优先级，由高到低依次为：维护结构＞建筑规模＞建筑体形系数＞窗墙比/遮阳。

2）纵向维度

通过对全生命周期不同阶段的叠加应用以提升减碳能效，包括提升外围护结构性能，判断不同热工区域的热辐射，设置光伏板和热回收装置，增加钢材回收率等对建筑碳排放的影响（表3-7）。

纵向参数模拟结果对比 表3-7

优化项	优化方法	参数调配	年均碳排放强度 [kgCO₂/ (m²·a)]	生产阶段碳排放强度 [kgCO₂/ (m²·a)]	运行阶段碳排放强度 [kgCO₂/ (m²·a)]	运行供冷碳排放强度 [kgCO₂/ (m²·a)]	运行供暖碳排放强度 [kgCO₂/ (m²·a)]	化石燃料碳排放强度 [kgCO₂/ (m²·a)]
K值优化	默认K值	外墙1.126 屋面0.774	82.92	16.56	62.67	12.57	0.25	31.98
	优化K值	外墙0.307 屋面0.285	64.20	19.39	41.58	10.99	0.08	10.61

优化项	优化方法	参数调配		年均碳排放强度 [kgCO₂/ (m²·a)]	生产阶段碳排放强度 [kgCO₂/ (m²·a)]	运行阶段碳排放强度 [kgCO₂/ (m²·a)]	运行供冷碳排放强度 [kgCO₂/ (m²·a)]	运行供暖碳排放强度 [kgCO₂/ (m²·a)]	化石燃料碳排放强度 [kgCO₂/ (m²·a)]
不同热工区热辐射	窗墙比调整（南向开窗）	严寒地区	0.1	128.33	15.75	111.76	3.04	0.62	88.02
			0.3	125.73	16.06	108.85	3.70	0.60	84.48
			0.5	122.36	16.47	105.07	4.58	0.57	79.86
			0.7	121.36	16.59	103.94	4.84	0.56	78.47
		寒冷地区	0.1	75.01	15.75	58.44	9.58	0.23	32.61
			0.3	74.04	16.06	57.16	10.32	0.22	30.61
			0.5	72.77	16.47	55.48	11.26	0.20	28.00
			0.7	72.39	16.59	54.97	11.55	0.19	27.21
		夏热冬暖地区	0.1	69.33	15.75	52.76	28.83	0.17	0.00
			0.3	78.96	16.06	62.08	36.59	1.59	0.13
			0.5	82.01	16.47	64.72	40.30	0.62	0.04
			0.7	83.03	16.59	65.61	41.43	0.39	0.03
设备优化	热回收装置	无热回收		71.80	16.43	54.55	11.86	0.20	23.76
		全热回收		69.30	16.43	52.05	11.53	0.18	21.60
	材料回收利用	30%光伏板		39.37	17.10	21.41	8.22	0.06	6.80
		50%光伏板		31.11	17.10	13.15	8.22	0.06	6.80
		70%光伏板		22.84	17.10	4.88	8.22	0.06	6.80
		回收系数0		51.77	17.10	33.81	8.22	0.06	6.80
		回收系数 0.5		48.61	13.94	33.81	8.22	0.06	6.80

从计算结果可以看出。

调整K值：减碳效果最显著，改变维护结构性能直接影响建筑空间冷、热源交换。提高设备制冷供暖效率，会少量增加材料生产碳排放，但综合降低建筑年均碳排放强度20%以上。

调整窗墙比：在不同的气候区调节窗墙比有一定的减碳效果。在严寒地区和寒冷地区因采暖要求高于制冷要求，增加南向房间的窗墙比有助于室内得热，会因为减少冬季采暖能耗而降低整体年均碳排放强度，在夏热冬冷地区则相反。

设备系统：增加设备热回收装置有一定减碳效果。

材料回收利用：光伏和钢材回收均能比较显著的降低碳排放强度，但需考虑成本和可铺设面积，工程中的实际调节范围有限。

3）综合分析

为了直观比较不同设计措施的减碳效能，采用减碳强度和减碳率两个指标验证并量化减碳模拟计算结果：

$$减碳强度=现状年均碳排放强度-优化年均碳排放强度 \qquad (3-1)$$

$$减碳率=[（现状年均碳排放强度-优化年均碳排放强度）/$$
$$现状年均碳排放强度]×100\% \qquad (3-2)$$

以上纵横两个维度的减碳能效计算结果见表3-8。

依据上述表格数据对建筑减排能效进行图表绘制，见图3-47。

低碳能效结果优化

表3-8

设计方法	原有参数	优化参数	现状年均碳排放强度 $[kgCO_2/（m^2·a）]$	优化年均碳排放强度 $[kgCO_2/（m^2·a）]$	减碳强度 $[kgCO_2/（m^2·a）]$	减碳率 (%)
K值变化	外墙1.126	外墙0.307	82.92	64.20	18.72	22.58
	屋面0.774	屋面0.285				
高度	12m	9m	64.20	59.16	5.04	7.85
朝向	东向	南向	59.16	57.66	1.50	2.54
立面形式	锯齿	规则	57.66	54.15	3.51	6.09
遮阳系数	无遮阳	夏季：0.2	54.15	52.54	1.61	2.97
		冬季：1				
层数	单层	双层	52.54	51.90	0.64	1.22
窗墙比	0.3	0.1	51.90	51.77	0.13	0.25
热回收	不设置	设置全热回收	51.77	50.68	1.09	2.10
光伏板	不设置	设置70%屋面	50.68	21.75	28.93	57.08
废料回收	不设置	设置50%回收率	21.75	18.59	3.16	14.52

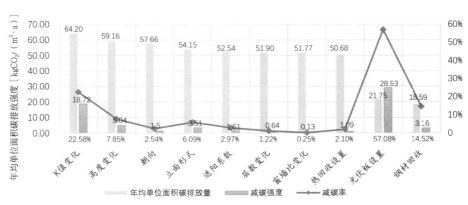

图3-47 篮球训练厅空间节能减排效果

由图3-47可知，经过一系列的低碳设计措施叠加应用后，单位面积碳排放强度降至18.59kgCO₂/（m²·a），减碳率为77.6%。从结果来看：增加热回收装置、屋面铺设光伏板等技术措施能大幅降低建筑运行阶段碳排放强度；通过外围护结构选材降低K值减碳效果最显著；控制建筑形体、外立面形式和遮阳设施等也是较有效的减碳设计措施。

3.3.3 体育馆控碳要点与低碳空间模式

碳排放规律解析为通过建筑设计降低空间碳排放提供了启示，可依据碳排放影响程度和优先级归纳出体育馆的控碳要点，进而根据体育馆的类型特征，选取较优的空间参数和设计措施，组合成为低碳建筑模式。

1．体育馆控碳要点

体育馆规模容量大、功能多样、设备复杂，不同的设计策略针对不同空间模式会产生不同效果，其碳排放结果也会有所差异，需针对不同空间模式分别讨论。

1）场馆类型与规模定位

合理的类型、规模定位是体育场馆最直接的减碳策略。很多体育场馆由于对使用需求和运营能力考虑不充分，场馆功能构成或规模定位错位，造成规模过大、部分功能闲置等建设浪费，或因规模过小而不得不重复建设，导致大量碳排放产生。因此在建设时应考虑自身需求与承载能力，确定服务人群和数量，明晰场馆功能定位，如偏重专业赛事的标准竞技型体育馆、偏重居民日常体育锻炼的全民健身型体育馆，综合多类体育活动和商业服务的体育综合体型体育馆等，并分档对应不同级别的场馆规模以作为建设依据。

2）空间需求对位

第一，空间规模的划定要对应清晰的体育项目需求，将体育运动场地作为空间尺寸依据，并配备适宜的观众容量和体育工艺需求以控制建设投入；第二，空间形体的合理选择对建筑节能控碳具有重要意义，相关研究表明体形系数每增大0.01，能耗指标约增加2.5%，极端不规则的形体直接增加建筑碳排放量约10%~25%；第三，在高度允许的情况下多数体育训练空间可竖向叠加，单层空间由于体积和外维护界面的减少使空间能耗降低，同时提升了建筑设备的供给路径和运行效率，从而综合降低碳排放。

（1）专业竞技型体育馆需承办专业赛事，比赛空间高度需满足体育运动项目的比赛要求。一般比赛厅为单层，比赛厅周围环绕看台，看台下布置交通和辅助用房间构成竞技馆空间模式。专业竞技型体育馆建筑形体优化时需要保证比赛厅空间的完整，竞技馆比赛厅往往要求高标准的室内声、光环境控制满足比赛和演出要求，不强调自然通风采光，但应保证外围辅助用房的室内环境需求。

（2）体育综合体型体育馆由多种功能组合而成，且比赛厅需要兼顾多种功能使用。中小型体育综合体型体育馆的比赛厅一般布置在中心位置，周边围绕各类辅助用房和其他小空间。大型综合体型体育馆的比赛厅使用方式与中小型综合体型体育馆相近。因此，比赛厅规模一般不会随着总建筑面积增加而显著增大，而表现为商业、文化等其他空间的规模化，布置上与其他功能并置或在建筑一端。体育综合体型体育馆碳排放特点会较多受到其他空间性质影响，需要针对不同空间采取相应的减碳措施。

（3）全民健身型体育馆各体育运动空间无需参考专业赛事场地尺寸和工艺要求，因此空间形状尽量简单规整，净尺寸满足训练的缓冲范围和高度要求即可。建筑高度一般控制在24m以内，可根据建筑规模判断是否需要叠加多层，当用地紧张时也可设计为高层。因此，降低体形系数和空间容积是减碳的关键。

3）外围护界面优化

大面积的洞口需要大量门窗或幕墙系统，其建设成本远大于常规外墙，且控制传热系数较难。冷热辐射通过洞口进入室内会造成设备能耗增加，从而增加碳排放量。因此，优化外围护界面主要应该优化窗墙比和遮阳措施。不同遮阳构件形式在不同地区的遮阳表现不同，对综合碳排放量也有一定影响。

（1）专业竞技型体育馆比赛厅仅需满足基本的消防排烟和通风，无需大面积开窗，反而需要控制自然光对厅内环境的干扰，因此天窗和高侧窗往往需要配备自动遮阳帘。周边功能用房和训练场地宜控制窗墙比，在满足使用要求的基础上强化与外界有利的能量交换。

（2）综合体型体育馆比赛厅布置在中心时与专业竞技型体育馆相同，重点考虑小房间的窗墙比系数。体育综合体型体育馆比赛厅靠外墙布置时，降低立面窗墙比可有效降低室外环境影响，阻止内外热交换过量，节约能耗。

（3）全民健身型体育馆进深较大，运动场地长边宜临外墙来保证自然采光均匀，且利于布置运动场地。同时需要控制临外墙的边数，保证至少两个边贴临其他空间来起到保温隔热作用，设备运行时也可向周边房间传导冷/热，提高能源利用效率。全民健身型体育馆外立面除了控制传热系数和窗墙比之外，还需要注意开窗形式和朝向，如采用间接采光或北向开窗，减少眩光对体育运动的影响。

4）运行联动优化

根据使用场景设置不同的环境标准，日常开放时的温度、照度标准可低于比赛和演出。场馆举行大型活动时提前开启设备，在观众入场后可保持设备低功率运行；日常开放时设备、灯具均分区控制；采用自然通风、采光满足一般性健身和训练需求，必要时局部开启设备设施补充；优先使用风机代替或减少夏季的空调使用，优先采用暖气提高冬季制热效率和经济性。

5）材料的隐碳控制

控制建筑材料种类与用量，以及建造过程中的加工工序和材料损耗；增加木材或竹类等天然材料，减少复合板、塑料、混凝土等高碳排放输出或高度加工的材料；选择综合传热系数K值小的外墙材料和门窗产品，使建筑使用期间室内外热损失、热交替减少，从而节约能耗，降低碳排放量；增加钢材、铝材等可回收材料的比例。

6）碳固、碳汇与碳中和

应用太阳能、地热能、风能等可再生或低碳能源取代化石燃料；屋面尽可能采用绿色屋顶或上人运动屋顶，在防热保温的同时减少能源需求；通过建筑及场地上的景观植被吸收CO_2等温室气体排放，实现正负抵消，但应控制精致草坪和复杂景观设计，降低修剪维护和灌溉成本。

2．体育馆低碳空间模式

体育馆存在多种类型，且根据建筑规模和建设标准差异而产生不同的碳排放量，因此研究其低碳空间模式首先需要区分类型、规模和级别。

经3.3.1节对空间碳排放特征的解析，这里的低碳空间模式按照专业竞技型、全民健身型、体育综合体型三类展开。

体育馆的不同类型表现在功能配比的差异上，经过多年的专项研究、实践检验和自身发展演进，以上三类体育馆逐渐形成清晰的类型特点，各自具有不同的建设条件、适用人群和功能侧重。体育馆建设规模分级则综合了相关国家现行标准和政策文件，以及现有案例的建设经验，根据类型不同确定各自适合的规模分级标准，三类体育馆划分为大型、中型和小型。综合以上，具体界定如下：

1）专业竞技型

空间构成：以举办专业体育赛事为主，主要包含较高标准的比赛厅和供运动员赛前热身训练的训练厅。比赛厅、训练厅占总面积的50%以上，观众休息厅、交通、卫生间等服务空间占20%，技术、赛事、管理等附属用房占20%，其他商业服务、设备用房占约10%。

规模分级：《体育建筑设计规范》JGJ 31—2003中依照座席将体育馆分

为四级。特大型馆观众席容量为10000座以上；大型馆观众席容量为6000～10000座；中型馆观众席容量为3000～6000座；小型馆观众席容量在3000座以下。选取两个临界指标6000座和3000座，参考《城市公共体育馆建设标准》建标〔2024〕51号中按体育馆观众席规模划定的单位面积指标，可得6000座体育馆最大面积22200m²，3000座体育馆最大面积12300m²，结合经验分别取整20000m²和12000m²。

2）体育综合体型

空间构成：在体育运动基础上，加强了文化展示、商业服务等多元功能。建筑规模较小时比赛厅标准会适当降低，仅占20%～30%，各类附属用房占约10%，休息厅、交通、卫生间等服务空间占15%，其他各类休闲活动和商业服务空间占达50%。

规模分级：此处考虑近年广泛建设的中小型体育综合体，并与专业竞技型体育馆规模相差异。中型体育综合体面积在6000～10000m²之间，小型体育综合体面积小于6000m²。按照2000座和1000座的比赛厅观众席数来考虑，对应选取两个临界指标10000m²和6000m²。

3）全民健身型

空间构成：以大众的日常运动休闲为主，无专业比赛厅。各类体育运动场地空间面积占70%以上，商业、休闲活动空间占10%，门厅、交通等服务空间占10%，其他服务、设备用房占10%。

规模分级：参考《全民健身活动中心分类配置要求》GB/T 34281—2017规定，大型全民健身中心面积应大于4000m²，需提供大于五种体育活动种类；中型全民健身中心面积应为2000至4000m²，需提供大于四种体育活动种类；小型全民健身中心面积小于2000m²，需提供大于三种体育活动种类。此处对应选取两个临界指标4000m²和2000m²。

综合以上体育馆的类型特征和分级标准，结合前文对各功能空间单元的碳排放计算，经过参数优化和减碳措施应用，将碳排放强度较低的空间单元按照类型和规模重新组合，形成体育馆的六种典型低碳空间模式（图3-48、图3-49）。

图3-48　体育馆低碳空间模式的各功能占比

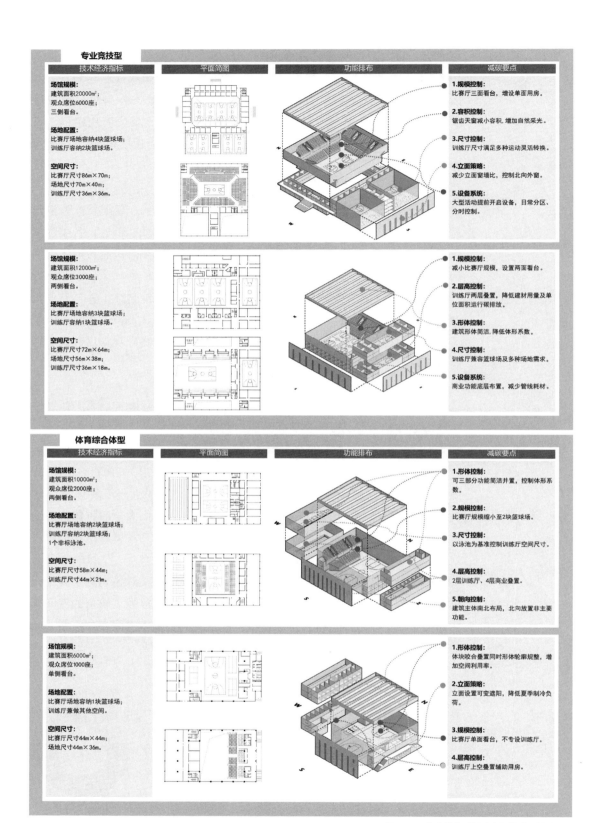

专业竞技型

技术经济指标	平面简图	功能排布	减碳要点

场馆规模:
建筑面积20000m²;
观众席位6000座;
三侧看台。

场地配置:
比赛场地容纳4块篮球场;
训练厅容纳2块篮球场。

空间尺寸:
比赛厅尺寸86m×70m;
场地尺寸70m×40m;
训练厅尺寸36m×36m。

1.规模控制:
比赛厅三面看台,增设单面用房。

2.容积控制:
锯齿天窗减小容积,增加自然采光。

3.尺寸控制:
训练厅尺寸满足多种运动灵活转换。

4.立面策略:
减少立面窗墙比,控制北向外窗。

5.设备系统:
大型活动提前开启设备,日常分区、分时控制。

场馆规模:
建筑面积12000m²;
观众席位3000座;
两侧看台。

场地配置:
比赛厅场地容纳3块篮球场;
训练厅容纳1块篮球场。

空间尺寸:
比赛厅尺寸72m×64m;
场地尺寸56m×38m;
训练厅尺寸36m×18m。

1.规模控制:
减小比赛厅规模,设置两面看台。

2.层高控制:
训练厅两层叠置,降低建材用量及单位面积运行碳排放。

3.形体控制:
建筑形体简洁,降低建筑形系数。

4.尺寸控制:
训练厅兼容篮球场及多种场地需求。

5.设备系统:
商业功能底层布置,减少管线耗材。

体育综合体型

技术经济指标	平面简图	功能排布	减碳要点

场馆规模:
建筑面积10000m²;
观众席位2000座;
两侧看台。

场地配置:
比赛厅场地容纳2块篮球场;
训练厅容纳2块篮球场;
1个非标泳池。

空间尺寸:
比赛厅尺寸58m×44m;
训练厅尺寸44m×21m。

1.形体控制:
可三部分功能简洁并置,控制体形系数。

2.规模控制:
比赛厅规模缩小至2块篮球场。

3.尺寸控制:
以泳池为基准控制训练厅空间尺寸。

4.层高控制:
2层训练厅、4层商业叠置。

5.朝向控制:
建筑主体南北布局,北向放置非主要功能。

场馆规模:
建筑面积6000m²;
观众席位1000座;
单侧看台。

场地配置:
比赛厅场地容纳1块篮球场;
训练厅兼做其他空间。

空间尺寸:
比赛厅尺寸44m×44m;
场地尺寸44m×36m。

1.形体控制:
体块咬合叠置同时形体轮廓规整,增加空间利用率。

2.立面策略:
立面设置可变遮阳,降低夏季制冷负荷。

3.规模控制:
比赛厅单面看台,不专设训练厅。

4.层高控制:
训练厅上空叠置辅助用房。

图3-49　体育馆典型低碳空间模式及控碳要点

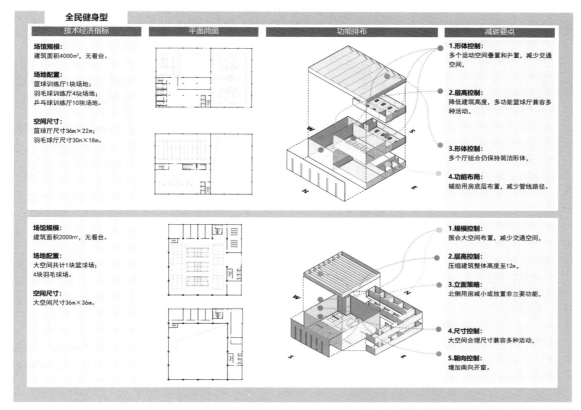

技术经济指标	平面简图	功能排布	减碳要点

场馆规模：
建筑面积4000m²，无看台。

场地配置：
篮球训练厅1块场地；
羽毛球训练厅4块场地；
乒乓球训练厅10块场地。

空间尺寸：
篮球厅尺寸36m×22m；
羽毛球厅尺寸30m×18m。

1.形体控制：
多个运动空间叠置和并置，减少交通空间。

2.层高控制：
降低建筑高度，多功能篮球厅兼容多种活动。

3.形体控制：
多个厅组合仍保持简洁形体。

4.功能布局：
辅助用房底层布置，减少管线路径。

场馆规模：
建筑面积2000m²，无看台。

场地配置：
大空间共计1块篮球场；
4块羽毛球场。

空间尺寸：
大空间尺寸36m×36m。

1.规模控制：
围合大空间布置，减少交通空间。

2.层高控制：
压缩建筑整体高度至12m。

3.立面策略：
北侧用房减小或放置非主要功能。

4.尺寸控制：
大空间合理尺寸兼容多种活动。

5.朝向控制：
增加南向开窗。

图3-49　体育馆典型低碳空间模式及控碳要点（续）

3.3.4　体育类建筑低碳设计策略

1. 体育场的低碳设计

体育场的"场"作为室外空间运行碳排放较低，减碳的关键在于降低隐含碳排放。大规模看台、天然草坪、外装饰表皮对体育场隐含碳排放影响较大。多数体育场举办大型赛事的频次低且上座率不高，而加大看台会带来上方罩棚跨度、覆盖面积和下方用房数量的陡然增加。根据2024年中国足球协会超级联赛首轮比赛的统计数据，较低的场次上座率仅有36%，较高的场次又受中国超级联赛上座率不超过80%的规定限制，8座球场平均上座率为56%。如果实际观众人数远小于设计值，空间和设施效率不能发挥，则建设投资不能得到有效回报。另一方面，当下体育场的"场"空间设计并非完全没有暖通空调设备应用。2018年平昌冬奥会承担开闭幕式的主体育场，因为天气寒冷且没有遮风的罩棚，活动期间在看台上增加了电暖气等采暖设施。反之对比多哈的炎热气候，2022年卡塔尔世界杯的8座足球体育场中7座设计了空调系统，通过座席下送风、罩棚减少热空气进入等设计措施，形成看台和场地上2m高度内的局部低温区，保障了观众和运动员的舒适性。由此可见，对室外环境的人工干涉体现了体育场未来的发展趋势，而如何在开敞空间中节能降碳将是研究和突破的重点。以下通过几个有代表性的体育场类型介绍低碳设计策略。

1）专业足球场

大连梭鱼湾足球场为63000座FIFA标准的特级专业足球场。因球场建设用材量大，看台板采用了装配式工艺，减少现浇作业难度，并提升精度和效率。外立面采用轻盈的ETFE索膜结构代替了厚重的金属幕墙体系做法，9种蓝色单层ETFE膜模拟了波光粼粼的海浪形态，发挥膜材的显色性和透光性的特点，提升了泛光照明效果。结合外立面退台造型，设置了环绕球场的2200m立体慢跑坡道，串联各层空间，带动了公众运动健身的趣味性（图3-50）。

2）综合体育场

杭州奥体博览城主体育场为80000座特大型综合体育场。由55个模块化花瓣状结构连续组合，形成包裹看台的外立面和罩棚，以柔美的"荷花"造型巧妙化解了体育场巨大的压迫性体量。花瓣造型和材料孔隙率经过CFD软件模拟优化，可以调节场内的空气流速及温度分布。在夏季盛行风环境下，看台上部的风速控制在2～3m/s，能有效带走热空气，带动场内自然通风，避免空气漩涡和流动死角，使看台整体区域温度维持在34℃左右，达到改善场内温度环境，节能降耗的目的。此外，体育场结合罩棚屋面和二层平台设置了雨水利用贮存处理系统，流程包括回收雨水、初期雨水弃留池、雨水调蓄池、过滤、清水池、消毒、变频供水设备和回用。处理后的雨水可用于绿化灌溉、道路泼洒等，收集约80000m²的雨水，年总给水量为52804m³，非传统水源实际用量为22008m³，利用率为41.68%，实现水资源的可持续利用（图3-51）。

图3-50　大连梭鱼湾足球场

3）开合网球场

体育场中应用开合屋盖技术可以兼顾自然和人工环境的优点，因而一经出现便迅速普及，依托技术创新发展出水平移动式、折叠式、翻转式、向心旋转式等多种开合方式。因跨度和赛事特点等因素，与开合屋盖结合最好的体育建筑类型应属网球场。杭州奥体博览城网球中心为带有开合屋盖的10000座网球场，延续"荷花"的造型理念，固定屋盖的钢罩棚由24片花瓣旋转复制组成，中间覆盖着由8片大悬挑花瓣构成的可开启屋盖，采用平面旋转45°的开启方式实现60m直径的开口尺寸，闭合时可覆盖整个场地。杭州夏季炎热多雨，冬季寒冷，开合屋盖可通过机械"花瓣"的自由开合调控空间热环境，减少设备采暖制冷能耗，从而适应多种温度、天气情况，以及活动需求（图3-52）。

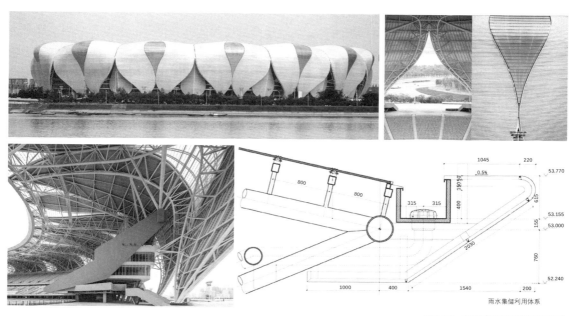

图3-51 杭州奥体博览城主体育场

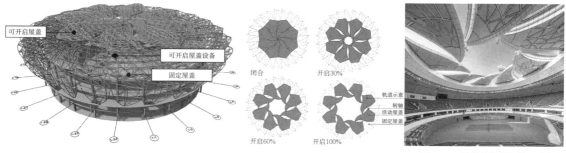

图3-52 杭州奥体博览城网球中心

2．体育馆的低碳设计

体育馆作为室内体育设施，与体育场相比，需要考虑降低运行碳排放，这也是大空间公共建筑减碳设计的难点。一方面，体育运动空间尺度大、容积大，保持或调节室内热环境难度较大，且见效慢；另一方面，体育馆的使用方式也与空调设备的运行规律相矛盾。用于大型比赛和演出使用时，体育馆人员密集的观众席需要大功率设备快速地调节温度，而无论是观众席还是比赛场地，都不能因风速过高、噪声太大引起不适或影响比赛；用于日常健身开放的低强度持续使用时，体育馆空调开启需考虑经济成本。因此，被动式技术和设计措施仍是体育馆设计中的先导，包括选择高性能建材、借用自然资源和利用可再生能源等，减少设备投入和启用，从而降低运行碳排放。以下通过三个有代表性的体育馆类型介绍低碳设计策略。

1）专业竞技型体育馆

（1）中型体育馆

武汉大学卓尔体育馆从满足多种校园体育文化活动出发，空间设计考虑了附属用房和场地的灵活转换和改造条件，以应对不同规模的集会和演出使用，并配合设计了由屋脊主天窗、屋面叠涩采光带，以及山墙高侧窗形成的自然采光体系。采用带有采光和通风调节装置的智能天窗，以适应不同使用场景之间的切换需求，使其平时不需要灯光就能满足基本教学和锻炼需求，提高室内人员舒适性，降低人工照明能耗（图3-53）。

（2）大型体育馆

福州海峡奥林匹克体育中心位于福州市。台风区的大型场馆需要着重考

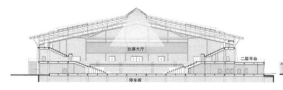
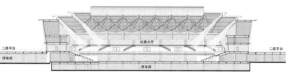

图3-53　武汉大学卓尔体育馆

虑形体适风、结构坚固和外围护材料抗风揭设计。主体育馆作为万人特大型体育馆，采用直立锁边金属屋面＋蜂窝铝饰面板的开放缝双层屋面做法，优化支座构造防止台风破坏，并且有较好的导流、隔热和降噪效果。主体育馆外立面选用聚碳酸酯板百叶幕墙代替常规的夹胶安全玻璃，既保证了通透的外观效果，提升了安全和耐久性，同时又大幅度减小材料重量（聚碳酸酯板系统计算重量35kg/m²，夹胶安全玻璃系统约120kg/m²），从而直接减少结构用钢量，节约造价及相关施工费用。在主体育馆空间设计中，将观众休息厅改为与体育场类似的半开放空间，取消空调系统，利用屋面遮阳和百叶幕墙提供休憩空间，降低能源消耗。训练馆、比赛大厅均设置电动开启天窗，节省日常运营中大量室内照明用电，同时可兼做排烟窗与消防联动，降低机械排烟设备投资和工程难度（图3-54）。

（3）冰上运动馆

乌鲁木齐冰上运动中心位于新疆乌鲁木齐市，冬季寒冷漫长。冰球馆外形顺应冬季主导西北风向，减少风雪对建筑的冲击和屋面积雪，并加大屋面南坡比例加速融雪。比赛厅和训练厅各有一块61m×30m标准冰球场，共计约3300m²的冰面面积，加上周边缓冲区，实际可用场地面积达5500m²，占建筑基地面积的72%。考虑实际，看台座席数量降至2000座，减少了平面尺寸和下部辅助用房面积。通过空间轮廓的束身优化，将空间容积降低15%，提升冰球馆的能耗效率（图3-55）。

（4）开合游泳馆

同济大学嘉定校区体育中心作为高校体育设施，灵活可变、运维节能是最重要的设计目标。游泳馆设置了一个标准50m泳池及一个25m训练池，同时开放可满足夏季使用及标准赛事需求，冬季训练池单独开放满足基本教学使用。游泳馆采用屋面与立面一体化开合钢结构设计，中间设置了两片滑动

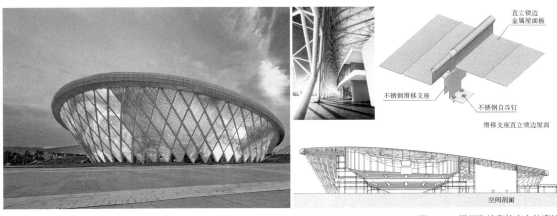

直立锁边
金属屋面板

不锈钢滑移支座
不锈钢自攻钉

滑移支座直立锁边屋面

空间剖面

图3-54　福州海峡奥体中心体育馆

屋盖，每片水平投影尺寸约48m×16m，从中间向两侧沿轨道梁水平开合，每次开合时间约7min。屋面与立面一体化的开合方式大幅提升了可开启面积，开启后转变为室外游泳池，从根本上解决了室内的通风、采光，以及气味问题，还能缓解氯离子对钢结构的腐蚀，并且营造出与室外自然环境融为一体的空间感受。泳池照明采用LED灯，两侧连续光带沿与泳道方向平行布置，采用智能照明控制，结合屋盖的开合预设多种场景模式，满足比赛、训练、娱乐等需求，全面降低建筑能耗（图3-56）。

2）全民健身型体育馆

（1）小型训练馆

渭华干部学院体育馆主要包含游泳和篮球两项运动空间，因此将两个空间竖向叠合放置，选取9m标准柱跨建立36m×36m的矩形空间。考虑建设用地寒冷多风、篮球空间需要防眩光和防球撞击等因素，采用了双层中空保温腔体外墙，利用外墙锯齿状错位形成侧窗间接采光，结合屋面三角形造型单

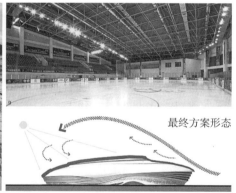

最终方案形态

图3-55　乌鲁木齐冰上运动中心冰球馆

图3-56　同济大学嘉定校区体育馆

元设置南向集热板、北向天窗，以及吹拔，通过以上低碳措施降低建筑能耗并提升室内物理环境性能（图3-57）。

（2）大型训练馆

国防科技大学智能制造学院体育馆是利用现状坡地高差在垂直维度上进行集约整合的体育训练馆，包括游泳馆、篮球训练馆、综合馆三个大空间，以及健身、咖啡吧、多功能室、办公等辅助空间。游泳馆和训练馆并置于首层，训练馆一侧与坡地相接成为覆土空间，可有效提升保温隔热性能；综合

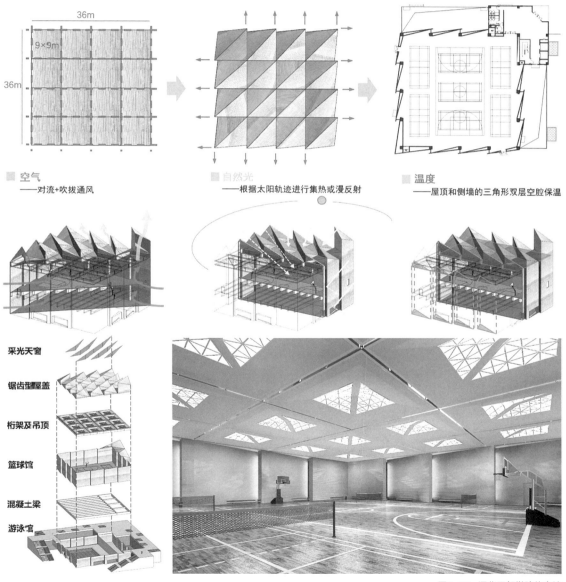

图3-57　渭华干部学院体育馆

馆在上层，主入口从训练馆屋顶平层进入，将建筑高度巧妙地定性为多层，降低了设施标准和建设成本。外圆内方的建筑造型完全源自低碳设计，没有刻意装饰。圆形屋盖、环状楼梯及披檐系统可以遮阳挡雨，减少热辐射侵入室内；各层大进深平台将室内用能空间控制到最小，并设置种植池形成立体绿化，建立调节温湿度、吸尘、固碳的有机立面；利用通风窗、通风百叶和镂空砖墙组成通风控制界面；结合游泳、运动和集会等不同使用需求调节半室外通风区域，以应对晋江夏季高温多雨、冬季干燥的气候特点（图3-58）。

（3）综合训练馆

上海崇明国家训练基地综合游泳馆是服务整个基地运动员的综合训练场馆，由游泳比赛馆、游泳训练馆、教学比赛馆、通用训练馆、轻量级训练馆，以及康复医疗馆六大空间构成。区别于传统体育馆的标志性审美价值取向，上海崇明国家训练基地综合游泳馆建筑形式回归原真，以经济合理和使用舒适为目标，不过分追求建筑形象的展示属性。其中游泳比赛馆立面长70m、高14.8m、檐口处仅5m，结构选型结合泳池和池岸的不同高度需求，采用交叉菱形网格结构屋盖，并创新性地使用了胶合木作为主要受力构件。胶合木材料本身受压强度高，与网壳杆件受力特性相吻合。同时，木结构可以避免屋盖冬季结露问题，提升空间品质和体验。游泳训练馆为25m短池，空间高度较比赛馆进一步压低。屋顶采用了单层三角形网格筒壳结构，选用铝合金作为主要受力材料，其自重仅为钢材的1/3，可以减少屋盖荷载和边界的水平推力，降低结构成本。综合游泳馆中的主要空间形式规整、结构简

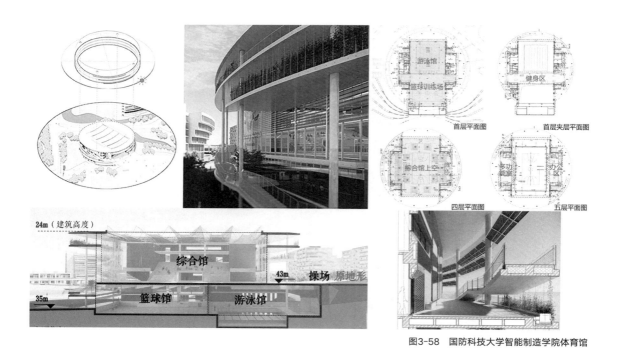

图3-58 国防科技大学智能制造学院体育馆

洁、高度经济，结合材料的选择、细部的处理、光线的引入，营造出肃穆、舒适的体育训练氛围（图3-59）。

3）体育综合体型体育馆

（1）中型体育综合体

兰州二十四城文体演艺中心仅有10000m²面积和1500座席的规模，因此以最大限度借助了空间复合和转换技术措施。核心空间比赛厅与训练厅比邻，以两道幕布控制分隔，形成观众厅与舞台的观演关系或主副场的专业比赛流程。大幕打开时，两个空间连通，通过局部升降舞台结合拼装舞台开展1500座规模的大型文艺演出，也可借助投影幕进行报告会或影片放映；大幕关闭时，两个空间可独立使用，训练厅还可调动整体移动看台、投影幕和升降舞台，形成多种200～300座的小型观演场景，作为多功能会议厅或实验剧场使用。每种使用模式均设计了相应的配套用房和出入口流线，以保障空间高效转换并独立开展。围绕核心空间在训练馆上层设置了多功能教室，周边布置了图书馆、培训教室、羽毛球厅等功能，形成多规格的空间搭配和联动（图3-60）。

（2）大型体育综合体

少荃体育中心体育馆为包含10000座甲级体育馆的大型体育综合体。出于经济集约和高效运营的目的，空间形体规则简洁，采用高效的矩形平面形式。比赛厅创新采用了"U"形看台设计，相比较同规模体育馆常用的四边看台，留出固定的高标准舞台区且不损失观众席位数，更适合演唱会、发布

图3-59　上海崇明体育训练基地综合游泳馆

147

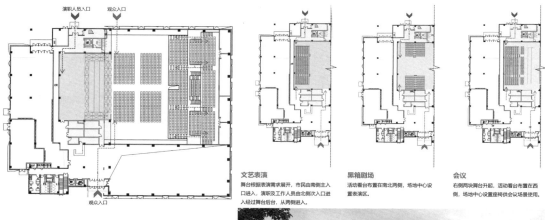

文艺表演
舞台根据表演需求展开，市民由南侧主入口进入，演职及工作人员由北侧次入口经过舞台后台，从两侧进入。

黑箱剧场
活动看台布置在南北两侧，场地中心设置表演区。

会议
右侧两块舞台升起，活动看台布置在西侧，场地中心设置座椅供会议场景使用。

图3-60 兰州二十四城文体演艺中心

会等演出场景使用。比赛厅配备了可升降幕布，方便根据不同观众和活动规模调节使用空间范围，避免设施浪费并保证空间观演氛围。比赛厅还设置了全高度可升降端屏，屋面钢结构预留演艺吊挂荷载，地面预留货运通行荷载，增设了内场观众入口门厅、内场观众专用卫生间、化妆间、可移动隔墙等设施，为后期运营提供更多可能性和便捷条件（图3-61）。

（3）特大型体育综合体

深圳光明科学城体育中心总建筑面积11.53万m²，占地面积5.25万m²，是深圳北部中心承载体育赛事、体育集训、观演展示和商业服务的重要城市综合体。为应对开发强度大且用地形状不规则的问题，设计以水平融合、垂直叠置的布局模式提供了集约的室内空间布局和开放的室外生态景观：将体育馆与热身场地叠加、综合馆与运动员公寓组合，在有限的用地空间内尽可能提供更多的地面活动、开放共享的交流空间；下沉的体育配套和凹转的公寓用房退让出大面积的地面绿化，起伏的平台草坡结合流动的建筑形态形成多标高的立体绿化；多处开洞的形体与内凹幕墙构成利于导热的天然风廊，外凸的形体与出挑的观景平台遮蔽底层商业的玻璃幕墙，降低热辐射侵入及室内外热传递速率（图3-62）。

图3-61 合肥少荃体育馆

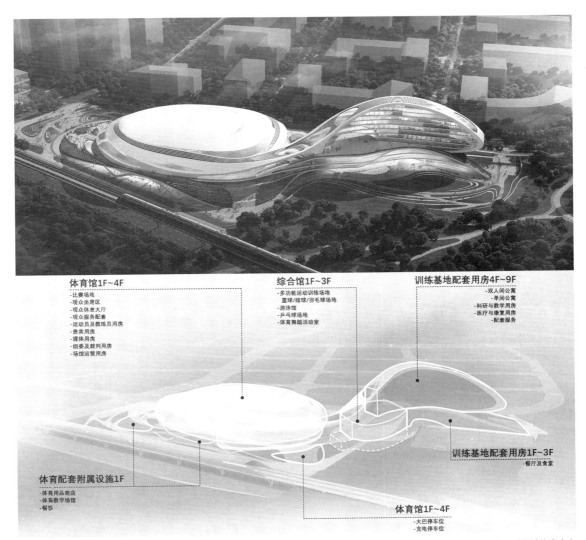

体育馆1F~4F
-比赛场地
-观众坐席区
-观众休息大厅
-观众服务配套
-运动员及教练员用房
-贵宾用房
-媒体用房
-组委及裁判用房
-场馆运营用房

综合馆1F~3F
-多功能运动训练场地
 篮球/排球/羽毛球场地
-游泳馆
-乒乓球场地
-体育舞蹈活动室

训练基地配套用房4F~9F
-双人间公寓
-单间公寓
-科研与教学用房
-医疗与康复用房
-配套服务

训练基地配套用房1F~3F
-餐厅及食堂

体育配套附属设施1F
-体育用品商店
-体育教学场馆
-餐饮

体育馆1F~4F
-大巴停车位
-充电停车位

图3-62 深圳光明科学城体育中心

3.4.1 文化类建筑低碳设计流程

文化建筑设计中的碳排放估算与优化，可依托建筑设计任务，定性、定位、定量并构型前期工作目标，并随设计深入而分解为以下四个阶段的任务：建筑碳源预判、建筑碳排放强度甄别、建筑碳排放调平与建筑碳排放精控（图3-63）。配合常规设计任务阶段，具体工作流程建议如下：

1. 设计挖潜阶段：理解文化类建筑基本构成，建立与建筑外部环境交互关系，开展资源挖潜

本质上来讲建筑设计是设计者从自然或城市环境中界定、营建出一个人工环境。文化类建筑一般处于城市秩序的核心与关键位置，既要面对气候、地域等自然条件，又要面对城市、区位、地形塑造的人文秩序关系与微气候环境，还要通过建筑本体，积极经营城市区域、地段、场所的形态秩序。因此，对于文化类建筑而言，明晰的上位条件与设计定位是决定性前提。首先，明确外部环境条件与资源约束信息；其次，分析将要营建的人工系统的影响与运行机制；再次，选择外部环境条件下建筑环境控制系统的技术思路，判断技术体系的科学规律要点；最后，比选系统模式，使其内部的结构巧妙对应外部环境类型。

维持人工环境系统运转的能源类型是控制建筑碳排放的关键因素之一，其同时也受到自然环境资源及建筑所处场地市政条件、建设经济可行性等建

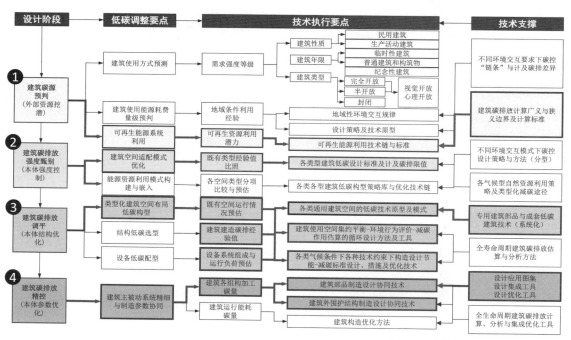

图3-63 文体建筑可依托的低碳设计流程

设上位因素的制约。设计之初重在认识建筑碳排放源类型的三类技术条件并找到互相耦合的技术路线，对比既有空间类型，判定其碳排放基准，围绕使用需求、地域生态经验、再生能源系统开展优化，即释放建筑系统的碳排放控制"潜力"。

只有摸清建筑定位才能选择可能的成熟建筑模式，明确建筑设计的等级、性质等具体目标。这一阶段建筑设计研究工作的核心是基于地域通用的环境科学策略和经验模式模型，细化各类技术思路中可控、可行的关键设计要点与对应指标，找到合适的设计策略与模式，将自然与外部条件转化为应用资源的设计方法。在系统层面对可预见的建筑碳源进行预处理，明确碳源系统组成，提高建筑运行效率，为嵌入适宜的技术提供基础。其目标可概括为碳源强度优化，包含三类基本碳排放控制任务：1）通过建筑标准明晰建筑类型、年限等需求底线；2）优选并应用符合地域环境交互的建筑模式、设计策略及技术原型；3）优化资源及可再生能源利用，以消除、降低或者转化不必要及可优化的建筑碳排放（图3-64）。

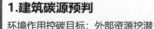

图3-64　文体建筑设计挖潜阶段低碳设计要点

2．设计控制阶段：理解文化类建筑本体碳排放结构，通过组构模式开展碳排放优化控制与调整

文化类建筑的环境资源情况与建筑系统框架一旦确定，建筑-环境的交互作用方式、建造过程的碳排放分别通过设备系统与工业制造系统分化为不同强度等级。设计者可以应用第2章的方法，通过既有类型经验值比照各空间类型分项预估，通过"选""组"调"用"四类动作开展针对性的系统优化。建筑系统优化主要引导建筑布局模式、对应性环境交互模式、工业化制造体系与系统方案三类经验来影响建筑的碳排放强度，确定碳排放具体目标的分解方式（图3-65）。建筑设计研究主要是对各种既有空间模式及对应技术两个层面开展系统优化的低碳设计创新，包括组构本身与系统整体的环境交互方式所对应的碳排放强度。因此，明确文化类建筑各部分碳排放的基准、重点、难点与技术应用思路，估算论证并嵌入适宜的技术，同时依赖设计手段、手法的创新与应用，才能实现设计控制阶段碳排放优化控制与调整。

2. 建筑碳排放强度甄别	2-A需求结构控制　　→空间需求及能源耗费量级	新
建筑本体控碳目标：本体需求控制	2-B可再生资源嵌入　→可再生能源系统	**参照强度**
	2-C地域生态模式升级 →环境交互优化模型	

图3-65　文体建筑设计控制阶段低碳设计要点

3．设计协同阶段：对文化类建筑本体系统分步落实与设计创新优化

在文化类建筑的设计中，多元系统类型与多样组构集成是低碳的前提，不宜也难以采用单一的"冰箱式"技术模式。建筑设计的组合规则是系统效率提升的必须环节，也自然成为系统控碳的重点。建筑设计的过程是在既有的相似建筑本体研究基础上，以原型设计为引导，对其适配性开展设计工作的过程。通过简易空间结构模型开展建筑构型论证，根据关键需求和矛盾对建筑部品与技术体系的匹配效率开展创新，对建筑界面形式与组构组合模式两方面开展具体技术验证。

针对文物建筑、历史建筑、历史街区等建筑类型的低碳保护更新，可延伸至基于循环利用视角的全生命周期建筑碳排放估算与分析，还应注意房间组合上的局部与系统之间的平衡（图3-66）。

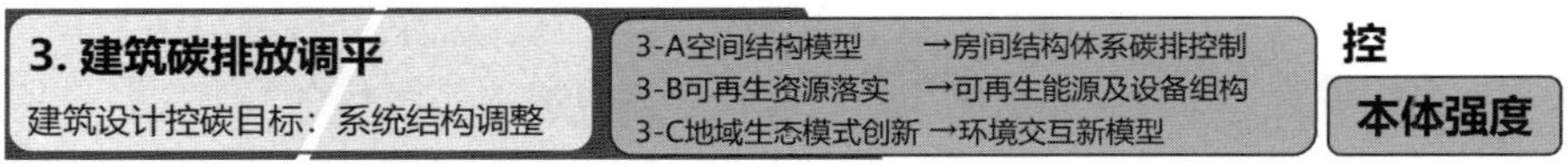

3. 建筑碳排放调平	3-A空间结构模型 → 房间结构体系碳排控制	**控**
建筑设计控碳目标：系统结构调整	3-B可再生资源落实 → 可再生能源及设备组构	**本体强度**
	3-C地域生态模式创新 → 环境交互新模型	

图3-66 文体建筑设计协同阶段低碳设计要点

4．设计集成阶段：文化类建筑本体整合与细部参数优化

文化类建筑低碳目标的实现，往往受到工程现实中局部因素的干扰，如加工制备运输条件、设计周期、成本工艺等，设计工作需要全面保证人工系统的整体技术完备性与可靠性。因此，碳排放清单中涉及的建筑设计所有选用产品都有对应的技术支撑标准，均要落实其操作的可行性。对于文化类建筑而言，围护结构设计应该是形象、品质、性能控制的关键，也是各种传统模式、保护方式、空间场所语言模式的复合环节。建筑各类系统的连接与协同需要大量的优化设计，也可结合参数化工具开展细节优化。这就需要持续深挖材料部品的控碳潜力，并且强化系统运转的可靠性与优势，还要特别注意避免因局部导致的系统失衡，进而实现碳控从估算转向实时计算与动态平衡（图3-67）。

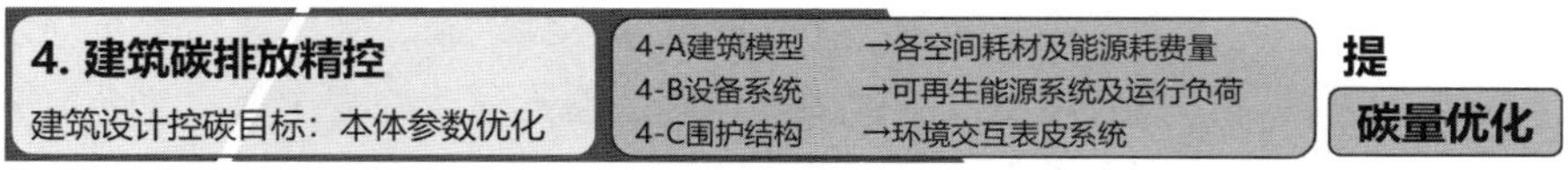

4. 建筑碳排放精控	4-A建筑模型 → 各空间耗材及能源耗费量	**提**
建筑设计控碳目标：本体参数优化	4-B设备系统 → 可再生能源系统及运行负荷	**碳量优化**
	4-C围护结构 → 环境交互表皮系统	

图3-67 文体建筑设计集成阶段低碳设计要点

3.4.2 体育类建筑低碳设计流程

体育类建筑低碳设计流程分为概念方案阶段、设计深化阶段、设计优化阶段三个阶段，每个阶段分别采用快速估算、软件计算和应用策略及技术等

方法，对碳排放程度进行监控和优化（图3-68）。同时，应用各类碳排放评定标准，分两个维度对各阶段的减碳效果进行检验：横向维度判断单项指标的节能减排效果；纵向维度对建筑全生命周期减碳能效综合结果进行评级。最终判定体育馆低碳设计合格与否：进一步深入研究合格的减碳策略，进而推广普及；弥补不合格的策略应用的缺失与不足，力求达到合格程度。

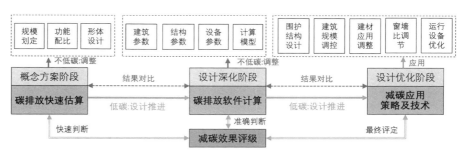

图3-68 体育建筑低碳设计流程

具体分为以下四个步骤：

1．概念方案阶段——碳排放快速估算

考虑综合因素后对建筑规模进行判断，依据任务书对建筑规模进行基本划定，推敲功能配比、面积分配、形体设计、基础平面图等前期设计基本要素。完成功能配比、面积分配、建筑层高、基本模型绘制等准备工作。通过基础数据与碳排放软件进行联动，放置基本模型，输入建筑面积、高度、结构类型、使用年限等建筑概况数据。处理运行能源、废弃物、碳汇等基本数据，对初步设计碳排放量进行快速估算。

2．设计深化阶段——碳排放软件计算

通过软件模拟可大体明确建筑的年碳排放量数据，依据《建筑节能与可再生能源利用通用规范》GB 55015—2021，提出是否在使用基本减碳策略后，以碳排放强度降低$10.5kgCO_2/（m^2 \cdot a）$为基准，进行前期建筑碳排放是否合格的快速判断。建筑碳排放量不合格则返回初步方案，调整功能、形体等要素，合格则对建筑全生命周期节能减排进行下一步探索研究。

3．设计优化阶段——减碳应用策略及技术

进行建筑减碳是否合格的前期基本判断后，可进行进一步低碳设计，采用建筑全生命周期的低碳设计策略及技术，对建筑建造、运行、拆除、回收各阶段的低碳设计手法进行细致研究，综合相加可得到较为理想的低碳设计方案。

4．减碳效果评级——各阶段检验

在低碳策略及技术研究后，对建筑碳排放有了较为详细的计算过程，下一步可对得到的精细化减碳模型能效结果进行评级。我国现行国家标准《零碳建筑技术标准》GB 51350对建筑节能标准进行最新分级，对照原有标准，实现65%～72%节能区间则为超低能耗建筑（低碳建筑）。在评级区间之内的体育馆，可判断为合理使用低碳策略的低碳体育馆。同时，低碳设计的精细化计算结果应与建筑初步快速估算相结合。在设计初期，使用者仅需输入简单数据，无需复杂的低碳策略应用步骤，即可判断方案是否低碳合理。另外，若节能减排能效在65%以下，则判断为节能效果较差的体育馆，应返回低碳设计策略阶段重新调整。

3.5

文体建筑碳排放控制原理与优化路径

3.5.1　文体建筑碳排放控制原理

文体建筑的设计决策可上追溯至建筑产业上游的建筑材料、部品加工、制造运输等建造体系，下追溯至建筑拆解后材料的社会循环过程。建筑全生命周期碳排放计算覆盖面广、内容细，牵涉的建筑技术系统多，关联上下游的相关产业多。因此，文体建筑设计相较于一般建筑，其定性、定位及潜在社会意义差异较大，整体预期高，故低碳设计技术体系应围绕拟建建筑的使用目标定位，开展文体建筑系统源头优化。

其应从以下两个方面重点着手：文体活动空间需求的准确回应与模式优化；文体建筑使用天然能源系统与能源品类优化。这两方面工作可基于目前行业标准对应的技术体系，侧重于建筑所在地域的气候资源条件，建筑所在地段的地形、地貌、城市、能源供给资源条件，以及应用对象的情况开展详细的设计优化。

同时，在重要的文体建筑设计研究中，因新结构、新设备、新构造、新技术的示范应用，与实验反复、定制、工期、工效而出现的碳增，应专项说明、分开计量，并对比示范应用的效果提升，以便区分通用技术与创新技术的碳控逻辑差异。

3.5.2　文体建筑碳排放优化路径

要实现文体建筑的低碳设计，重点是伴随文体建筑全生命周期的所有决策进行碳排放控制，系统开展有技术分层的整链条优化碳控技术，伴随建筑设计阶段，采用全流程优化技术路线，完成具体低碳技术植入（图3-69）。

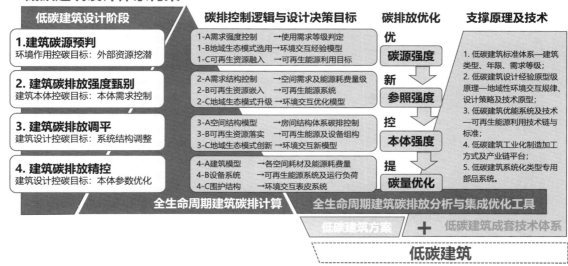

图3-69　设计视角下的建筑系统碳排放优化技术逻辑及技术体系

一般来讲，文体建筑的技术系统与空间秩序的协同是需要在设计过程中循环验证的。要实现控碳目标，每一个局部指标的减小都需要权衡，以平衡整体系统，而其平衡范围常常并不稳定。[①]这也是目前计算性设计中多目标优化工具和各种算法关注但尚未完全解决的设计难点。

各类型文体建筑组构差异大、要求不同，对应的环境条件与要求也比一般建筑复杂。相较于整体系统，较为独立的组构拆解有助于显化低碳与空间塑造之间的主要矛盾。在设计中要重视构型前期的组构拆解、模式选择与技术方案协同，并充分了解组构的碳排放强度与控制路径。在后期的组构细化过程中，则可依赖较为成熟的计算工具优化细节与完成度。

① "从建筑技术角度，特别是适应于建筑设计的角度，技术专家总期望研究开发一些普遍适用、能够大面积推广的技术和产品，但事实上这是相当困难的。每一种可以节约建筑的能源消耗的技术和产品，都有其适用前提和范围。"——《所有建筑走向绿色是历史的必然》

第4章 文体建筑控碳设计技术

模块12
建筑减量化设计控碳技术

- ● 减量可行性
- ● 功能复合减碳
- ● 空间冗余优化
- ● 建筑组构优化

减量可行性判定
设计前期决策分析

空间冗余
建造系统冗余
组合缓冲区

前区功能并置
中区功能并置
后区功能并置

模块13
建筑轻量化设计控碳技术

- ● 建筑轻量概念
- ● 轻质材料
- ● 结构性能优化减重
- ▲ 轻量化木/钢构系统
- ▲ 轻量化预制装配系统

轻量建筑
轻量化设计
轻量实现路径

纸材料
膜材
塑料
碳纤维

结构选型
模拟分析优化
拓扑优化

木/钢构系统分类
木/钢减碳优势
木/钢轻量化实例

预制装配系统分类
集成度与低碳
轻量化装配体系减碳手段

模块14
建筑节能设计碳控技术

- ● 低碳设计与节能技术概念
- ● 被动式节能技术与碳排控制
- ● 文体建筑一体化设计

建筑被动式节能控碳
建筑节能技术碳控

节能技术低碳转换
整体被动房技术体系
"节能"与气候条件

节能一体化设计
用能优化一体化设计

模块15
建筑长寿长效化设计碳控技术

- ● 文体建筑寿命标准与分级
- ● 使用品质/目标分级降碳
- ● 建筑更新的碳排放
- ● 改建/保护/再利用的碳排

建筑使用寿命
影响建筑寿命的因素

延长建筑寿命的目标
文体建筑性能提升目标
碳排放分类与降碳措施

更新中的碳排放环节
更新中的降碳措施
更新改造降碳案例

保护利用中的节能节碳
更新改造的设计模式

模块16
建筑全生命周期过程碳排放控制与设计协同

- ● 需求底线与系统效率
- ● 设计创新与控制碳排协同
- ■ 文体建筑低碳设计创新与技术体系

复合式文体建筑新构型模式
多义围护结构
复合功能空间

建筑决策技术阶段及关键环节
全生命周期减碳与低碳设计逻辑图解
低碳设计与绿色建筑建筑体系的融合
地域建筑营建中环境交互循环利用体系

● 知识点。与设计任务训练技能掌握目标结合。
▲ 自学知识点。无需直接考察。
■ 拓展知识点。引导创新思考、应用与知识生产。

本章内容导引

1. **学习目标**

分类跟踪低碳设计技术思路。

主动了解与优化文体建筑设计构型阶段涉及的具体应用技术内涵与综合控碳效果。

提示与启发学生从文体建筑本体的技术体系角度优化设计与认识技术发展趋势。

2. **课程内容设计（4～6学时）**

结合技术案例讲解，以专题方式用少量课时讲解基本相关技术概念及其体系逻辑，建议学习目标可合并在设计过程中考察，应用本教材作为手册索引或参考指导。

3. **本章主题提示**

文体建筑空间绩效优化碳排放控制技术是什么？

文体建筑结构系统优化碳排放控制技术是什么？

4. **引导问题**

低碳文体建筑设计的新模式、新方法、新技术是什么？

5. **思考问题**

设计前、中、后期使用的低碳技术有何本质差异？

文体建筑设计采用的技术体系直接对应建筑碳排放水平吗？

设计的节益碳排放大致会牵涉到哪些设计技术环节？

文体建筑再利用的碳排放控制应用技术难点是什么？

目前，按照行业技术工作标准，所有公共建筑碳排放分析报告应予以公示，接受公众监督。除了严格按照标准准确计量，低碳设计还包括对不同层面技术的实验、试验与经验迭代。

从宏观行业技术角度来看，建筑材料、建造技术的工业化能够全面促进空间生产与使用绩效。未来建筑行业低碳化发展内在的技术引擎必然来自对工业体系的技术应用。

前沿链接：建筑工业化低碳技术体系前沿探索与文体建筑低碳设计技术

图4-1的Diogene（第欧根尼）低碳居住单元，由皮亚诺受维特拉委托在2013年设计建造，仅有2.5m×3.0m的空间，被称为"维特拉史上最小的建筑——却是最大的产品"。伦佐·皮亚诺的设计灵感来自一个他从学生时代开始就一直构思的想法：能满足一个人生活起居的最小空间是怎么样的？约10年前，他又回归到这个主题上，构思了一个迷你空间的雏形，并取名为"第欧根尼"，其名称来源于古希腊的哲学家西诺普的第欧根尼，据说他曾在水桶中生活过。

图4-1：这个小单位建筑，更接近工业产品，像一个类似汽车的装置，但功能是用来居住。这个建造方式下，单位空间面积的物料密度高于一般建筑，生产建造部分的碳排放主要取决于工业化建材、部品等碳排放控制水平及技术。同时，运行能耗可以为零（运行能自给自足），运行中可以产能支持或者能耗反哺其他耗能系统（可以计为负碳或者抵消折减平衡本身碳排放导致的环境影响负担），水资源自然维持或者控制为最小，拆解后也融入整体制造业的大循环中。

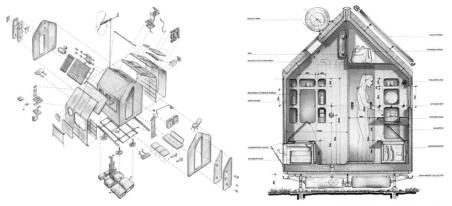

图4-1　Diogene低碳居住单元，皮亚诺，2013

相较而言，与基于极致身体空间容量的居住空间单元低碳转化途径不同，大量的文体建筑设计在未来相当长的时间内仍将属于典型的社会"不动产"，必然遵循社会"文化物"的一般凝结过程，具有较强烈文化载体的预期。故不能简单粗暴地以"生活空间装置"类比，并将设计过程与质量分解为功能与性能的平衡过程。因而，文体建筑设计往往必须面对多元的空间场所体验预期，以承载多样社会公共行为，而产生较为复杂的综合整体价值增益，超越基本功能性。当前，文体建筑的低碳设计仍处于工业化技术体系转型阶段背景中。大部分文体建筑设计中必然保有较大的空间冗余，一方面主体活动空间对应的不同技术定式、原型；另一方面在面对不同的地域气候资源、多样化的项目目标与场地条件时，文体建筑设计必然还有相当多的定制性内容，未来相当长的一段时间内仍会处于不完全工业化状态。文体建筑因微观的场地、地形、规模等级、空间行为、形态艺术创意等设计创作目标愿景差异，各组构之间也处于多元化、不平均的建造工业化水平。

因此，在面向低碳的文体建筑设计整体流程中，建筑设计者要主动用驱动整体技术链条来回应挑战。包括在建筑需求源头减量控碳、技术本体转型轻量减负控碳、运行节能、本体价值提升延寿与再利用提升，以及综合协同五方面的建筑设计减碳技术。

4.1 建筑减量化设计控碳技术

依据建筑由需求驱动的设计原理，要落实文体建筑低碳设计目标，首先应在分辨既定需求下核减不必要的建筑量。从前文认识梳理可以明确，总体减量，转换、替代强碳技术宏观模式，减少设备系统复杂度的三类策略必然具有明确有效减碳效益。在建筑计划阶段、任务书阶段、技术设计阶段，均需要开展技术比对、选择及模式应用判定，落实优化建筑碳源。

4.1.1 减量可行性判定设计思维与工作环节

1．减量可行性判定的技术工作阶段及作用环节

建设项目可行性研究报告、建筑方案和初步设计均应包含建筑能耗、可再生能源利用及建筑碳排放分析报告。目前，设计者大多会参与项目前期阶段工作，配合文化体育行政管理机构，在建筑策划期、立项期、方案前期，开展项目减量潜力预判。并主动论证项目的合理定位及其具体的需求清单，前置理解各类文体建筑各组构的一般构型规律，对建筑空间组成展开方案阶段论证，通过建筑空间的形式、组成、秩序实现较明显的质、量预期科学精准调整。

具体而言，应如何落实减量可行性判定的设计思维与工作方法？从减小建筑规模角度来讲，包括空间规模减量、缩减强碳排放技术空间占比两类工作。从增加建筑环境系统有序度角度分析，通过改善与提升空间组构系统架构与技术方案类型可以减少保障空间热舒适的设备系统的复杂程度与负担。因此，构架性开展设计研究，预设和创新采用一些应用手法，是实现后期碳减的前置工作。

2．设计前期决策分析可展开的减量研究

对于各类文体建筑，构型的具体技术方案伴随规划选址、立项而逐渐明确。首先，应通过区位、性质、规模三方面资源条件分析，确定合适的建筑建设定位与建筑等级，明确功能约束主导下的构型要求（图4-2）。

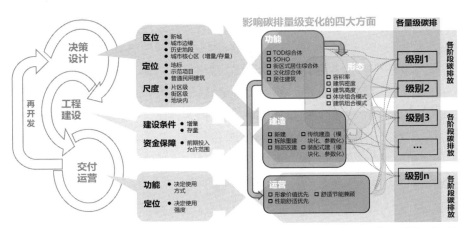

图4-2 文体建筑项目开发前提对建筑碳排放水平的影响

对于文体各类型建筑，综合成熟的通用建筑模式内嵌的技术逻辑，无法直接通过形态构思直接突破，大量技术层面措施碳减的作用也往往较为模糊。因文体建筑受文化社会审美习惯等因素影响较多，设计方案构型主观性较强，容易受形式导向的惯性认识影响。此阶段通过对场地条件与用房组构关系上的调整可改变建筑交通连接用房形式与基本量、主要功能组构与主体空间量。根据既有原型的一般构型规律，设计者需摸清理解必要的碳源构成、来源及强度，表4-1列出了文体建筑空间碳源判别及优化参考策略，可用来审检建筑项目中空间设定的综合目标、活动等级与规模控制等要求的准确性、控碳潜力与可能技术途径。

文体建筑碳源识别与减量优化策略分化 表4-1

类别	空间组构原型及所属类型		碳源需求控碳特征	定性约束与定量标准	环境影响水平降低途径与本体边界减碳潜力
主体空间单元	观演厅	高大封闭	物料碳一次投入同比高；运行碳排放与活动量成正比	城市范围考量定性定位；演出频次、档次与影响；地方特色文化活动	提高适用性-适配会议、演出等城市公共活动，提高市场收益；复合多效利用；等级、类型、原型优化；设备系统优化；0～5%
	比赛厅	高大完整		比赛频次、档次与影响；地方体育特色活动	转化为赛后利用；等级、类型、原型创新；设备系统优化；0～15%

类别	空间组构原型及所属类型		碳源需求控碳特征	定性约束与定量标准	环境影响水平降低途径与本体边界减碳潜力
主体空间单元	展览厅及廊	高大连续，空间规模单元可调	物料碳基准高；运行碳排放高	展览观看空间规律约束强；空间特色要求；单元规模可迭代优化；单元原型技术原型可优化	可调适房间规模；组构构型变化多；厅、庭、腔可介入；空间兼用可能性高；设备系统优化；0～15%
	阅览室及廊	典型三种组构类型	物料碳控差异大；对应运行碳排放水平高，数值固定	可连续，可串接，可开放	组构结构及构型变化多；厅、庭、腔可介入；自然系统交互设计优化作用大；0～50%
	教室及廊	基础房间分隔清晰	物料控碳有限；运行碳排放固定	空间几何特征规律强；空间原型通用；组构类型、模式固定	组构构型形式结构较固定，构型设计变化多；厅、庭、腔可介入；自然系统交互设计优化作用明显；0～35%
从属空间单元	前序门厅	边界模糊	物料控碳明显；运行碳排放高	空间闲置比例高，仪式作用强	气候缓冲效应碳控优化；兼用、复合可能性高；0～80%
	排练厅	高大空间	物料控碳明显；运行碳排放基准固定	空间闲置时长长，设备一次投入绩效低	使用模式与预期调整；兼用、复合可能性高；（组构原型）围护结构技术逻辑优化作用明显；0～80%
	训练厅	高大空间	物料控碳明显；运行碳排放基准固定	空间闲置时长长，设备一次投入绩效低	使用模式与预期调整；兼用、复合可能性高；（组构原型）围护结构技术逻辑优化作用明显；0～80%
附属空间单元	交通性连接用房（廊、公共空间、节点空间）	边界、范围、形式变化多	物料控碳差异明显；运行碳排放基准变化大	空间设计主导作用强	量率绩效提升作用明显；组合组构结构及构型变化多，缓冲作用明显；对建筑系统整体影响作用范围广，作用明显；0～100%
	会议传播用房	高大空间	物料碳控明显；运行碳排放高	空间闲置时长长，设备一次投入绩效低	可调适房间规模；等级、类型、原型优化；设备系统优化；自然系统设计作用明显；0～50%
	办公类用房	常规空间	物料碳控固定；运行碳排放基准通用	通用技术集成途径清晰空间组合绩效差异明显	组构结构及构型变化多；组合缓冲作用明显；自然系统设计作用大；0～25%
	业务房、库	常规空间：空间环境物理参数有要求	物料碳控固定；运行碳排放基准通用	专用技术集成要求具体空间组合绩效差异明显	组构结构及构型变化多；组合缓冲作用明显；自然系统设计作用大；0～25%
	后勤房、库	常规空间：位置边缘，空间环境标准要求可以降低	物料碳控固定；运行碳排放基准通用	本体难优化可辅助优化	支撑建筑整体系统优化；自然系统设计作用大；0～15%
建筑组构	交通核	常规空间：几何约束精细	物料碳控固定；运行碳排放基准通用	优化难度高	结构、空间秩序一体化；0～5%
	卫生间	常规空间：设施逻辑约束强几何约束精细	物料碳控固定；运行碳排放基准通用	优化难度高	原型部品优化；空间秩序一体化；0～2%

4.1.2　基于建筑综合功能的减量优化设计手法分析

文体建筑中文化馆、图书馆、博物馆三类建筑都有较多重复性的中等体量空间群，如用于展览活动的展厅，用于教育、培训的阅览室/教室，用于文艺排演的排演厅/报告厅等，各自在各类型系统中使用目标差异大，即要求不同文化馆以排演、上课为主，图书馆以开架阅览为主，博物馆以展示为主。但三种类型建筑在文化休闲活动发展中出现了复合、叠加的整合趋势，在构型演化中出现了新兴的复合型文化综合空间组构模式。复合、兼用可实现高频、高效空间使用绩效，提高场所活力与多样自由的场所，可以实现通过复合、兼用、减量而实现建筑碳源控制，设计者可参考图4-3开展碳源各种可能合并、复合潜力分析。

在文化类建筑新城市公共文化综合体类型设计中，建筑由多种文化功能重组整合，每个单一功能类型的文化建筑都有其独立的功能体系。城市公共文化综合体的功能集约并置不宜生硬地沿袭单一场馆的设计既有经典原型，空间规模不能简单堆叠各类场馆，需通过模式拆解为合理、集约的多功能组构。这一重组的过程需打破各部分功能原有的独立性，根据组构类型构型思维，转化为前、中、后三个部分"建筑分区"（图4-4），进一步在确保各功能单元良好运营的情况下，对三部分进一步集约复合，通过空间减量、变形实现碳源减量优化。

	展览 （展厅）	教育研究 （阅览室/教室）	文艺排演 （观演厅/报告厅）
文化馆			
图书馆			
博物馆			

图4-3　文化馆、图书馆、博物馆同质空间分析

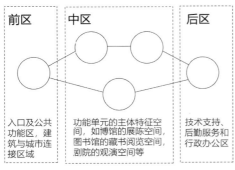

图4-4　功能单元构成图示

前区
入口及公共功能区，建筑与城市连接区域

中区
功能单元的主体特征空间，如博馆的展陈空间，图书馆的藏书阅览空间，剧院的观演空间等

后区
技术支持、后勤服务和行政办公区

1．前区功能并置

前区功能由室外入口空间和室内门厅等空间组成，具有较强的开放性和交通属性，其并置方式可分为两种情形：

一是入口室外空间并置，即整合形成入口共享广场，通过广场完成各个功能单元的空间联系与交通疏散，并作为共同的应急避难场所。此类并置常见于分散式的文化综合体，例如北川羌族自治县文化中心将图书馆、博物馆、文化馆三大功能模块通过入口处的广场与水院形成连接，形成内外融合的场所环境。

二是室内门厅等公共空间并置，例如南通公共文化中心包含图书馆、档案馆、文化馆，以及观影厅，采取集中式布局形式，通过公共大厅串联所有功能模块，形成中心放射状流线串接各部分功能的总体空间格局（表4-2）。

162

前区功能并置模式 表4-2

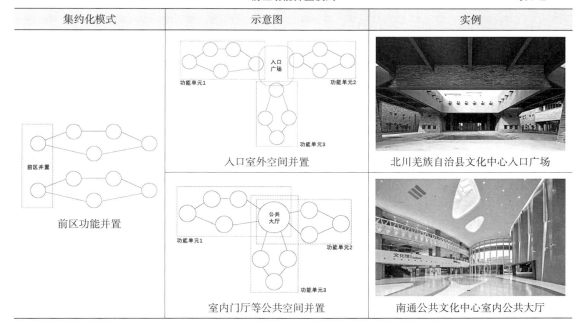

集约化模式	示意图	实例
前区功能并置	入口室外空间并置	北川羌族自治县文化中心入口广场
	室内门厅等公共空间并置	南通公共文化中心室内公共大厅

2．中区功能并置

中区指各文化功能的主体使用空间，通常具有专业化、专门化的空间属性。通过对中区功能的并置，实现综合体核心功能的集约化设计。中区功能的并置一方面削弱了馆际区分度，增强了馆际间的内在联系；另一方面降低了核心空间的闲置率。其并置方式主要有以下两种形式：一是室内使用功能集约并置，如甘南州博物馆（复合了科技馆和规划馆）将博物馆展厅与科技馆展厅相连，简化观展流线的同时，加强了馆际间交流；二是室外场地并置，例如淮安四馆在文化馆和美术馆之间设置了可供室外布展的场地，实现了馆际间的室外场地共享（表4-3）。

3．后区功能并置

后区指各文化功能单元的后勤辅助空间，通过对行政管理用房的集中设置以及技术设备空间的灵活组合，实现同性质流线的合并，减少对公共流线的干扰，如展览类、观演类功能所需的卸货区，各功能模块包含的办公用房等。后区功能的并置主要有以下两种形式：一是水平方向集中并置，将综合体的后区集中设置于同层，避免与其他层的使用功能干扰；二是竖直方向集中并置，采取水平分区的划分方式，后区只占有其中的一部分，通过竖向交通联系。后区功能的并置，使得各功能单元后区无需进行独立设计，方便了馆际间的交流办公，有利于提高综合体运营效率（表4-4）。

中区功能并置模式　　　　　　　　　　　　　　　　　　　　　表4-3

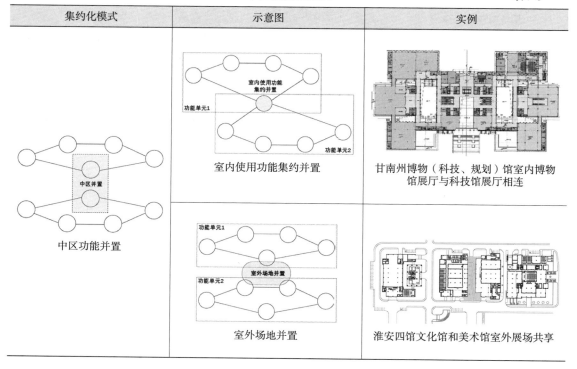

集约化模式	示意图	实例
中区功能并置	室内使用功能集约并置	甘南州博物（科技、规划）馆室内博物馆展厅与科技馆展厅相连
	室外场地并置	淮安四馆文化馆和美术馆室外展场共享

后区功能并置模式　　　　　　　　　　　　　　　　　　　　　表4-4

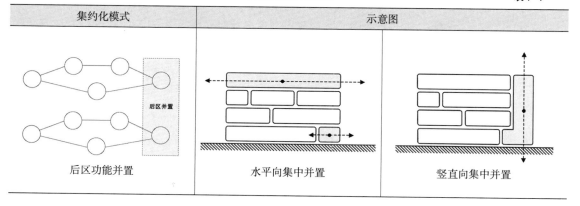

集约化模式	示意图
后区功能并置	水平向集中并置　　　竖直向集中并置

　　　大厂民族文化宫位于河北省廊坊的大厂回族自治县内，是以博览和观演为主要功能的复合型文化综合体，功能包括剧场、展览、会议、社区中心等，总建筑面积34972m²。建筑采用前区功能并置的方式，将室内门厅等公共空间并置，围绕中心封闭的、高大的"堂"环绕布局，四周采用"廊"串接不同功能用途、不同大小、不同高度的"厅""房"的空间。堂、厅、廊、房、库的占比分别是36%、14%、7%、37%、2%（图4-5）。

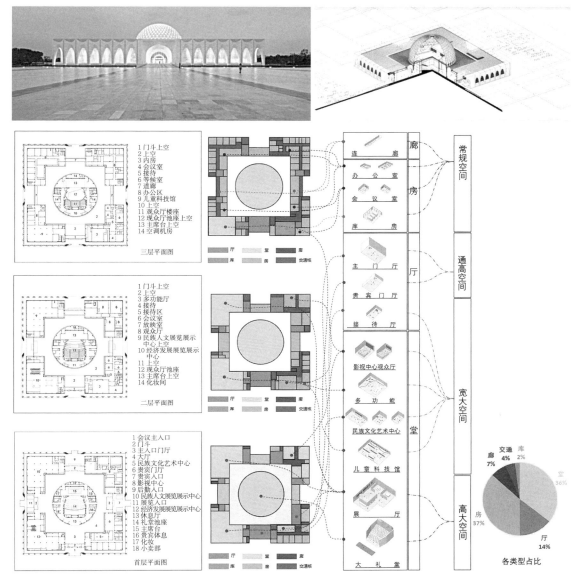

图4-5 大厂宫碳源空间分类及占比

义乌文化广场位于中国浙江省义乌市经济技术开发区，是一个集文化、娱乐、教育、体育等多功能于一体的大型文化综合体，总建筑面积82360m²，室内面积为77950m²。建筑就观演、体育运动和文化服务三大功能分组团布置，并以"外廊"为介质，将组团之间既隔绝又联系。建筑采用前区功能并置的方式，将入口室外空间并置，即整合形成入口共享广场，通过广场完成各个功能单元的空间联系与交通疏散，组团之内分别以核心功能"堂"围绕和"廊"串联两种组织形式，布置不同大小的"厅""堂"空间。堂、厅、廊、房、库的占比分别是54%、15%、8%、17%、3%（图4-6）。

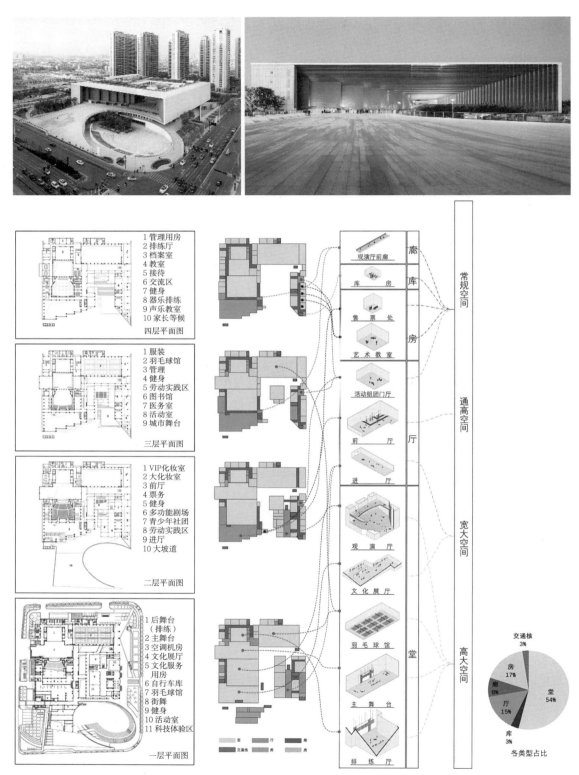

图4-6 义乌文化广场碳源空间分类及占比

4.1.3 空间冗余优化、组合有效缓冲等综合减量途径

在大量的文体建筑案例中，设计者通常会预设空间场所较高的"永恒性""高级别""文化独特性""地域风格""形象标志性"等设计目标，对建筑空间体验提出较高的识别性与体验要求。也因纪念性空间体验、公共传播、人流集散等具体情境产生较多的室内公共活动，带来较多非常规建造组构。并产生多类广厅、中庭等超尺度公共空间广泛应用的内在动力，也是采用复合表皮、复杂气候界面而导致大量冗余空间的主要驱动因素。

图4-7是设计者在河湟民俗文化博物馆开展空间策划时的技术文件。其采用了常用的典型案例资料提取原型及构型方式的分析方法，对展览用房空

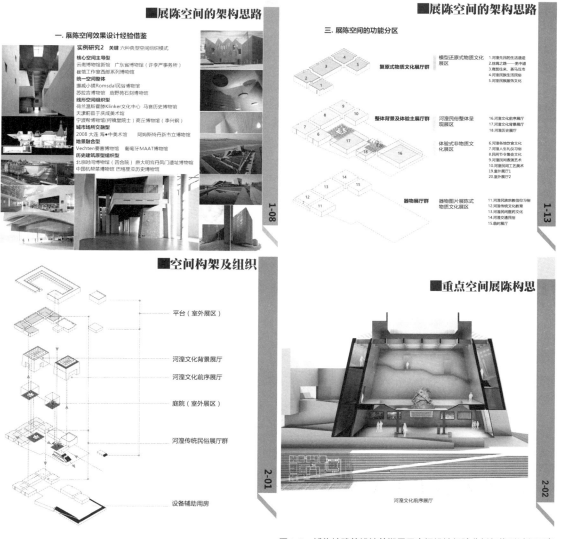

图4-7 博物馆建筑设计前期展示空间设计经验分析与构型过程示意

间在对象层面的尺度、方式、建构技术进行组合分析，并完成空间组织布局草案工作，用以理解和细化具体项目适用的空间设计原型。

在减碳的设计目标下，可在概念方案设计研究阶段通过两类工作对空间冗余、建筑建造系统冗余及气候交互模式展开定性优化，缩减冗余碳源。

设计前期可以通过在空间计划中引入庭院、通高、空腔三种主要方式，辅以调整空间尺度、形状、空间组合来优化空间内自然气流组织、热过程。同时，兼顾设计增效与空间的自然热舒适布局，优化无实义空间的整体绩效，实现较好的建筑空间环境整体布局。

在建筑中引入庭院。通常可以控制建筑整体空间布局中连续房间布局的绝对尺度，较大幅度地提高建筑总体中满足自然通风、采光条件的用房比例。通过庭院合理组织与细节设计可以实现对室外环境的局部优化，是广泛适用于各类文体建筑的前期设计优化方法，能为用房不利朝向的开口形式与条件改善提供更多设计可能。图4-8中即采用了五个展厅成组围合的方式组织展示用房，这在改善建筑整体气候交互方式上具有显著作用，可以支撑建筑用房与组构层面合理控制体形，不产生额外的空调、采暖、照明等运行能耗。可替代考虑建筑整体体形系数。

设计通高与空腔通常能直接优化空间体验，并兼顾优化室内气流组织。图4-8中设计者合并了大厅、新闻发布厅与高大展示对象专项展厅为"前序展厅"，并采用通高设计，嵌入交通核，优化建筑空间叙事节奏与体验，节约了约600m²的建设用房规模。针对此高大空间，采用厚壁空腔可利用天然气流，取代一般的夏季空调，减少设备系统负荷。

图4-8展示了河湟文化博物馆设计者提供的空间结构整体与细节，延续与保留了作为文化重器的建筑核心空间的"纪念性"展陈确定的空间质量目标。在设计构思中，整合了河湟地区"外封内敞"的地域性建筑生态经验的空间组合模式，利用空间组合转化为调节与控制建筑环境性能的手段，整合了文化建筑中的交通空间、庭院展陈功能、纪念品商店服务功能与庭院模式的热区利用经验，通过模式集约交通-安静观看-服务-展示空间需求。

在庭院间的步行坡道组构设计中，植入太阳能富集区适用的集热组合结构技术，根据建筑空间具体技术要求，采用复合结构来细化落实强化地域建筑风格形态意向与造型艺术效果。在大量的气候界面上，采用空腔结构，优化空间环境交互效果，整合机电设备，完善构造具体实施技术，从而实现空间资源与材料适用之间的目标协同与整合，降低构造用碳与运行用碳。

表4-5列举了在文化建筑空间组织层面调节空间总量的两大类通用手法，可以用以调整文化建筑中广厅类空间的量与空间构架。进而与组构优化、构造优化协同发挥减碳作用。

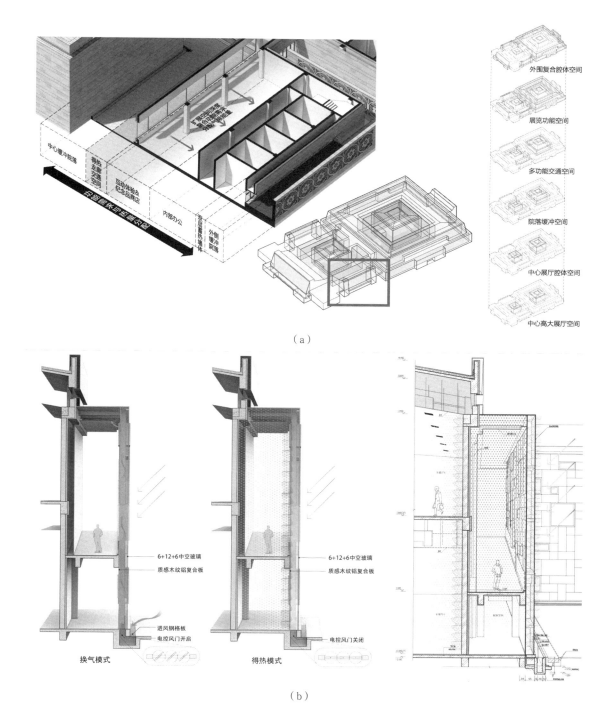

（a）

（b）

图4-8　河湟文化博物馆建筑设计概念构架及其减碳途径分析
（a）河湟文化博物馆-组构组织模式构架及其地域气候适应性生态经验落实
（b）河湟文化博物馆馆-组构结构优化与绿色设计技术融入

外围复合腔体空间

展览功能空间

多功能交通空间

院落缓冲空间

中心展厅腔体空间

中心高大展厅空间

中心缓冲院落

得热走廊交通空间

互动体验&纪念品商店

内部办公

外侧缓冲院落

6+12+6中空玻璃

质感木纹铝复合板

进风钢格板

电控风门开启

换气模式

6+12+6中空玻璃

质感木纹铝复合板

电控风门关闭

得热模式

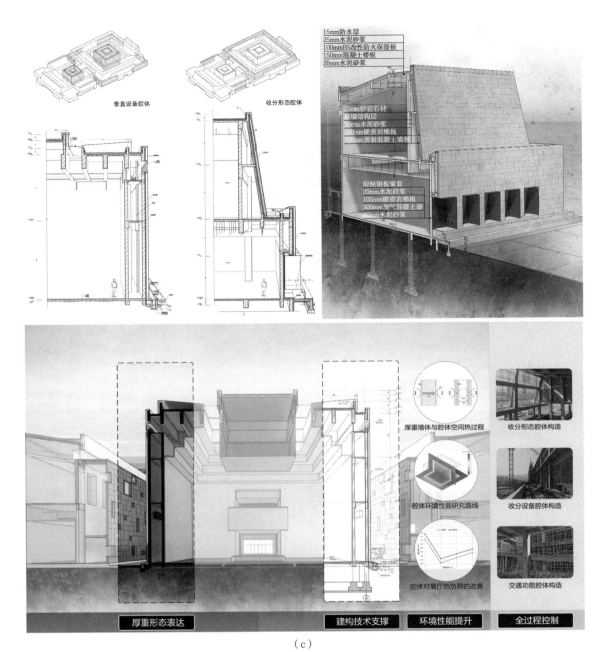

垂直设备腔体

收分形态腔体

15mm防水层
25mm水泥砂浆
100mmBS改性防火保湿板
150mm混凝土楼板
25mm水泥砂浆

25mm砂岩石材
幕墙结构层
20mm水泥砂浆
100mm硬质岩棉板
200mm预制混凝土墙板

耐候钢板窗套
20mm水泥砂浆
100mm硬质岩棉板
300mm加气混凝土墙
20mm水泥砂浆

厚重墙体与腔体空间热过程

收分形态腔体构造

腔体环境性能研究路线

收分设备腔体构造

腔体对展厅热负荷的改善

交通功能腔体构造

厚重形态表达

建构技术支撑　环境性能提升

全过程控制

（c）

图4-8　河湟文化博物馆建筑设计概念构架及其减碳途径分析（续）
（c）河湟文化博物馆-空腔构造优化界面

170

常见组织手法	优化效果	可实现的空间资源集约绩效	技术要点与难点
植入庭院	减小次要用途房间进深，提升被动手段作用效果，改变散热的热方向与强度	交通空间复合可绩效提升，可通过室外功能提升人群活动多样性、环境交互视觉品质与补充活动空间	建筑体形系数大，庭院交互界面设计要求高，避免流线冗长，控制用地规模
通高	减小体形系数，改善内部声视线、内部气流，重构内部热过程	通过集约房间可强化仪式性空间体验，控制多大厅堂。空间层次及集中公共活动多样性提升	垂直方向气流组织与地域气候条件下空间热过程协同

建筑常用空间组织手法的调节作用　　表4-5

这些措施依托于建筑本体的质量需求与设计预期，往往可以合并、复合高大空间，提高空间效果，不需增加额外的物料与技术系统，且都具有较为明确与生态及能耗运行关联的碳控效益，能产生表达文化性、地域性的积极作用。同时，也可以围绕庭院、通高、空腔等引发的空间区划要素，优化空间组构、利用围护结构气候边界技术系统优化，扭转或者降低建筑室内外环境交互的强度与总需求。

在应用设计手法调整构造逻辑时，必须同时兼顾手法与底层的驱动逻辑才能创造出较为平衡与成熟的设计成果。这往往需要较多跨专业创造性整合才能保障构造产生效果，才可以较好的减小或者化解因气候的边界闭合。同时，环境舒适性设备系统会配置高标准房间从而产生的高强度运行碳排放。虽然这类措施会引发不同程度建筑隐含碳排放增加，但若按照"一体化集成设计可避免独立形式化表皮"来理解低碳设计创新，那么气候边界一体化创新设计，既可减少建筑运行过程中的碳源，也可兼顾文体建筑内涵的深化发展。围护结构减量设计与节能设计技术都可实现建筑运行能耗的有效降低，产生节益减碳作用。二者的主要区别是减量设计技术重在判定技术原型模式选择与系统性优化作用，而节能设计重在使用技术与措施实现围护结构传热性能优化。前者常被形容为"气候适应性"设计，后者则常被类比为"性能化"设计。

最后，通过优化房间构成，调整房间分布组织，采用合理的设计模式，在设计过程中充分与气候及建筑所在地段的自然条件适应，降低建筑设备系统要求。如在寒冷地区部分房间，夏季利用自然通风替代空调制冷设备系统；在太阳能富集地区通过太阳能直接利用技术可实现部分房间的采暖用能需求大幅度降低。以上都已在技术上论证过其可行性，在前期阶段可以反过来理解其技术成型的各阶段设计要点与要求，以优化建筑碳源。

4.2.1 建筑轻量的概念

1．关于轻量建筑和轻量化设计

简而言之，轻量建筑就是整体重量更轻的建筑。相比较当前大多数既有建筑，轻量建筑用更轻的材料（类型）或更少的材料（数量）创造了同等空间容积。因此，它创造空间容积时的材料与结构效率更高，或是结构与围护协同作用时的综合效能更优。当前，随着膜材、碳纤维、高性能混凝土等新型材料和设备技术的进步，为建筑减重提供了必要的基础条件。然而，建筑轻量化不仅是简单的材料减重，而是通过对建筑结构、材料、形式、空间的集成设计，工业化加工、预制、运输、装配、在地建造的系统性优化，以及对于建造质量和物理性能的精细化控制，以达到减重目的和"轻盈"的设计表达。

2．"轻"对环境的友好

今天，设计者不得不思考，什么样的建筑形式和建筑材料可以减少资源浪费，减少对环境的破坏。轻量化建筑设计的目的正是为人类和社会创造出与自然和谐共存的建筑，并在将建筑自身做到重量轻、材料少的同时，降低施工能耗，减少环境污染，实现对自然环境的介入最小化。例如，中国传统木构建筑顺应材料本性，充分发挥了木材质轻、易于加工和可回收利用的优势。现代轻型建筑体系采用轻量钢、轻量木等材料，虽然加工方式和建造技术大不相同，但具备相同的优点，以及环境友好和可持续性理念。

3．"轻"对减碳的意义

轻量建筑无论是直接去除结构和装饰冗余，还是将主体结构与围护系统协同复用，其目的都是减少使用建筑材料，这必然直接减少建材在生产过程的碳排放。减轻建筑重量，还将减少建材在运输和施工建造过程的碳排放。同时轻量建筑多采用利于回收利用的轻量钢、轻量木等建筑材料，在建筑全生命周期中整体减少了材料的用量，也对减碳有积极作用。

4．轻量建筑的实现路径

1）选材

主要体现在选择更加轻质的围护结构材料，降低建筑自重和结构荷载，以及选用高强度的轻质结构材料，在同等荷载和安全性要求下降低结构自身的重量。

2）增效减材

通过合理的结构选型，以及在数字模拟技术支持下的精细化结构性能优化，减少主要结构材料的用量。通过更好地匹配建筑功能空间和结构设计之间关系，可以简单而有效地降低结构的重量。

3）协同复用

轻量化建筑在自身减重的同时也可将结构整合入建筑系统，采用结构与围护协同工作，例如"新芽复合系统"中木板既是围合系统，也承担主要的水平荷载。或者围护与室内定制家具协同工作，例如青海玉树拉吾尕小学项目，采用80块"Z"形截面板材作为建筑的主体，二层的阶梯状楼板也是集会的座椅，实现建筑构件和家具的协同使用。

4）工业预制

轻量建筑常用的木和钢等材料，有利于通过预制加工的方式提高加工精度和建造质量。提高装配化率也有利于缩短工期，减少碳排放。

5．适合轻量建造的文体建筑

1）临时性或可移动文体建筑

这类建筑需要快速搭建和拆除，或者需要经常更换地点。轻量化建造可以提供更高的灵活性和便利性，例如轻型钢结构和可回收材料可以快速搭建和拆除，同时减少对环境的影响。

2）小型文体建筑

对于规模较小的文体建筑，如社区图书馆、小型展览馆等，轻量化建造可以降低成本，提高施工速度，同时减少对周围环境的影响。这类建筑可以采用轻型钢结构、轻质隔墙板材等材料进行建造。

3）对重量有严格要求的文体建筑

在某些特殊情况下，文体建筑可能需要严格控制重量。例如在老旧建筑上加建新的文体设施，或者在地基承载力有限的地方建造文体建筑。轻量化建筑的营建方法可以有效减轻建筑自重，降低对地基的压力。

4）需要快速投入使用的文体建筑

对于需要快速投入使用的文体建筑，如灾后重建的体育设施、临时性展览场馆等，轻量化建造可以大大缩短建设周期，提高建筑的使用效率。

4.2.2　轻质材料

选择轻质的建筑材料是最直接的减重方式。在轻量化建筑设计中需要研究建筑材料的使用寿命、构造方式、重复利用的可能性，以及建筑材料对自然环境的影响等。除去钢和玻璃等人们熟知的轻型材料，也可以采用纸筒、膜材、塑料等这些轻质、可再生的材料，或是强度高、自重小的新型材料如碳纤维等来实现轻型化建造。

1．纸材料

纸卷管被用作建筑结构材料，不仅因为它们是低价且100%可回收的材料，也在于它们拥有的力学特性足以满足建筑结构所要求的承重。纸板材料因其轻盈的特性，如纸卷管的建筑无需巨大的地基，降低了建造费用，并减少了建造时间。由于整个建造过程基于套装以及捆绑，所以能简便地实现拆建及重建。

Paper Dome纸教堂是1995年阪神大地震之后所建，日本建筑师坂茂以成本较低的玻璃纤维浪板构筑成长方形的外墙，内部则用58根长度5m、直径33cm、厚度15mm的纸管建构出一个可容纳80个座位的椭圆形空间（图4-9）。

2．PVC、PTFE、ETFE、SiPE 膜材

随着技术进步带来的材料性能的提升，高分子材料开始被重视，并被越来越多的设计者所喜爱。其中被广泛应用的有：PVC（聚氯乙烯）、PTFE（聚四氟乙烯）、ETFE（乙烯-四氟乙烯共聚物）、SiPE（硅涂层玻璃纤维）。因为膜非常轻质，其结构简洁；由缆绳、钢结构框架和地基支撑，所需的结构材料也非常节省。

PVC：具有良好的抗力和耐久性，且与其他膜材相比更经济，但其透光率相对较低。

PTFE：相当结实耐用。不过这种材料价格较高，且无法拆卸并重新组装。由于它可以抵御紫外线，这种材料被广泛用于极端气候地区，如沙漠或非常寒冷的地方。

ETFE：既可回收又很耐久，并可以几乎完全透明，还具有良好的耐火性。其制造成本适中，并且制造过程中耗能很少。其轻质的特性又使其运输成本很低。

SiPE：这种材料相比PVC可以有更大程度的透明性。它的材料特性类似于PTFE，寿命约为35年，对紫外线有良好的抵御能力。

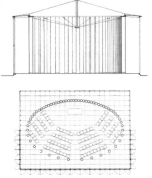
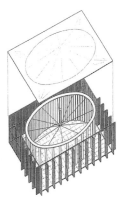

图4-9 Paper Dome纸教堂实景及技术图纸

由于其轻质和可塑性，各种高分子材料已被用于多个文体建筑。以被广泛使用的ETFE膜为例，在中国国家游泳馆"水立方"工程中，在ETFE膜层之间充满空气，形成一个枕头状的气囊系统，可作为保温层，在结构上也可承受风与雪的应力，还具有良好的声学性能。[1]天府农博园主展馆屋顶则采用彩色单层ETFE膜，其重量轻、透光性好、易着色，通过自身彩色的肌理与彩色的大田相映衬，更好地体现农博理念，改善人活动的微气候环境。[2]

3．塑料

塑料包含种类很多，具备可塑性强、制作成本低等优点，当然也存在耐热耐火性差、易老化等缺点。其中，聚碳酸酯（也称PC阳光板）因其较高的强度、通透性和易于安装和预制等特点，在学校、图书馆、体育馆等项目中被使用得越来越多。同时，因其轻盈、半透的质感，在部分文化类建筑改造项目中，呈现出和原有厚重感、工业风的既有建筑不同的强烈反差，也逐渐受到青睐（图4-10，图4-11）。

改性塑料则是在常规的ABS或PETG等塑料制品中添加防紫外线材料或玻璃纤维丝等，来增强抗氧化能力和结构性能。经过改良后的塑料可通过机械臂3D打印的方式建造，充分发挥其可塑的优势，实现双曲面等自由形态表皮或小型构筑物的快速低成本建造。例如西安建筑科技大学建筑学院计算性设计实验室设计并建造的蓝田荞麦岭"荞雪"景观构筑物，即通过空间晶格打印的方式实现改性塑料的轻量化建造，此构筑物每平方米（展开面积）的重量仅6kg左右，最大程度上发挥了塑料的可塑性和轻量化特征（图4-12）。

图4-10　福日中学运动场塑料雨棚制品

图4-11　宝山再生能源利用中心概念展示馆塑料立面制品

---

① 来源：《国家游泳中心·水立方》
② 来源：《在未知与限制中寻找机会——天府农博园主展馆设计》

图4-12 "荞雪"景观构筑物建造

4．碳纤维

碳纤维增强复合材料（CFRP）作为高度工程化材料，具有高比模量和高比强度。与铝和钢相比，碳纤维的强度高出约10倍（取决于所用的纤维）。在过去的50年中，CFRP已成功应用于航空航天、汽车、铁路运输、海洋和风力行业。当前碳纤维材料价格相对高昂，暂时无法广泛应用于建筑行业。但随着碳纤维成本的降低与复合材料制造技术的发展，土木建筑领域逐渐成为碳纤维复合材料应用的新市场。[①]碳纤维复合材料在建筑中的应用主要包括对建筑和桥梁的加固，管道的维护和修理，新型建筑构件、桥面、电缆和梁等。其中，80%～90%的碳纤维复合材料月于结构加固和老化基础设施的修复。

大舍与大界合作的金山岭上院"禅堂"的全碳纤维屋面实现了使用35mm厚度的碳纤维产品，以自身10kg/m²的自重，承担起200kg/m²的负载（图4-13）。

图4-13 大舍×大界×和作：金山岭上院，如何实现超轻曲屋面的设计与"智"造

---

① 来源：*Past, present and future prospective of global carbon fibre composite developments and applications*

并且通过数控加工和预制装配化设计，使177m²的双曲面碳纤维屋面吊装作业仅用了24h完成。其体现了轻量化和装配化的优势。

4.2.3 结构性能优化减重

1．大型文体建筑结构选型的重要性

对于多数文体建筑，控制用钢量对建筑整体用材重量、造价和碳排放都有着重要的意义。特别是部分文体建筑的跨度大，对造型要求高，如果不注重结构的轻量化设计，有可能造成巨大的浪费。合理的结构选型对大跨建筑至关重要，需要设计者和结构工程师沟通与协作，避免顾此失彼。

2．结构模拟分析优化减重

在结构选型明确的基础上，可以通过调整建筑形态和结构杆件布局来进一步优化结构截面高度和用钢量。例如在兴平市体育馆的设计中，将建筑体量设计为椭球状，在满足场馆功能的同时有利于大跨结构选型。经过结构方案和空间效果综合比选，选择单层网壳结构作为屋盖整体结构形式。并且设计者和结构工程师紧密配合，通过建立杆件参数化模型和遗传算法寻优逻辑，进一步优化杆件结构性能，减少杆件截面高度，降低节点加工难度，将最大跨度达112m的屋盖用钢量控制在80kg/m²左右。同时考虑了屋面面板龙骨划分网格和结构网格的一致性，进一步减少幕墙钢龙骨的跨度和重量（图4-14）。

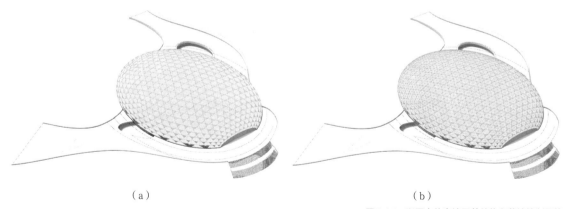

（a）　　　　　　　　　　　　　　　　　（b）

图4-14　兴平市体育馆屋盖结构和幕墙控制网格
（a）结构网格；（b）幕墙分割网格

3．结构拓扑优化

拓扑优化是结构优化的一种方法。拓扑优化技术能够根据所设边界条件及受载情况确定较合理的结构形态，即在给定的设计空间内找到最佳的材料分布，或者最优传力路径，从而在满足各种性能的条件下得到重量最轻的设计。目前，应用较为广泛的拓扑优化法是渐进结构优化法和双向渐进结构优化法，渐进结构优化法是通过附加荷载，逐渐去除结构中低应力材料，使余下的结构迭代进化为最优形态；双向渐进结构优化法是在渐进结构优化法的基础上，不仅将材料在结构中移除，同时在最需要的部位增加材料的方法。

对设计者而言，拓扑优化建立了形态与结构性能的关联，有助于在概念方案阶段就开始轻量化设计。拓扑优化计算过程由软件迭代计算完成，但是前期边界条件和荷载工况的设定直接决定了最终的优化形态。所以需要设计者和结构工程师打破"前后分工"的合作模式，以更加紧密和交互的方式实现对复杂建筑结构的找形。

SOM事务所在中信金融中心超高层建筑设计中采用了拓扑优化技术。通过回应最大风荷载，优化框筒结构中的外框几何造型形态。每个框架的斜撑几何造型由下而上逐渐变形，其角度随着建筑高度而变化，由此响应高层建筑上不同的结构载荷——顶部的强风与底部的压力。该一体化设计解决方案可确保最大限度地提高整体结构刚度，同时尽可能减少结构使用的材料（图4-15）。

同济大学建筑设计研究院有限公司和袁烽教授团队主创的"雄安之翼"，采用谢亿民院士团队所提出多材料双向渐进结构优化（multi-material BESO）法，能够在拓扑优化的过程中将受拉材料和受压材料自动合理地分配至结构的受拉区和受压区，构建拥有更高结构效率的复合结构体系。该项目结构设计的难点在于塔楼两翼的悬挑距离较大，拓扑优化设计在使用更少的钢材情况下，悬臂端部变形更小，横向刚度更大，且顶层斜向杆件数量更少（图4-16）。

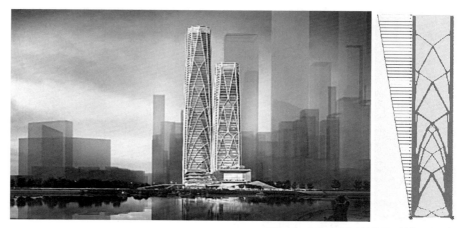

图4-15 中信金融中心渲染图及结构形态示意

图4-16 "雄安之翼"效果图及结构优化示意图

4.2.4 轻量化木构系统

古代工匠利用土、石、木等自然材料进行建造活动。其中，木的质量更轻，单从质量的角度而言，木材凸显出其在轻量化建造的优势。19世纪，为了方便运输和适应工业生产，逐渐衍生出以小断面木规格材进行建筑营造的轻型木结构体系。从材料角度出发，树木作为可再生资源，其在生长过程中通过光合作用吸收CO_2，且在木材的全生命周期中予以保留。这种固碳性质与其他建筑材料相比，对缓解温室效应起到了积极的作用；从建造的角度而言，木构的预制化使得木构的建造周期短，耗费的工时较少，是一种非常环保低碳的建造方式。

1．轻量化木构系统分类

国外的木构建造系统研究将木构分为五大类，[1]从井干系统到现代框架系统，随着时间的变化以及结构体系的发展，对木材料的需求逐渐减少，且组成结构构件的集成化和预制化程度更高。井干系统的建造活动要求尺寸相近且笔直的原木，耗费的材料多；到木杆框架系统，将原木制成规格化的木杆才能进行营建；再到利用木材的副产品（人造木板材）就可以完成板式系统的搭建，并在基础上演化为平台框架系统；最后到现代框架系统则利用金属构件增加结构承载力，使得木材的利用率进一步得到提升。结构构件的预制化程度越高，材料的来源范围越广，加工和建造用时越少。从这些角度来看，木构系统的发展过程也是其不断减重和轻量化建造的过程（表4-6）。

---

① 来源：《木建筑系统的当代分类与原则》

名称	示意图	特性
井干系统		由原粗木加工，需尺寸相近的直木材，消耗大量原木，堆叠方式简单
木杆框架系统		适宜二层房屋建造； 需截面较小成规格化的木杆； 大多通过铁钉连接； 木杆等间距排布且细密； 木构跨越楼层
板式系统		立面划分为预制构件； 墙面、窗洞、肋条和保温材料预置板块； 预制化和集成化更高
平台框架系统		适宜多层房屋建造； 由木杆框架系统演变； 构件不会跨越楼层
现代框架系统		水平构件远大于垂直构件； 构件连接使用金属件； 有时侧向增加斜撑和金属拉索

2．木构在减碳层面的优势

与传统建材不同，木制建材的采伐加工过程是明显的"负碳"阶段，其碳排放因子应为负值。而建材生产过程是向大气中排放CO_2的过程，其碳排放因子为正值。因此，木材碳排放因子应该区别木材在生长过程中"负碳"阶段的碳排放因子以及木材加工过程的碳排放因子。

$$C_{总}=C_{sz}+C_{sc}+C_{yj}+C_{yw}+C_{ch} \tag{4-1}$$

式中 $C_{总}$——木结构建筑全生命周期碳排放总量；

C_{sz}——木材生长阶段碳排放量；

C_{sc}——减材生产阶段碳排放量；

C_{yj}——运输建造阶段碳排放量；

C_{yw}——运行维护阶段碳排放量；

C_{ch}——拆除回收阶段碳排放量。

结合上述内容，影响木结构建筑物化阶段碳排放的主要因子有：

1）原木砍伐到运输加工成锯材过程中的碳排放；

2）锯材经过各种处理，如干燥、防腐、阻燃等，制成木建筑用规格材过程的碳排放；

3）木结构建筑中应用的各种板材，如定向刨花板，结构胶合板，木塑复合材，制造过程中的碳排放；

4）生产其他非木质原材料的碳排放，如石膏板、墙体保温材料；

5）施工过程中的碳排放，如材料运输、施工人员消耗、水电消耗等。

对于钢筋混凝土和钢构建筑，木构建筑的木材在生长过程中可以固碳，在进行建材生产过程中仅需切削和烘干处理，这一过程消耗的能源较少；国内外对木构建筑碳排放的研究较多，最终都得出了在同等建筑规模、相同功能的建筑实践中，相较于混凝土建筑和钢结构建筑，木构建筑碳排放量最少的结论（表4-7）。

木构同其他结构的碳排放对比研究　　　　　　　　　　表4-7

作者	结论
徐洪澎等	木结构建筑和混凝土建筑进行全生命周期碳排放分析，分析了被动式木结构建筑在典型严寒地区的减碳优势
张时聪等	相较于钢结构和混凝土结构，木材使用可以减少8.6%～137%的碳排放
魏同正等	相较于参照钢结构建筑和混凝土结构建筑，在不考虑木材固碳量的情况下，木结构建筑在全生命周期碳排放下约4.04%和7.97%，考虑木材碳固存量则下降约15.78%和19.24%

对于木构系统全生命周期，在建材生产阶段，木构建筑相较于钢结构建筑和混凝土建筑的减碳效果较为明显；在运行阶段，木构建筑相较于其他两种结构形式的减碳优势并不明显，但该阶段又占木构建筑全生命周期碳排放的80%左右。因此，减少运行阶段的碳排放量依旧是木构系统建筑减碳的重点环节。

3．轻量化木构实例

1）都江堰向峨小学

5·12汶川大地震后，灾区急需重建一批中小学校以恢复教学活动，向峨小学就是在这一背景下建成。项目总占地面积16311m²，总建筑面积为5750m²，主体建筑为两层教学综合楼、三层学生宿舍和食堂组成。除餐厅的厨房部分采用钢筋混凝土外，其余均为木构建筑。该学校于2008年10月动工，2009年9月1日投入使用。从低碳角度看，向峨小学的建筑设计利用了轻型木系统，有效减少了碳排放量，且在环境设计中利用了雨水回收系统来降低建筑运营阶段的碳排放量（图4-17）。

图4-17　都江堰向峨小学实景

2）芭莎·阳光童趣园

2015年朱竞翔团队在甘肃会宁库村为学龄前留守儿童设计了童趣园项目，该项目建筑面积40m²。设计采用预制板式木结构，设计者精细考虑结构构件的尺寸、运输及安装方式，后交由工厂预制构件单元；现场搭建无需大型设备，搭建时间仅需3天左右，组装和拆除过程中均不会产生废料（图4-18、图4-19）。

3）中国网球公开赛嘉实展馆及其改建

2016年，朱竞翔团队利用预制板式木结构建筑的研究成果，设计了中网嘉实展馆。在中网秋季赛事结束后，这一展馆又被赠送给河北正定东平乐小学，用作小礼堂与活动室。由于采用了轻型预制木构体系，其结构构件自重小，便于平板运输，可以适应不同地区、不同用地条件下的快速建造需求；同时由于在设计时就考虑建造的方式，在实际建设过程中，非专业人士也能参与其中，其具有易学、快速搭建的特点。设计者在设计中将网格模块作为建筑的主体结构，同时又兼具储物功能，这些网格模块在完成展会的用途后，被拆除并重新作为学校项目的资源，实现构件的循环使用（图4-20）。

图4-18　童趣园实景

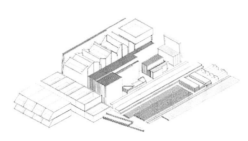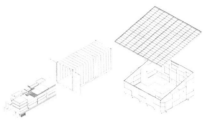

图4-19　童趣园卸货及施工示意

（a）　　　　　　　　　　　　　　（b）

图4-20　模块木构件的重复利用
（a）嘉实展馆内部；（b）捐赠后重建学校

4.2.5　轻型钢结构系统

1．轻型钢结构系统的分类

1925年，奥地利建筑师阿尔弗雷德·施密德在卡芬柏戈首次建造了钢骨架实验住宅，将钢结构作为一种结构形式进行推广。第二次世界大战后，为解决房荒问题，并适应工业化大生产的需求，形成了一批标准化的住宅体系，借助工业技术的进步，利用冷成型钢构构件优化截面来提高结构强度和材料利用率的做法推动了轻型钢结构建筑的发展。

从学科定义上看，轻型钢结构主要指利用多种自重轻、强度大的钢构构件组成承重结构，并利用金属连接件组装起来的低层或多层预制装配式的钢结构房屋体系。得益于钢构的工业化生产、可装配化、可定制化和快速建造等优点，这种轻型钢结构大多被用于住宅建筑、工业建筑，以及临时建筑中。根据轻型钢结构系统的结构受力方式以及结构构件形态可将其分为轻型钢骨架系统、轻型钢箱式系统、轻型钢复合系统（表4-8）。

轻型钢结构系统的分类 表4-8

类型	主要特征
轻型钢骨架系统	以线性钢杆为主要承重结构
轻型钢箱式系统	以轻型钢集装箱为基本单元，工厂预制装配化建造
轻型钢复合系统	由杆系和板材共同组成承重结构

国内对于轻型钢结构系统的实践应用研究的有朱竞翔团队和谢英俊团队。朱竞翔团队从理论到实际，形成了一整套完整的轻型钢结构系统生成体系；谢英俊团队则聚焦乡村，探讨因地制宜的轻型钢结构龙骨建筑本土化的设计方法（表4-9）。

国内对轻型钢结构系统的研究对比 表4-9

研究角度	朱竞翔团队	谢英俊团队
聚焦点	材料及结构利用率； 工业化建造； 预制装配	本土化建构的转译； 半工业化建造
价值导向	建构； 尊重场地； 营造场所	永续建筑； 协力造屋
技术要点	材料、结构、建造、围护、 建筑系统联动	结构构造适当简化； 结合本土材料与施工工艺

2．轻型钢结构系统的减碳优势

轻型钢结构系统相比于其他结构系统，不同点在于钢构需要从工厂定制，运输到施工现场进行装配工作；且金属构件可重复利用，部分建筑的金属构件重复利用率可达到90%以上。但钢材料在生产过程中需要从矿石开始提炼、锻造、定型成所需断面的钢构构件，在这一过程中会产生碳排放。由于成型工艺的不同，钢材热弯与冷弯成型工艺对碳排放量都产生了一定的影响。钢材料的保温隔热性能有限，且对耐候性有所要求。因此，需要对钢材料进行特殊处理，且针对其围护界面需要引入其他材料对保温隔热性能进行加强，在这一过程中也会产生一定量的碳排放。

得益于轻型钢结构体系的材料轻量化以及预制装配式的特性，相较于其他结构而言，轻型钢结构具有一定程度的低碳优势。国内外众多学者针对轻型钢结构的减排率做了大量研究，如表4-10所示。

轻型钢结构同其他结构的减排率对比研究 表4-10

研究学者	轻型钢结构结构减排率
黄峥等	考虑回收的生产阶段较砖混减少83%
尚春静等	较钢混的全生命周期节碳率为1.5%，生产阶段节碳率为18%
龚先政等	较钢混的生命周期节碳率为31%，生产阶段节碳率为67%
温日琨等	在生产和运营阶段都实现节碳

在废弃阶段，轻型钢结构建筑相比各其他结构的减排率普遍最高。除此之外，其在建材生产及运输阶段和施工阶段，相较于钢混结构的碳减排率较高。而相较砖木结构，其在建材生产及运输和施工阶段的碳减排率均为负值。这说明在这两个阶段轻型钢结构的碳排放大于砖木结构，仅在使用阶段能够实现少量碳减排。由此可以得出，轻型钢废弃阶段材料可回收的特性对碳减排效果的贡献最大。

3．轻型钢结构实例

1）轻型钢骨架系统——梅丽小学腾挪校舍

该项目由朱竞翔团队负责设计，旨在学校更新过程中为学生日常学习提供一个过渡性空间。项目借助预制装配化方法，提供建造快且可多次重复拆装的过渡校舍。建筑面积5400m²，提供33个班级的过渡教学空间。

腾挪校舍采取小断面型钢的轻型钢结构装配系统，建筑自重不足400kg/m²，相当于常规建筑自重的25%。建筑采用产品化的思维，利用标准化模块单元进行组合。建筑造价约为深圳新标准学校建设费用的70%，且金属材料均可循环利用，构件重复率可达90%。该项目后续也被作为过渡安置学校的原型在龙华区两所易建学校中进行实践（图4-21）。

图4-21　梅丽小学建造过程及实景

2）轻型钢箱式系统——江心洲临时安置学校项目

位于南京江心洲的临时中学，由钟华颖等参与设计，项目采用集装箱建造体系，用不到半年时间建造完成。总建筑面积约2872m²，设计使用年限3年。之后与周边临时板房相比，江心洲学校业主改变了3年就拆除的想法，将其使用年限扩展为5年（图4-22）。

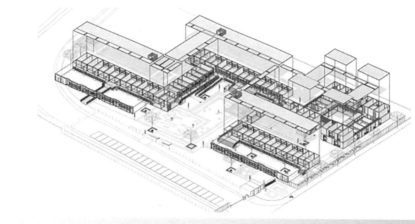

图4-22　江心洲集装箱学校轴测与实景

该学校的建设分为设计、加工和建造3个阶段。建筑设计时间7个月，厂家加工生产3个月，现场搭建3—4个月。在实际建造中，通过将供给端与工厂加工阶段重叠的方式来提高建造效率，缩短工期。因大部分预制件均在工厂内完成，为现场安装节省了时间。同时，设计考虑了对场地的轻量化介入。在绿化方面，减少大型绿植的种植，采用花箱种植，建筑废弃后，包括建筑箱体、混凝土铺装，以及植物均可回收利用。

3）轻式钢混合系统——达祖小学新芽学堂·下寺新芽小学

在5·12汶川大地震的灾后重建工作中，朱竞翔团队通过其独特的预制装配技术，成功地为灾区贡献了两所小学的建设。这两所学校不仅解决了当地学生的教育需求，也展示了灾后重建的新模式。这两所学校的建设亮点在于其所运用的新型轻式钢混合结构系统。该系统结合了轻式钢框架和木基板材，通过特殊的连接方式，使两者形成一个整体结构。这种设计不仅保证了建筑的安全性，还提高了其侧向刚度。此外，该系统还消除了轻式钢结构中常见的斜撑或拉杆，有效阻断了冷桥，使得钢结构的耐候性得到显著改善。

这一新型结构系统在灾后重建方面具有显著优势。首先，它支持工厂预制、轻量运输和快速现场组装，极大地提高了建设效率，尤其适合偏远地区的重建工作；其次，采用此系统的建筑在通风、保温隔热和舒适性方面均表现出色，满足了现代建筑的标准。这两所小学的成功建设，不仅为灾区学生提供了更好的学习环境，也为未来的灾后重建工作提供了宝贵的经验和参考（图4-23）。

图4-23 达祖小学新芽学堂·下寺新芽小学实景及模块管理系统

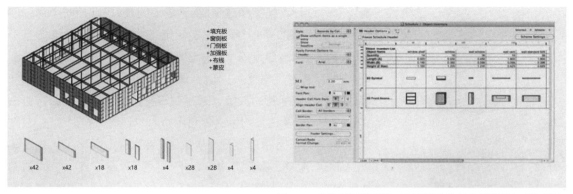

+填充板
+窗侧板
+门侧板
+加强板
+布线
+蒙皮

x42 x42 x18 x18 x4 x28 x28 x4 x4

图4-23　达祖小学新芽学堂·下寺新芽小学实景及模块管理系统（续）

4.2.6　轻量化预制装配系统

1．轻量化预制装配系统分类

　　不管是轻量化木构系统，还是轻量化钢构系统，设计者在进行建筑实践中都不约而同地使用预制装配技术。木材与钢材这两种材料具备很好的可塑性，便于加工定制。但施工现场的环境往往比较复杂，加工设备和作业方式受限。因此，通过在工厂实现构件的预组装，形成模块化单元，再运输至施工现场进行拼装的方式，能够有效地提高建造效率，缩短施工周期。

　　结合上文中对轻量化木构系统与轻量化钢构系统的描述，可以将轻量化预制装配式系统分为5个部分（表4-11）。

预制装配体系分类表　　　　　　　　　　表4-11

预制装配体系	承重单元	典型系统	系统示意
全杆体系	整体承重	轻型钢/木框架	
框板体系	框架承重	K型活动板房； 打包箱房	
全板体系	板块承重	轻型钢/木骨架板块； SIPs板块； 金属夹芯板块	

预制装配体系	承重单元	典型系统	系统示意
板箱体系	板块承重 箱体承重	轻型钢/木骨架板块+ 轻型钢/木骨架; 箱体	
全箱体系	箱体承重	轻型钢/木骨架箱体; 打包箱房; 集装箱房	

从装配式建筑的组成构件及预制化程度上看，轻质装配式建筑主要分为预制杆件、预制板材、预制箱体三大类，在此基础上二者互相组合又形成了框板、板箱两种混合体系。由于全杆体系的构件预制集成度低且易生产，在早期的轻型钢和轻型木骨架建筑中常用全杆体系，利用杆件搭建的方式使得建筑布局可以更加灵活，对造型限制也比较小；框板体系则是将线性构件用以承重，"板"更多地以内嵌或者外挂的方式起到围护作用，相比于全杆体系，"板"的加入使得其装配速度也更快；全板体系中"板"起到承重作用，且通常在承重板块中集成结构、保温、管线等设备，在出厂时建筑完成度就可以达到60%以上；板箱体系介于全板与全箱体系之间，箱体通常被用作卫浴、储藏、设备等服务性质空间的承载单元，可利用板布局的自由性围合出丰富的空间；全箱体系的预制集成度最高，可在现场像"搭积木"的方式进行吊装，大大缩短了施工的周期（表4-12）。

预制装配体系集成化程度与建造效率对比   表4-12

预制装配体系	集成化程度	建造效率
全杆体系	集成化最低; 对轻型钢/木初步加工	依赖密集人工作业
框板体系	围护系统板块化集成	装配速度显著提高
全板体系	板块可整合系统更多; （结构、保温、管线、表皮等）出厂可达到60%完成度	现场工作仅集中于板块的定位于连接，效率高于全杆式与框板式
板箱体系	预制集成度高于全板式体系	建造效率相对于全板有所提高
全箱体系	集成化程度最高; 出厂集成结构、围护、设备、室内等系统; 出厂可完成整体，建造工作的80%以上	仅需对箱体吊装、固定、连接，大大压缩了施工周期

2．集成化程度与低碳的辩证关系

如表4-12所示，轻量化装配式系统集成化程度的提升会对建筑设计及结构的灵活性、生产周期、设计成本、运输效率带来一定负面影响。集成化程度越高，现场装配的作业量越少，施工速度也就越快。从这个角度讲，集成化程度的提升可以有效降低全生命周期中建造阶段的排碳量。以"全箱"体系为例，随着集成化程度越高，就会对运输车辆及吊装机械提出越高的要求。尤其是在运输环节，可能会增加运输车次，使排碳量不降反增。部分"全箱"体系在出厂时，单元会被降绎成单块面板，到施工现场再将面板进行组装形成"箱"，以此来解决运输问题。因此，需要辩证地看待集成化程度对减碳的作用，换而言之，利用集成度进行减碳设计的本质，就是追求全生命周期中，建筑从材料生产、加工、装配到运输、建造过程的碳排放总量最小。

3．轻量化预制装配系统低碳手段

轻量化预制装配系统除了从集成度与材料的角度进行减碳优化外，也伴随着零能耗建筑的发展产生了大量的理论与实践成果。针对轻量化预制装配系统主要采用的节能减碳的手段主要有三种：一是针对建筑空间形态的节能潜力，利用空间自身优良的通风和采光性，减少建筑运行阶段的碳排放量；二是借助预制装配式建筑集成化的特性，融入被动式节能策略，增强预制建筑系统的围护结构保温隔热性能、遮阳及双层表皮对外环境的调控作用；三是在预制装配系统中集成主动式节能策略，如太阳能和雨水回收系统，增强轻量化预制装配系统对外界清洁能源的利用（表4-13）。

轻量化预制装配体系实例及其采用的低碳手段对比 表4-13

研究及实践成果	减碳手段
Loblolly House	围护构件集成可折叠阳光板双层表皮，调节外环境光、风、热资源
Energy Relocatable Classroom	集成被动式设计策略（保温与热反射、双层通风表皮、遮阳及天光间接照明）
朱竞翔："新芽"系统	六面连续绝热，策略杜绝围护热桥； 室内分布重质材料以缓和温度波动； 灵活高效地设置采光通风门窗调适室内环境； 多层表皮系统对外部能量的调控
宋晔皓：近零能耗轻质装配式建筑的研究	关注空间形态节能潜力； 双层表皮系统的气候适应性

4.3.1　低碳设计与节能技术的概念区别与联系

节能设计技术指在满足同等需要或达到相同目的的条件下，降低建筑能耗的技术。其指为维持建筑运行舒适状态，而"提高建筑能源利用率"的各种技术方法、手段与措施，如建筑保温、蓄热、隔热、通风、遮阳、应用提高建筑物性能的部品，以及使用能源效率更高的空调等设备系统等。

根据设备技术系统作用，一般包括被动式节能与主动系统节能两类技术路径。

从建筑设计角度分析，建筑系统采用的清洁能源种类及比例、配置的设备系统构成及其效率，以及建筑物本体物理性能是节能目标下关注的三类核心因素。这些因素作用机制既包含建筑系统客观科学规律，又与建筑实际多样的工作状态紧密相关，还与建筑物需满足的效果预期及现实条件关联互相反馈。

建筑所使用的节能技术对建筑碳排放量表现有直接或间接影响。

由于在IPCC提出的碳排放计算方法中，将碳排放量与经济过程对应，分四个主要经济部门统计各地区和国家的碳排放。其中，建筑部门主要统计建筑物运行期消耗化石能源的碳排放，工业制造部门生产过程的碳排放另行计算。因此，大部分早期建筑碳排放计算工具都通过对建筑物能耗换算方式来认识理解建筑的碳排放水平，即可粗略地理解为建筑节能效果就是建筑减碳效果。这形成了建筑行业通过运行能耗构成分析建筑碳排放因素与确定数值目标的研究路线。大部分设计者基于这些早期研究，习惯性地认为建筑节能技术是实现建筑业低碳的主体技术。在节能建筑还未普及时，建筑能耗量可直接换算为建筑运行碳排放量，即节能量是实现低碳建筑设计的核心指标。

随着节能建筑普及，建筑可再生能源利用率提升，建筑节能技术标准执行、措施推行、高性能部品应用，高效建筑环境控制设备系统升级迭代，更深入全面的碳排放数据追踪分析已表明：建筑物消耗的材料、部品的加工、制造、运输等涉及的制造部门碳排放量已成为国家和地区建筑碳排放控制中不容忽视的部分。对我国现有各类建筑精细完整的全生命周期建筑碳排放比较研究也已提示：建筑"节能不等于低碳，低碳也不一定节能"。

理论上，升级优化建筑技术，提高其环境交互效果有利于提升建筑碳排控制水平是建筑控碳目标实现的关键技术。但对一个具体建筑，在其建筑方案成型构架过程中，若不科学审查其系统运行模式的能耗效率，依赖大量设备系统与技术措施投入节能，则极有可能误判建筑与环境资源匹配与交互的方式，进而导致建筑与环境关系歧化、劣化。建筑系统技术的选择偏差，反而使建筑整体碳排放源复杂、系统过度冗余而制约建筑碳排控制效果与水平。

应用节能技术推动低碳设计，要从系统角度统筹技术效果：

1．节能技术应用会影响建筑全生命周期的碳排放总量，设计者应在系统层面审视技术传导，并开展合适的应用统计校准

节能技术应用引发的隐含碳排放量变化因设计应用完成情况不同而有差异，也会因具体建筑应用条件、运行工况而导致运行碳排放减少量有差异，其理论预期节能量与应用后引发的碳排放变化量并不为正比或反比关系。

在既有已满足基本需求的模型上增加、附加各种建筑节能组构，都必然使建筑隐含碳排放增加。对于各种新的节能技术，只有经过系统优化与整合设计，并融合为建筑部品或替代原有组构原型而保证建筑整体效率才可实现建筑节能，优化建筑碳排放表现。因材料、设备、维护投入增加而形成的碳增，因运行能源替代而减少的碳以及由于新围护结构的保温隔热性能变化引起的运行碳排放变化，需要经过系统计算核实，才能真正转变成低碳又节能的建筑控碳技术，而且在建筑设计环节还应满足建筑整体效果增益目标，排除系统潜在风险，才能具体应用在建筑方案中。

例如大部分附着在建筑物外的光伏电设备系统，包含着"隐含碳排放"量，单晶光伏的平均隐含碳理论值为2560kgCO$_2$e/kWp。[1]经过整合设计，不仅可为建筑物的运行供给直接电能或纳入地区能源系统，也可纳入墙体、屋顶构件技术体系，迭代为新的围护结构技术产品，替代原有的围护结构，从而消解大部分其制造、运输、维护而引发隐含碳排放与运行碳排放。

2．建筑系统应用可再生能源即可实现源头控碳，但需整体集成建筑技术系统，与适用情形匹配，并与地区、地段条件协同

由于文体建筑在其全生命周期内必然是一个不断变化的开放应用系统，因此在其长生命周期建筑设计预设下，已成熟的典型运行期的能源系统涉及的建筑各种设备、部品及运行情形，有其理想服役条件与寿命周期，替换后需分步、分期测算，并整体权衡判定选用。

技术方案需在建造上、经济上及效果上经过设计统筹协同，才能保障其应用的低碳成效。

如建筑所在地的地热能源，需根据换热设备系统效率、地热源条件，以及建筑采暖、热水需求匹配情况综合后合理确定具体应用技术途径。水质良

---

① 数值来源：《太阳能光伏的隐含碳》。根据 IEA，2015；生态发明V3等资料整合；M.伊藤，2011；另：根据IEA（2015），基于碲化镉（CdTe）的光伏系统每kWp的隐含碳比单晶光伏系统低约63%（隐含碳约为867kgCO$_2$e/kWp）。

好的低温热水源可直接纳入宾馆等对热水能耗较高依赖的酒店、游泳馆等建筑的运行设备系统；而热流难直接利用的其他地热源则需通过合理热交换、地下空间与垂直腔道等设计方式协作创新才能保证运行效率与系统效益，发挥低碳效能。这需要在设计前期科学地消化与转化技术条件为具体建筑设计目标，有时需转化为空间设计目标，通过组织技巧来推动建筑系统，有时需转化为技术目标或者设备目标来实现。因此，在选择和使用具体建筑节能技术时，还需全面考虑区域气候条件、再生能源类型及其可利用条件、经济条件等因素，选用适宜的技术体系支持，确保节能减排目标。

应用节能技术时，应遵循建筑被动设计优先的绿色建筑设计原则展开设计创新，从环境整体观出发，落实为适应性设计。

4.3.2 被动式节能技术的系统化嵌入与碳控设计要点

一般而言，被动节能技术必须依赖建筑形态、空间与构造方法，在建筑系统层面与各种主动技术协同。这对建筑设计而言反而是一种天然的"主动"低碳设计方式。[①]和以设备系统为导向的节能技术相比，被动式节能设计遵循建筑系统层级开展优化工作，常见的技术统筹要点包括：

1）建筑通风、采光、舒适区耦合与建筑空间布局、组织相关，需与建筑空间模式体验结合，在空间原型选择与组构优化层面理解预判对建筑碳排放水平影响。

2）建筑围护结构保温、隔热、遮阳与建筑表皮、立面、材质与结构技术相关，可在技术体系层面分类理解预判对建筑碳排放水平影响。

3）建筑运行状态的被动节能技术与建筑部品、构造方法与建筑空间技术标准、建筑设备、技术体系构架适配决策应协同匹配。牵涉建筑构型，可在用房组构构成层面理解预判对建筑碳排放水平影响。

被动节能技术研发多围绕建筑-环境交互逻辑为核心展开技术逻辑与技术原型的优化工作，大部分验证有效的被动节能技术都能较好地实现建筑系统减碳。被动优先策略契合绿色建筑因地制宜的本质追求，对于文体建筑而言，有天然的地域文化亲和力，可通过建筑空间构想约定能源转化传导方式，并承载在建筑的技术系统中，即是建筑细节设计中的表现语言，提供了符号学以外的一种建筑形式方法。与此同时，这明显对建筑组构、构型及其内在技术逻辑提出较高的创新应用设计要求。

---

① 被动式建筑节能技术是以非机械电气设备干预手段实现建筑能耗降低的节能技术，其视角基于建筑设备系统。从建筑设计视角及绿色建筑设计内涵目标来分析，反而是"主动"降低建筑环境影响的绿色技术途径。

很多文化建筑使用的地域被动节能经验都基于工业化之前的传统建筑技术体系，往往包含有原始生态材料、地域材料、地方手工工艺，并通常适配厚重的传统结构体系或混合结构，牵涉较复杂的作用传导机制与技术。如果简单粗暴地以符号化逻辑大量套用其形式，附加拼贴在现代建筑体上，就会因循其表显而异化其内在机理，反而牵制建筑系统效率，容易引发建造、材料上的潜在"高碳"，失去其内在运行上的内在价值与生态效益。

常见的低碳设计工作集中在被动节能技术低碳逻辑协同与应用转换、建筑设计"节能"能动性与气候条件的精细适配两方面。

1．被动节能技术低碳逻辑协同与应用转换

设计者需在理解还原技术原理基础上，对传统建筑生态经验或现代建筑被动节能技术，围绕建筑能耗源头与技术链条，完善建筑针对性应用设计。具体来讲，需还原辨析原型构成、技术原理、效用传导过程，通过与其他必要要素关联复合，嵌入建筑技术体系运转过程，实现一体化转换，保障建筑系统有序简洁，提高运行效率。

同样的节能原理与技术，经由不同的转换路径，对建筑整体碳排放水平影响的机制与作用不同。

文体建筑会因不同使用场景需求差异形成内部空间环境梯级分布规律，建筑围护结构会因项目所在地不同气候、建筑具体朝向、场地地形植被周边条件、结构构造技术形成基本的传导过程与运行状态。图4-24简要示意了一般节能措施技术与建筑系统的大致要素关联规律及其图解方式。

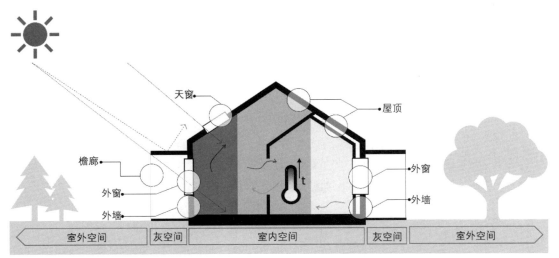

图4-24 文体建筑系统规律下节能表现重点关联环节示意

194

在具体设计中，开展类似原理与机制还原分析，尤其应避免将节能措施简单拼杂与堆叠，需按照系统层级交互过程，将适用的技术原理逐步分解为室内外环境交互过程与效应组合。进而配合项目资源条件信息转换为设计技术要点与专项模型验证，并利用构型中外部环境、空间布局，结合组构的材料建构等技术选择综合集成为建筑系统构想。设计者可根据建筑具体要素因势利导，形成理想的、细致的环境控制具体技术目标，分化为建筑组构及其要素完善效果。在这个过程中，文体建筑尤其应注意通过对地域绿色建筑经验模式、地域生态营建方式与新技术体系的整合而开展设计创新。这类技术应用链条落实与建筑设计并行，往往与建筑减量、轻量、构造、形态等技术目标相互缠绕，设计者需开展环境交互过程还原分析，并从组构技术选择、重构与迭代中突破。

表4-14列出了一些常见的建筑节能技术与建筑应用方式，以及大部分节能技术作用原理与建筑碳表现的对应规律。

被动式节能技术

表4-14

被动式节能技术类型与设计手段		技术原理图示及实例		对建筑碳排放的影响
保温隔热技术	高保温性能墙体	高性能保温隔热墙体、屋顶　无热桥设计　高性能保温隔热外窗　连续的气密性		高性能的外围护部品含碳量较高，建筑材料耗费碳明显增加；保温隔热性能的提升，对建筑物运行碳排放量的影响，与具体应用区域气候条件相关，需验算
	高保温、高密闭性门窗/幕墙			
	高保温性能屋顶			
	热缓冲腔体式围护界面	静止的空气介质导热性小、热阻大，封闭的空气间层可以起到良好的保温、隔热作用	河湟民俗文化博物馆 "厚重"形态表达　"收分"形态表达 利用具有热缓冲腔体的墙体表达"厚重"风貌特点的同时，削弱室内外热交换效应	以河湟地区为例，建筑设含热缓冲腔体的墙体时，可降低建筑热负荷，减少建筑运行碳排放量；腔体宽度较小时，越利于提高单位空间节能效率。[①]增设腔体会增加一定量的建筑材料，导致建筑材料耗费碳排放量增加

---

① 来源：《青海河湟地区庄廓"厚重"生生态经验的现代设计转化——以河湟民俗文化博物馆设计为例》

続表

被动式节能技术类型与设计手段		技术原理图示及实例		对建筑碳排放的影响
被动式太阳能得热技术	直接受益式	白天阳光通过南向大面积透光围护结构直接射入室内，使室温上升	德国建筑和劳动艺术陈列馆 内部空间通过大面积透光围护结构直接获取太阳辐射热	增加室内冬季得热，降低建筑采暖用能需求，减少建筑运行碳排放量；需根据地区气候条件，平衡夏季得热，避免额外增加夏季冷负荷；对建筑材料耗费碳的增加影响较小
	集热蓄热墙式	阳光透过外层透光围护结构照到内层蓄热墙表面使其升温，将空腔内空气加热；被加热的空气靠热压经风口与室内空气对流换热，蓄热墙体以传热、辐射、对流方式向室内供热	青海海东市民和县科技活动楼集热蓄热墙应用 	可提高内冬季室温，降低建筑运行阶段碳排放量；与单一墙体或单一透光围护结构相比，会增加建筑材料使用量，导致建筑物化阶段碳排量增加，宜与文化展示墙等永久性构件整合设计
	附加阳光间式	阳光透过大面积透光围护结构，加热阳光间空气；部分阳光可直接射入供暖房间；靠热压经门窗等与供暖房间空气对流换热，使供暖房间室温上升，同时墙体以传热、辐射、对流方式向供暖房间供热	河湟民俗文化博物馆走廊式阳光间 利用南向外表面可接收太阳辐射强度大的特点，结合空间布局，形成走廊式阳光间	常与功能空间整合设计，不增加甚至降低建筑材料耗费碳排放量；为相邻房间供暖，减少建筑运行碳排放量
	金属太阳墙热风系统	利用金属壁面吸收太阳辐射热，加热腔内空气温度，经风机送入室内，为室内供暖	西安建筑科技大学绿建中心南立面金属太阳墙 	通常与立面形态一体化设计，且金属板可回收循环利用，不增加或少量增加建筑材料耗费碳；为室内冬季提供热风，减少采暖用能需求，降低建筑运行碳排放量

196

被动式节能技术类型与设计手段		技术原理图示及实例		对建筑碳排放的影响
被动式太阳能得热技术	固定遮阳板、遮阳百叶	通过遮蔽阳光，减少阳光直射到建筑外壁面上，减少室内太阳辐射得热，降低制冷用能需求	澳大利亚墨尔本像素大厦外立面遮阳 包裹楼体的彩色遮阳板采用零污染可循环利用面板	降低建筑物运行碳排放量；建筑材料耗费碳排放量增加；宜与挑檐、檐廊等永久性建筑构件结合，选用可回收、可循环利用材料，减少或避免额外增加建筑材料耗费碳排放量
	可调节遮阳幕墙或百叶	通过对可移动遮阳构件角度、出挑长度、遮蔽面积的调控，控制室内日光的摄入量	奥地利基弗技术展示厅可调表皮 遮阳板采用可移动的三维折叠结构穿孔铝板	降低制冷用能需求，降低建筑物运行碳排放量；建筑材料的增加，导致建筑材料耗费碳排放量增加
自然通风技术	热压通风塔	利用烟囱效应，通过较大垂直距离的进风口与出风口，排出室内热空气，减少室内热量积蓄	岳阳县第三中学风雨操场通风塔 	一般与建筑形体一体化整合设计，无额外建筑材料增加，即不增加建筑材料耗费碳；可减少室内热量，降低建筑物运行碳排放量
	双层呼吸式幕墙	通过热压通风的作用，带走幕墙腔体内热空气，降低内侧围护结构的表面温度，从而减少室内得热量	贵安新区清控人居科技示范楼通风表皮 	降低建筑物的运行碳排放量；建筑材料的增加（与单层幕墙相比），将导致建筑材料耗费碳增加；选用可循环利用材料或负碳的竹、木材料，避免额外增加建筑材料耗费碳
	穿堂风	当进风口位于风压正压区，出风口位于负压区时，就可产生从房间一侧到另一侧的穿越通风，从而带走室内热量	南京紫东国际招商中心自然通风 	通常与空间布局、建筑形体一体化设计，对建筑材料耗费碳无影响；可降低夏季室内制冷需求，减少建筑物运行碳排放量

被动式节能技术类型与设计手段		技术原理图示及实例	对建筑碳排放的影响
直接蒸发降温技术	种植屋面、种植墙体	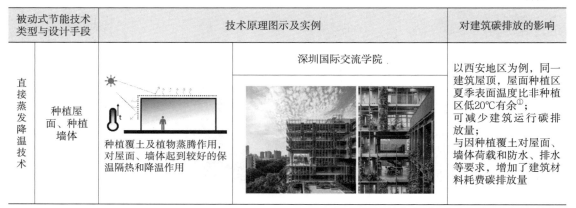 深圳国际交流学院 种植覆土及植物蒸腾作用，对屋面、墙体起到较好的保温隔热和降温作用	以西安地区为例，同一建筑屋顶，屋面种植区夏季表面温度比非种植区低20℃有余[1]；可减少建筑运行碳排放量；与因种植覆土对屋面、墙体荷载和防水、排水等要求，增加了建筑材料耗费碳排放量

2. 建筑设计"节能"能动性与气候条件的精细适配

建筑运行期碳排放强度对应建筑能耗控制水平，取决于设计者主导的建筑与环境交互方式。建筑气候适应性设计是关键低碳设计环节。[2]对设计者而言，摸清"气候条件与建筑物之间的关系"，既是提出合宜建筑构架，组建良好建筑系统、控制交互水平的前提，也是不断验证优化设计、保障设计控碳作用的工作要求。而且对于文体建筑而言，是使其地域内涵深化发展，创新完善建筑形态，发挥设计专业力量的一种工作渠道。

具体设计任务中，设计者可先进行原理层面的机制还原，自主开展建筑与外界交互过程定性分析，也可借助一些数字工具辅助开展技术应用比较，深化技术方案。如通过Climate Consultant、Weather Tool、Ladybug等软件，分析项目所在地建筑被动式气候调节适用策略，一般可得到被动式技术选用建议（图4-25）。

例如，同样是属于建筑需采暖的地区，在我国北方严寒地区典型城市哈尔滨，冬季漫长严寒、夏季短促凉爽，气温年较差很大，夏季太阳辐射强度

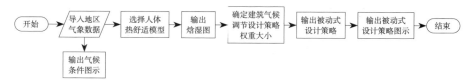

图4-25 气候条件分析"输入-输出"流程示意

---

① 来源:《全面推广绿色建筑的对策和建议》
② 生物气候地方主义、建筑气候学、建筑气候适应性设计是萌芽于全球环境危机后绿色建筑的几种重要思潮与理论认识。强调建筑设计达成环境友好应根据气候地区条件开展，目前仍是建筑设计的前沿议题与技术难点，2023年丹麦举行的国际建筑师联盟世界建筑师大会中，气候适应设计是其中六个科学议题之一。

较大（图4-26），冬季多大风。根据Climate Consultant生成的焓湿图可知，当地全年仅有9.5%的时间属于舒适时段（约835h）。适用当地的建筑气候调节策略共计9项，被动式调节策略为5项。其中，气候调节设计策略按全年有效时间长短依次排序为：1）主动采暖且必要时加湿（58.6%）；2）内部得热（19.1%）；3）被动式太阳能采暖+高蓄热（11.5%）；4）窗户遮阳（5.6%）；5）自然通风（4.1%）；6）单纯除湿（3.0%）；7）高蓄热+夜间通风（2.7%）；8）制冷，必要时除湿（2.4）；9）防风（0.2%）。在此基础上，Climate Consultant给出了被动式技术类型，序号表达了各技术类型的优先使用程度排序（表4-15）。

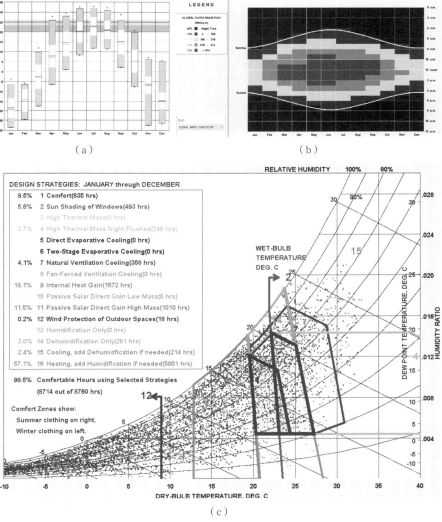

（a）

（b）

（c）

图4-26 哈尔滨地区气象条件与焓湿图
（a）哈尔滨全年气温；（b）哈尔滨总水平辐射；（c）哈尔滨地区的焓湿图

适宜哈尔滨地区的建筑被动式技术类型 表4-15

序号	被动式技术类型	序号	被动式技术类型
1	被动式太阳能得热结合遮阳	7	热缓冲空间
2	高性能透光围护结构	8	自然通风
3	建筑物保持合适体量	9	窗户夜间保温
4	保持高气密性	10	天窗通风
5	高性能非透光围护结构	11	倾斜屋顶防风
6	高热容材料储热与夏夜通风		

寒冷的青藏高原城市拉萨，日平均温度偏低，冬季也寒冷漫长，夏季凉爽，气温日较差较大，年较差则较小（图4-27）。当地太阳辐射强烈（图4-27），日间26%的时间每小时水平面总辐照量超过474W/m^2（哈尔滨地区为10%）。根据Climate Consultant生成的焓湿图可知，当地全年仅有5.0%的时间属于舒适时段（约442h）。适用当地的建筑气候调节策略共计7项，被动式调节策略为4项。其中，气候调节设计策略按全年有效时间长短依次排序为：1）主动采暖且必要时加湿（50.2%）；2）被动式太阳能采暖+高蓄热（26.2%）；3）内部得热（24.5%）；4）窗户遮阳（1.5%）；5）单纯加湿（1.2%）；6）直接蒸发降温（0.6%）；7）防风（0.1%）。在Climate Consultant给出的被动式技术类型中，序号表达了各技术类型在该地区的优先使用程度排序（表4-16）。

对比来看，二者适用的建筑被动式节能技术的目标都偏向于通过合理利用冬季太阳辐射得热提高室温，提升建筑保温隔热性能削弱外部低温寒风对内部气候环境的侵袭，以便更好地应对当地严寒气候环境。并兼顾夏季遮阳、通风需求，应对夏季高辐射，改善内部环境舒适性。从建造体系上，采用较为厚重的隔热保温型房屋技术都有一定适宜性。

进一步仔细比对可以发现，拉萨被动式太阳能采暖技术的有效时间，是哈尔滨的2倍多，可见两城市建筑被动式太阳能采暖技术选型的侧重点和潜在的实施效果差异较大。哈尔滨建筑围护结构的保温性能更为关键，而拉萨建筑围护结构平衡保温与得热的意义较大。据此，在拉萨建筑设计选型与赋形时，重点结合建筑使用情境考虑被动式太阳辐射得热与保存技术落地的途径，以充分挖掘太阳辐射资源被动应用潜力。以图书馆建筑为例，厚重的隔热保温型房屋技术在哈尔滨可进一步发展为多层次中庭式空间构型布局，用空间组织强化梯级保温作用。而在拉萨则可进一步分化为南向透明空腔与北向厚重附属组构的构型组合，用来平衡南向得热，双层蓄热与整体保温。若建筑规模较大，在哈尔滨可在集中式布局下加入中心空腔结合功能分区优化

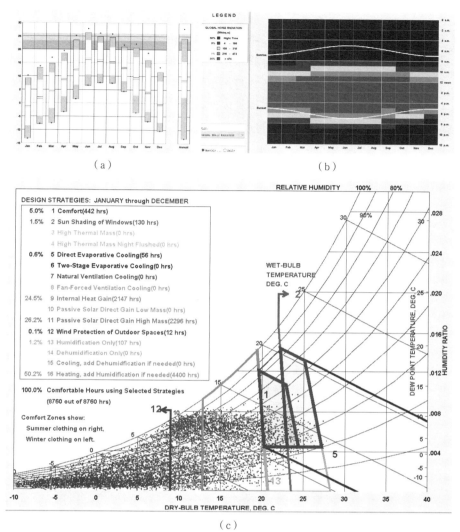

（a）
（b）
（c）

图4-27　拉萨地区气象条件与焓湿图
（a）拉萨全年气温；（b）拉萨总水平辐射；（c）拉萨地区的焓湿图

适宜拉萨地区的建筑被动式技术类型　　　　　　　表4-16

序号	被动式技术类型	序号	被动式技术类型
1	被动式太阳能得热结合遮阳	6	高性能非透光围护结构
2	高性能透光围护结构	7	窗户夜间保温
3	高热容材料储热与夏夜通风	8	热缓冲空间
4	建筑物保持合适体量	9	建筑物保持合适体量
5	倾斜屋顶防风		

整体建筑室内场所环境，拉萨还可考虑将上述构型与辐射利用中庭、屋顶集热走廊结合，中心空间可细化为中心报告厅、多功能厅、展厅等适用空间，完善构型与空间布局优化。而其辐射中庭、庭院、中心报告厅、多功能厅、展厅的组构形式与用房形状，及其南向、屋顶遮阳可通过参数化设计方法进一步优化，平衡其内部效果与光热效果。也可参照表4-10所示在被动式节能技术逻辑下寻找适用的被动式节能技术应用构想。采用其他模式调动组构与构型设计作用，分层融入整个建筑系统，实现对地区气候条件的有效应对与高效利用。

4.3.3 建筑节能、低碳一体化设计

在建筑设计方法体系层面，想要在一连串有层级又相互关联的形态决策中精准控制好整体建筑耗能水平，通常有两种路径：第一种偏向于从环境中逐渐界定出人工环境的设计思路，并尽可能多样与多元地保持建筑内部与外部有较为多样开放的交互关系；第二种倾向于将建筑首先定义为一个需要子系统紧密配合人工环境的整体系统，为了尽可能保证内部环境稳定，能耗控制技术的要点自然在于内部与外部之间精确可控的交互。

这两类思路都能很好地完成建筑设计任务。当文体建筑建造技术约束较为严苛、所处气候环境较为极端、可选择技术体系与组合形式受限时，采用第二类控制逻辑易于保障系统运转状态与能耗水平。如体育建筑设计中结构体系技术选择常成为建筑选型、赋形、空间布局的主导约束或驱动技术因素，与之相应的维持人工环境系统的能耗控制集中于空间物理要求与设备系统效能匹配的相关设计决策；再如在极寒、极旱、极端热湿等气候条件下，建筑物理环境技术原型约束主导性强，也会对建筑技术体系最初构架有较为重要的基础性作用，建筑围护结构性能与内部空间系统布局都能为建筑环境控制能耗控制做出积极调整。因此，在第二类方式的设计流程中，往往更适合先明晰物理过程模型。节能设计可以直接借助数理模型优化原型，提出较为明确的控制物理性能参数目标，大量的措施、参数控制性工具软件都能较好展开辅助设计。

在现实情形中，大部分文体建筑都需要找到构建技术、环境控制、建筑空间美学、文化品质的独特平衡方式。设计创新因循三者之间关联逻辑，选型优化、赋形突破常依赖于协同控制。在空调系统普及前，建筑运行的舒适状态差异很大，从事文化建筑设计创作的经验建筑师，若要因循与传承既有的丰富场所体验，大多更倾向于采用第一种方式展开工作流程。此时，建筑物理系统边界界定往往还不够清晰，建筑不同部分的具体技术策略也可能要求不同，方案发展中也可能是混合交错的。因此，此阶段常以建筑与气候应

对的宏观策略与原则的方式来理解、控制建筑系统的能耗，审视与迭代原型的挑战与创新集中突出。

有较多设计从类型角度结合气候因素开展原型再购与优化对应性研究。表4-14中所列技术，涉及文体建筑构型与组构两个层面，包含了设计者针对性的设计创新。多已转换为面向具体应用矛盾的设计手法。

有建筑设计研究将建筑适用气候的关系抽象类比为"源与库"，提出材料使用最小化，使用和性能上的多样场景最大化的设计主张，并通过九个典型的气候空间原型解释、还原并启发设计者开展建筑空间的气候适应性构型分析，其研究方式、结论与原理完全采用抽象空间类型图解方式呈现。

在设计者主导逐渐形成并清晰空间构架时，除了借助计算高效反馈构架的环境作用效果、效率外，还需概念化理解气候因素与建筑系统之间的作用机制。未来，"生成式设计"也有赖于二者有机协同与程序性优化，有学者提出建筑环境调控的形式法则可采用"热力学建筑原型"方法，并试验性完善为8个主要步骤。[①]因此设计者应重视发展出对既有原型的环境因应优化方法，文体建筑调用的经典场所的空间原型常包含半开放、模糊的环境舒适区划分与体验，较难直接对应于建筑通用物理原型。图解式系统分析方式可直观呈现既有原型的环境因应与交互过程，一些设计工具如《绿色建筑设计导则》等提供了类似设计资料集式图解设计手法，帮助设计者在不同情况下落实设计方案中环境控制基本技术策略与思路。

高标准文体建筑在使用能源效率更高的空调等设备系统等节能技术时尤其需在技术体系层面协调，以一体化的细节实现建筑系统成熟度。在具体实践中，不少设计者出于经验直觉先确定局部空间艺术效果与文化体验目标，进而推演建筑技术体系。虽然这是一种高效的效果先导的现实设计路线与创作方式，但确实容易表现出"因脚而头"所致的技术矛盾，导致建筑的系统性困境。如常见的因玻璃幕墙技术选择不当而受限于建筑能耗参数，被动升级为全空气调节系统而放弃自然通风，被动加挂大面积自动遮阳的高碳排放"设计风格难题"；因高规格建筑空间的强制机械排烟要求，而被动放弃自然生态技术原型，异化自然采光与换气作用，采用盲窗的"设计形式遭遇"。

---

① 李麟学在《热力学建筑原型》一书中提出"建筑环境调控的形式法则"可采用"热力学建筑原型"方法。扩展到建组"系统"构架的层面，在其开展的教学实验中计划了八个主要步骤：案例研究提炼与模型还原、气候与自然特征数据分析、能量流动机理与系统模拟、热力学原型研究与优化、原型的建筑转化与实验检测、建筑的城市环境植入、热力学物质化与材料文化、研究与设计成果的整合。

采取第一种路径开展开放性设计，应坚持以综合绿色建筑目标为导向，兼顾建筑技术环节在系统层面环境影响控制，协同建筑空间场所追求、功能效果、性能表现、能耗水平与碳排放强度。在应用节能技术措施时不仅要关注节能绩效，更需要在建筑整体系统角度下平衡具体技术逻辑的在长链要素作用传导下的综合绩效，秉承建筑系统的层级传导关系的设计基本内涵原理。

谋划建筑整体构架，创造性应用合宜建造技术以回应既定需求与控制环境负担，是低碳建筑设计与节能设计一致的任务目标。需从建筑系统三层面重点统筹：

1）在建筑模式层面，掌握既有相似建筑类型使用效果与运行效率的一般水平及其技术模型，开展选型与技术策略比较。

2）在建筑空间系统层面，重点优化所选建筑模式下，空间垂直方向热过程、空间体系综合热过程控制利用及透明围护结构设计控制。尤其是明确建筑系统与项目所在具体气候条件、场地条件等的创造性结合与应用形式，完善构型基础。

3）明晰建筑各区、各组构的性能预期、技术参数优化目标，优化各组构及组构间组合影响与作用。

在组构层面，具体形态优化常要与其他建筑设计目标进行整合，这需要多样化创新探索，不宜机械套用通用模型，[1]可采用多种工具建立针对性研究模型，开展多种节能技术途径、技巧、手法的比较。如在我国太阳能资源富集地区，根据技术测算，理论上可通过建筑设计手段实现建筑采暖化石能源消耗近零，[2]若以此为主导节能技术目标，设计者需开展"外部气候环境-建筑空间环境"体系下分层分解传导技术目标。在围护结构设计中需同时平衡辐射状态得热控制与无辐射状态保温构造：对不同朝向外围护结构可采用等热流计算模型，理解基本性能目标，以优化分解建筑工艺组构；在局部辐射得热区需创新构造方法，一方面需结合主动设备与应用技术构建新的技术部品与构造方式，另一方面要优化细化围护结构设计参数。回归建筑系统层面，接续上述工作优化建筑内部环境分区，完善各类交互界面设计，实现建筑总体能耗水平预控与低碳建筑系统基础。

---

① "1950年代发端于美国的室内气候精准控制理念，在其后被证明对健康、舒适和能源节约均无助益"。——《以空间形态为核心的公共建筑气候适应性设计方法研究》
② 来源：《城镇住宅太阳能辐射热利用设计导则研究——以西部五城市为例》

4.3.4　建筑用能优化的低碳设计

通过用能优化，在建筑能源供给环节采用清洁能源替代及光伏能源转化等方式可直接实现建筑系统的碳耗降低。目前，建筑碳排放计算中，对建筑采用可再生能源的计算规则约定也体现对这一层面的理解。同时，在建筑系统中充分挖掘、高效利用各种可再生能源，对建筑控碳、节能均有利，是一种系统层面的减小建筑环境影响的根本性绿色策略。

对于设计者而言，这一层面的"节能技术"应用关键矛盾主要集中在建筑能源转型与既有体系的高效整合与协同效果上。从建筑能源形式与系统关系，传导至建筑环境-气候环境交互技术途径与模式，再落实为与建筑本体各种技术标准、形态及构造工作协同。

从具体应用技术角度来看，在建筑单体应用层面，风能、水电能、太阳储电能等能源产业的清洁能源与建筑系统关联较小，主要需与设备系统匹配协同；末端形式转换矛盾较小，虽然对建筑碳排放量权重很大，但是对建筑本体设计决策影响主要体现在建筑技术体系的选择与工艺标准上。

在建筑建设中的太阳能利用、场地资源识别转化利用、气候资源应对利用方面则需理解甄别可再生能源的类型及与建筑系统的各层面不同作用与效果，进而判定利用方式与具体技术。需开展太阳能系统、地源热泵系统、空气源热泵系统三方面技术系统比较及一体化建构应用设计。建筑与环境条件关联越合宜、越适配，交互方式越节制，建筑与环境的交互强度就越低，建筑对环境影响就越小。

从建筑设计角度来看，太阳能利用、地源热泵、空气源热泵等设计既包含建筑系统、主动技术，如建筑设备末端形式等，与本体设计协同度高，还包含牵涉本体空间布局与被动设计各层面的应用设计动作。也涉及长链条的具体设计决策与方案优化，既有整体建筑技术体系的整合创新，还有大量建筑部品、产品、用品与建筑构建形式之间构造方式、工法、技术标准、工艺等深度配合。这些设计任务间一体化协同越深入，各部分机能越复合统一，建筑系统整体性就会越强。设计系统构架能动效果发挥越充分，建筑系统越精简，则建筑系统冗余越少，能源利用转换复杂性降低，整体碳排放强度必然越小，实现建筑碳中和的难度越低。

节能设计控碳技术效果所涉及的建筑整体协同问题，在现有文体建筑中不仅表现在建筑系统中各组构之间的匹配与连接效果上，还表现在长寿命周期预期下，系统运行、结构服役、部品构造耐久的各类技术指标控制与协同上。

文体建筑不仅是城市的重要地标，也是社区活动的核心场所，这些建筑需要采用高标准的设计、施工、维护、更新技术，以应对高强度使用的需求和长期耐久性的挑战。

要落实以低碳目标为导向的文体建筑设计，理解具体建筑能耗和建筑碳排放，"都需要从强度、空间和时间三个维度来考虑，不应简单地只考虑强度的降低，要考虑空间跟时间的关系"。

4.4.1 文体建筑增寿降碳

通过采用绿色建筑材料、智能设计和高效能源管理系统，文体建筑不仅能够减少环境碳足迹，还能延长使用寿命，实现经济与环境的双重效益。

1．建筑寿命

建筑设计寿命：即在建筑设计中需考虑的建筑的耐久年限，根据建筑的重要性和建筑的质量标准而定，是作为建筑投资、建筑设计和选用材料的重要依据。依据《民用建筑设计统一标准》GB 50352—2019，以主体结构确定建筑设计使用年限分为四级。文体建筑主要考虑二～四级。

建筑使用寿命：因结构、质量、维护、自然环境等原因建筑使用的时间，一般建筑的使用寿命会长于设计寿命。然而由于建筑质量、维护保养、人为因素等，中国建筑的实际使用寿命约为30年（图4-28）。

2．影响文体建筑寿命的因素

建筑材料与构造：高耐久性的材料和先进的建筑技术能显著延长建筑的使用寿命。

设计与规划：设计不合理会导致建筑快速老化。

维护与管理：定期的维护和专业的管理是延长建筑寿命的关键。缺乏维护会加速建筑的老化过程。

级别	耐久年限（年）	适用建筑
1	5	临时性建筑
2	25	易于替换结构构件的建筑
3	50	普通建筑和建筑物
4	100	纪念性或特别重要的建筑

图4-28　我国建筑设计寿命和世界各国建筑平均使用寿命

使用频率与负荷：高频率的使用和重负荷的活动会增加建筑的磨损，特别是体育设施。

环境因素：如污染、气候变化和自然灾害，对建筑寿命有重要影响。

4.4.2 品质目标下的分级降碳

文体建筑在建筑形式、结构体系，以及能源利用系统等方面具有多样性与复杂性。建设年代较久远的文体建筑普遍存在综合防灾能力低、室内环境质量差、使用功能有待提升等问题。

1．延长文体建筑寿命的目标

延长文化建筑和体育建筑的寿命主要围绕着提高建筑的经济、环境和社会价值的目标展开。延长这些建筑的寿命并非单纯追求其物理存续的时间长度，而是为了实现综合效益的最大化，包括经济上的合理利用，环境上的责任管理，以及在社会文化层面上的积极贡献。

经济效益：建筑的长期使用可以分摊初始建设成本，减轻频繁重建或大规模翻修的经济负担。对使用者而言，意味着较低的使用成本和更好的投资回报。

环境保护：延长建筑寿命有助于减少建筑废物和对新建材料的需求，进而降低能源消耗和碳排放。这对于缓解气候变化和保护自然资源至关重要。

社会文化价值：对于文化建筑来说，保护和延续建筑的使用不仅保存了历史和文化遗产，还增强了社区认同感和文化自豪感。对体育建筑而言，提高设施的使用寿命可以持续支持社区健康、促进体育活动，加强社区凝聚力。

适应性和可持续性：通过灵活的设计和管理，建筑可以更容易适应未来的需求变化，减少对新资源的需求，促进可持续发展。

2．文体建筑性能提升目标

目标是从"节能改造、绿色改造"逐步上升至以"能效、环境、安全"综合性能提升为导向的综合改造。

使用功能提升：主要包括建筑增层改造、无障碍改造、智慧改造与运营；

安全性能提升：主要包括结构安全、建筑防火、结构耐久性；

环境性能提升：主要包括声环境、光环境、热环境和空气品质；

建筑能效提升：主要包括建筑维护结构、供暖通风和空调、电气与照明。

拓展知识：建筑绿色改造评价

建筑的绿色改造评价通常包括一系列关键的可持续性和环境效益指标，旨在衡量改造项目在节能减排、资源利用效率、环境保护，以及用户舒适度等方面的绩效。这些标准可以帮助评估绿色改造项目的综合性能，确保它们达到既定的可持续发展目标。这些评价标准可参考国际和国家级的绿色建筑认证体系，如LEED（能源与环境设计领导力评级系统）、BREEAM（英国建筑研究院环境评估方法）或中国的《绿色建筑评价标准》GB/T 50378—2019。

国内《既有建筑绿色改造评价标准》GB/T 51141—2015主要包括：规划与建筑、结构与材料、暖通空调、给水排水、电气、施工管理、运营管理、提高与创新共8个方面，评价结果等级为：一星（50分以上）、二星（60分以上）、三星（80分以上）。

《既有建筑绿色改造评价标准》GB/T 51141—2015中关于规划与建筑评分项：

1. 控制项（包括场地安全、日照标准、历史文化保护、节能改造等方面）
2. 评分项
1）场地设计
（1）场地交通流线顺畅、使用方便；
（2）保护既有建筑的周边生态环境，合理利用既有构筑物、构件和设施；
（3）合理设置机动车和自行车停车设施；
（4）场地内合理设置绿化用地；
（5）场地内硬质铺装地面中透水铺装面积比例达到30%。

2）建筑设计
（1）优化既有建筑的功能分区，室内无障碍交通设计合理；
（2）改扩建后的建筑风格协调统一，且无大量新增装饰性构件；
（3）公共空间室内功能空间能够实现灵活分隔与转换的面积不小于30%；
（4）合理采用被动式措施降低供暖或空调能耗。

3）维护结构
（1）建筑维护结构具有良好的热工性能；
（2）建筑主要功能房间的外墙、隔墙、楼板和门窗的隔声性能优于现行国家标准《民用建筑隔声设计规范》GB 50118低限要求。

4）建筑环境效果
（1）场地内无环境噪声污染；
（2）建筑场地经过场区功能重组、构筑物与景观的增设等措施，改善场区的风环境；
（3）建筑及照明设计避免产生光污染；

（4）主要功能房间的室内噪声级达到现行国家标准《民用建筑隔声设计规范》GB 50118相关要求；

（5）采用合理措施改善室内及地下空间的天然采光效果。

3．文体建筑性能提升中的碳排放源分类与降碳措施

综合性能提升旨在通过节能改造和绿色改造减少建筑的碳足迹，同时确保建筑的安全和功能性。在此过程中，碳排放源的分类及降碳措施包括：

1）碳排放源分类

建筑材料：从生产、运输到安装的整个过程中碳排放，包括钢铁、水泥、玻璃等重工业产品；

施工过程：施工活动中机械设备的使用和建筑废物处理所产生的碳排放；

建筑运营：建筑在使用过程中，如供暖、空调、照明和电器使用等方面的能源消耗导致的碳排放；

建筑维护：包括建筑的修复、翻新，以及更换设备和系统时的能耗和材料使用。

2）降碳措施

优选低碳建材：选择低碳足迹的建筑材料，如使用再生材料、木材或其他可持续资源；

高效能源设计：采用节能设计原则，如改善建筑的保温性能、利用自然光照、优化建筑外形以减少能耗；

绿色技术与再生能源：集成太阳能、风能等再生能源技术，以及使用雨水回收、绿色屋顶等环境友好技术；

建筑信息模型（BIM）技术：利用BIM技术进行高效的设计与施工管理，减少资源浪费和优化建筑维护；

智能建筑管理系统：通过智能系统对建筑的能源使用进行实时监控和管理，以减少不必要的能耗；

增加建筑的适应性和灵活性：设计时考虑未来的改造和调整，减少未来翻新时的资源消耗；

废物管理与循环利用：在建筑全生命周期中推行废物分类、回收和再利用，尤其是在建筑翻新和拆除过程中。

4.4.3　文体建筑更新中的碳排放

文体建筑的更新需要进行建筑全生命周期的碳足迹和能源消耗分析，从建筑设计、建造、运营到拆除的每个阶段，评估和优化碳排放和能源使用。

1．文体建筑更新中的碳排放环节

1）拆除和清理：拆除旧建筑或部件、清理废弃物可能会产生大量的碳排放，特别是如果采用传统的拆除和处理方法。

2）材料生产和运输：新建筑材料的生产和运输也是碳排放的重要来源。这涉及原材料的开采、加工、生产、运输等环节。

3）能源消耗：建筑更新改造过程中可能需要使用大量能源，例如施工设备的能源消耗、建筑工地的能源需求等，都会产生碳排放。

4）建筑设计和施工：如果设计和施工过程不合理或者不经济，可能会导致额外的碳排放。例如，不必要的重复施工、使用低效能源的设备等。

5）废弃物处理：更新改造后产生的废弃物的处理也需要考虑其对碳排放的影响。如果废弃物处理方式不合理，可能会导致额外的碳排放。

2．文体建筑更新中降低碳排放的措施

1）拆除和清理：采用拆除材料回收再利用的方法，尽可能减少废弃物的产生，减少碳排放。使用先进的清理技术，如环保清洁剂和高效清洁设备，以减少清理过程中的能源消耗和碳排放。

2）材料生产和运输：选择生产过程中碳排放较低的建筑材料，如使用可再生资源或回收材料。尽可能选择当地生产的材料，减少运输距离，降低碳排放。

3）能源消耗：使用高效能源的施工设备，如使用电动机械设备替代燃油设备，减少能源消耗和碳排放。实施施工现场的节能措施，如优化施工进度，减少不必要的能源消耗。

4）建筑设计和施工：采用绿色建筑设计理念，优化建筑结构和材料选型，减少建筑施工和使用阶段的能源消耗。通过数字化技术和智能化系统，优化施工过程与效率，减少碳排放。

5）废弃物处理：实施废弃物分类和资源化利用，将可回收的废弃物进行再利用，减少对原生资源的开采，降低碳排放。采用环保的废弃物处理方法，如采用生物降解技术处理有机废弃物，以减少废弃物处理过程中的碳排放。

3．案例：2022北京冬奥会体育场馆的更新改造降碳

2022年北京冬奥会充分利用2008年北京奥运会比赛场馆，以避免温室气体排放。国家游泳中心、国家体育馆、五棵松体育中心、首都体育馆、国家体育场等奥运场馆，都创造性地通过"水冰转换""陆冰转换"成为北京冬奥会冰上场馆。初步计算，5个场馆改造工程产生的碳排放相比重新建设场馆可减少温室气体排放约3万t CO_2当量（表4-17）。[①]

———————

① 来源：《北京冬奥会低碳管理报告（赛前）》

方案	措施名称	措施主要内容	减排量比较基准（或减排定性描述）
加强低碳场馆建设管理	超低能耗低碳示范工程建设	五棵松训练馆、北京冬奥村医疗诊所	示范面积
	新建室内场馆符合绿建标准	达到绿色建筑三星级标准	通过绿建三星标准的室内场馆个数
	制定《绿色雪上运动场馆评价标准》DB11/T 1606—2018	所有新建雪上项目场馆满足该标准要求	通过绿建三星标准的雪上场馆个数
	推动场馆低碳节能建设、改造	鼓励达到绿色建筑二星级标准	改造并达到绿建二星标准的场馆个数
	建设期回收利用	加强材料低碳采购；优化设计减少材料消耗量；建筑材料回收利用率应高于20%	设计优化前方案的材料概算量；建筑材料回收利用为0
	采用临时设施	临时场馆及临时设施采用可再生/可循环利用的材料、可拆卸部件或单元，拆除后实现充分利用	临时设施再利用率
	推进场馆运行能耗和碳排放智能化管理	实时监测电、气、水、热力及可再生能源的消耗情况，对空调、采暖、电梯、照明等建筑耗能实施分项、分区计量控制	建设能耗管控中心数量
	提高制造冰雪效率	合理使用再生水、雨水；在合适场馆进行CO_2制冷示范利用	传统水源作为人工造雪用水；制冷剂：R507的填入量
	强化废弃物回收利用	编制清废管理工作方案，对垃圾分类、清扫保洁、除雪铲冰等各项工作内容做出细化安排	2016年北京市垃圾处理现状

1）奥运会场馆"水立方"改造为"冰立方"

2022年北京冬奥会将"水立方"改造为"冰立方"，是低碳绿色改造的良好示范。国家游泳中心，别名"水立方"，是2008年北京奥运会的主游泳馆。2020年11月，经过改造，"水立方"变身为"冰立方"，成为国家游泳中心冬奥会冰壶场馆，也是双奥示范场馆。"水立方"中的水上运动比赛大厅转换成"冰立方"的冰壶比赛场地，成为中国首个在游泳池上架设冰壶赛道的奥运场馆。

国家游泳中心的改造奉行可持续利用的理念，其中的改造节能降碳措施包括：热环境分区控制、被动式自然通风技术、LED照明优化、装配式"冰水转换"等。因此也获得了2019年度国际奥委会"体育和可持续建筑"奖。

2）热环境分区控制

通过高效的建造方案对空调系统进行改造，包括舒适性空调机组变频改造和新增制冰系统。实现对冰壶比赛冰面区域和观众席观赛区域的分别控制。这在冬奥会历史上是首次实现冰壶场馆的分区环境控制，也为观众带来了全新的"同室不同温"的体验。

3）被动式自然通风技术

增加了膜结构空腔自然通风装置，通过开启顶部的空腔，在夏季实现自然通风降温，在冬季进行热能储存以减少场馆的热消耗。利用空腔降温技术，空腔夹层内的热空气可以向上流动并与室外空气循环，从而有效降低空腔温度。①

4）LED照明优化

为避免电视转播照明灯光对冰面的热辐射，场馆照明设施全部更新为LED灯具。LED灯具不仅节能，还可实现照明功能升级，满足游泳、冰壶及商演模式的灯光照明需求，赛事转播和各类大型活动的照明要求都可以一键切换。

5）装配式"冰水转换"

冰壶比赛场地采用钢框架支撑体系和预制混凝土板。这种转化基础的设计既可以节省填埋泳池的混凝土用量，还可以减少由于混凝土生产、运输和安装所产生的隐含碳排放。同时，预制的钢结构和轻质混凝土板可以实现转换材料的重复利用，大幅度降低建造和后期拆除改造的成本和碳排放。

4.4.4 建筑保护/改造中的碳排放

1．建筑保护利用中的节能节碳

当下中国城市进入存量发展与可持续更新的时代，既有建筑保护利用的绿色转型，是保护历史、传承文脉、可持续发展理念下适宜的更新方式，既保留了建筑的文化价值，又确保了其现代功能性和环境责任，其实施路径包括：

1）能源审计和基准制定：对现有建筑进行能源审计，评估能源消耗情况和节能潜力。建立能源消耗的基准值，为改造提供参考和目标设定。

2）设计和规划：在改造设计阶段，考虑建筑的方向、布局和结构，以优化自然光照和通风，减少对人工照明和空调的依赖。选择适合的建筑材料，如具有良好保温隔热性能的材料，对建筑围护结构进行改造以提高能效。

3）技术和材料选择：采用高效能源系统，如LED照明、高效率暖通空调系统和节能窗户。选择环保建材，如使用低碳水泥、再生木材和其他回收材料。探索可再生能源的技术方案，如太阳能光伏板和风力发电，屋顶安装太阳能板，以减少对化石燃料的依赖。

---

① 来源：《国家游泳中心（冰立方）》

4）智能化与自动化系统：使用智能建筑管理系统来优化能源使用，自动调节照明、暖通空调和其他系统。采用传感器和计量设备监测能源消耗，实时调整以达到最佳能效。

5）持续监测和优化：持续监测建筑能源性能，评估节能措施的效果。根据反馈调整和优化能源策略，确保长期效益。

2．建筑更新改造的设计模式

在建筑更新改造中，设计模式通常从建筑形体、界面、构件和空间四个方面进行综合考虑，其不仅关注建筑的美学和功能性，而且强调建筑的能效和环境适应性，以促进建筑的可持续发展和长期价值提升。在实际操作中，设计者需要根据具体项目的环境、历史背景、使用需求和预算等因素综合考虑，实施最合适的设计方案（图4-29）。

1）建筑形体：根据使用需求和环境适应性，通过调整建筑的形体，优化朝向、促进通风，增减建筑体量和布局以减少能量损失；

2）建筑界面：通过增加建筑墙体、屋顶等维护界面的保温隔热措施，可以显著提升建筑的节能效率，提高建筑气密性和防水性则能减少冷热空气交换，防止水分渗透导致的保温性能下降和结构损伤。

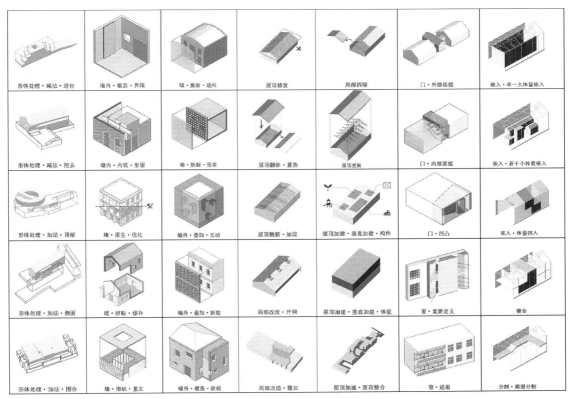

图4-29 文体建筑增寿降碳在改造再利用设计中的模式——形体、界面、构件与空间

文体建筑使用寿命预期长、功能综合多样、边界要素构成复杂，要承载的地域文化、表现的建筑风格丰富多彩，容纳的行为、场景内容多样。需一直由设计者通过设计过程主导推动，采用较为多元化技术方式完成高质量设计。

因此，文体建筑设计通过以建筑构思推动的使用场景创新要求高，空间本体特异性创造实验探索集中。这使得在文体建筑设计草案期主要挑战集中表现在场所的感受质量与实现技术。一方面，建筑设计创作的主要难点被认识为空间秩序的体验品质；另一方面，此时直观理解建筑物能耗与碳排放量困难，通行的量率工具多基于通用建筑的标准工况，易导致空间类别认识模糊与理解错位，使碳排放评判无依托，造成草案期低碳建筑设计的技术目标不具体，浮于设计任务流表面。设计决策中通过融合协同建筑碳排放认识，可推动草案期建筑控碳目标效益、效率、效果，是实现低碳文体建筑设计重要技术环节。[①]

在可完全替代人工设计的智能化建筑生成设计工具出现之前，若仍依靠人工主导完成高质量文体建筑设计，在设计决策的逻辑链条中兼顾建筑碳排放控制，就要求设计者能较为直观感知碳排放在不同设计构想下的变化规律。建筑碳排放传导结构化认识，可帮助设计者建立起文体建筑设计各种思维决策与建筑碳排放表现间的关联关系。本教材提取了设计者常用的建筑组构，呈现了文体建筑设计操作引起的碳排放变化作用机制。图4-30集成了

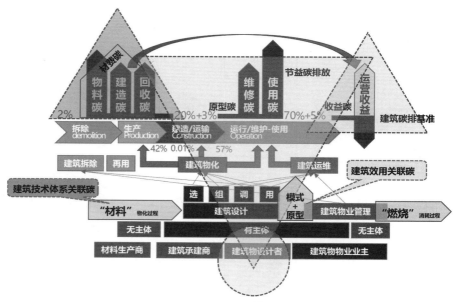

图4-30　建筑设计视角下的碳排放控制技术作用环节与机制

---

① 在建筑设计执行文件中（即施工图），严格执行《建筑节能与可再生能源利用通用规范》GB 55015—2021，建筑即可满足国家对碳排放的现有要求。若设计草案的艺术性构想充分，而技术执行预想不足，导致方案与施工图设计技术控制逻辑冲突，即建筑设计脱节现象，可致建筑品质劣化，在空间构想端协同是较为根本的解决方式。

建筑本体碳排放计算中涉及碳排放与建筑管理、建筑设计技术决策之间的关系。

通过"建筑技术体系关联碳"串联起理解建造材料物化过程、保持建筑运行状态、提升运行效益相关设计决策之间的影响链条。明晰估算要点，经建筑设计预设，选、组、调、用而构架出的模型所确定建筑系统效用关联作用。

这种协同认识可辅助设计者系统认识各类技术选择对整体建筑系统碳排放表现的综合作用及与其他技术系统之间的关联影响，可支持不同决策情境下，灵活的设计思路调整与设计技术应用手法创作，提高建筑最终碳排表现与系统绩效；可支持更多样与开放的设计创新与技术统筹，辅助文体建筑技术更新发展，回应建筑业碳中和技术发展。

截至目前，设计前期的人工决策一直以几何形态信息模型为技术载体平台，但构架性"形式创作"思维仍是统一协调建筑设计决策的思维主体方式，将低碳控制逻辑融入形态操作逻辑，嵌入设计流程。与指标约束分解方式相比，其可称为"正向"伴随控碳技术，这对人工设计思维较友好，有利于容纳较为多元的人为设计创作发散构思，以及发挥设计者创新作用，主导文体建筑基础构架，提升建筑品质。

六种典型文体建筑类型均显示出较强的基本构成规律，有明确的主体-从属-附属-连接四类空间组构层级。其对应特征明显的主体空间建筑组构模式，以及随之而成的经典建筑构型模式，即本教材中以"建筑组构"与"构型模式"概念呈现的设计模式规律，符合现行文体建筑设计遵循的一般模式思维方式。不同的组构都有较为明显的基本用房量与技术约束规律，与其建造耗费的物料而引起的隐含碳排放强度对应。这也决定着其与不同环境交互强度及适用控制的技术系统，从而与建筑运行的碳排放有基本的对应关系。

通过组构向下深入，可以理解文体建筑的通用技术应用规律，使设计者易捕捉建筑模式与技术体系之间的关联；通过组构组合向上研究，构型模式可关联传统上以建筑形态为核心的空间操作决策，并且对其中环境交互模式开展预估与运行优化调控，控制建筑运行碳，实现较多的系统节益。

图4-31示意了设计中各维度信息交互依赖的"综合思考流程"，可直观理解构型对应的基础碳源构成。在此基础上，可通过设计优化不断循环优化文体建筑的构型结果。这是一种基于碳排放估算，面向设计者的低碳设计方法。

基于模式的建筑师式设计思维方式有明显的局限性，低碳设计创作与创新仍需要模式层面与技术体系层面的支撑。

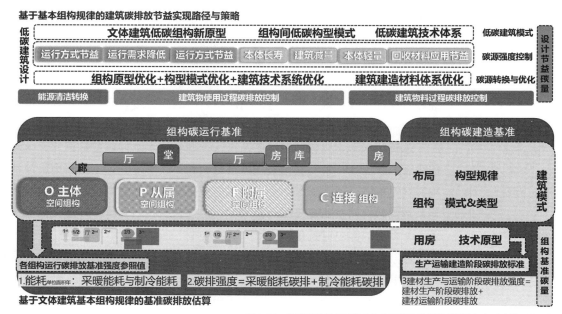

图4-31　建筑设计视角下的全生命周期建筑节益碳排放与低碳建筑设计逻辑

1）模式规律抽象较笼统，此类设计经验高度依赖既有设计案例与个人设计经历积累形式手法。对于包含高等级演出、高标准比赛、高水平展览的大型文体建筑而言，建筑碳耗是伴随着空间使用的社会预期使用品质标准、技术发展与合宜技术方式共识、经验推演出来的，仅代表既有规律。而这六类文体建筑正随着社会发展，以及群众文化内容、形式、场所、建筑需求发生较剧烈的融合变化，其设计碳控难点、要点与设计作用潜力因具体应用情况有差异。因此，低碳设计应谋求打开组构原型，引入或发展新的技术，从空间需求效率精细化减量、结构体系轻量化、低环境负担用材、高效设备机电系统等源头共同发挥作用（尤其是协同创新作用），才能从源头根本突破建筑碳排放强度。

2）目前，计算机人工智能及生成式设计研究进展迅猛，尤其是在神经网络架构下，大语言模型、图片识别等很多原来通过算法、规则预设很难解决的复杂决策都有突破式进展。在建筑各种目标逻辑下，设计决策与各种措施技术间的潜在关联、相互支撑、互为前提等复杂关系，可能的更新正在酝酿，即在本教材中总结为建筑的系统性规律。未来，模式突破不仅依靠人脑发散创新，也有望很快可依赖人工智能技术与算力支持加速发展。①

———————

① 人工智能技术完全解锁人类大脑在建筑设计时全链思维机制目前仍有差距。人工建筑设计思维"以模式化抽象为基础，统筹多模态、多维信息"的特点尚难以替代，其高效性仍无法超越，但其算力突破较为乐观。

因此，文体建筑控碳是高度依赖建筑设计协同的完整技术工作链，不仅要发挥既有模式化经验，还要及时与行业技术发展前沿同步，与设计技术智能化发展高度相关。当然，对设计者而言，重点在协同环节因势利导借助组构层面的设计信息组织，围绕设计构想环节发挥协同作用：首先应优先建立建筑物与环境之间良好的交互关系。在此关系下，建筑构造与使用功能细化会自然地发挥系统性效用，系统顶层设计可奠定良好建筑控碳基础，是较为根本与关键的设计决策。其次，应注意在目前技术体系、建造工业转型时期，引入新技术、材料、部品同时开展必要的整体建筑全生命周期的平衡构架。

从整体协同路径来看，可采用渐进、循环方式，对应建筑系统的微-中-宏三个技术层级，优化材料部品、创新文体建筑组构新原型，探索组构间低碳构型模式，发展低碳建筑技术体系，以低碳建筑模式构建、碳排放绩效优化与强度控制、碳源转化与优化三层次目标开展正向低碳设计优化：

1）在建筑宏观系统构架层面，优先围绕建筑环境与所在自然环境交互模式展开建筑模式、技术选择与构思，梳理认识文体建筑系统构成、需求强度与环境因应潜力。地域建筑营建的环境交互经验植入技术可优化与降低建筑的环境负担与能耗水平。

2）在建筑中观本体层面，贯彻永续与循环利用观念，完善建筑系统构成与组合构思，选择合宜适配的技术原型、构型模式与组构原型，估算建筑碳排放强度，图解分析碳排放控制难点。

3）在构型层面，场所融合设计技术及组构层面多功能复合空间设计技术可提高建筑整体空间效能、延长建筑生命周期，降低建筑总体规模与投入耗费。建构层面的多义围护结构设计、装配式建筑技术应用可提高建筑循环利用效果，提升建筑物性能与建筑物料绩效。

通过建筑能源清洁化、建筑耗能水平控制，从整体到细节确定具体组构技术参数，分解技术优化目标，在建筑构型模式、建筑组构应用创新与设计中层层突破，完善建筑方案，落实设计创新的碳节益，实现建筑低碳设计目标。

4.5.1　地域建筑与环境交互经验的植入与平衡利用

传统乡土建筑都是生态效益突出的绿色建筑，在建筑与环境交互关系上反复优化，相对成熟稳定。既有研究已揭示多样性、地方性的建造技术经验，往往蕴含着简单高效的气候应对智慧，经济、高效、可靠。在文体建筑设计中，植入地域建筑与环境交互经验，可借助以上这些成效，优化建筑系统效率，丰富文体建筑空间层次，控制建筑系统规模，提高建筑使用效果。

这是一种提升建筑质量，间接控制碳排放的设计手段。

地域性建筑经验往往技术逻辑简单清晰、技术体系性作用恰当、妥切，但效用多样。其可调节自然气候，信息密集度且艺术效果突出，具有表达自然审美、构建生活世界秩序等多重作用与效果。其地域性在概念上指向一定的文化地理区，在形态上包含传统营建方式与模式，对应着稳定的地域建筑传统材料与工艺。从建筑作用来分析，这种模式化经验包含文化效果、营建技艺、材料性能三类目标效能的一体协同。

例如：传统庭院与天井，营建出独特的半室外空间，丰富了传统建筑空间层次与场所多样性，是一种几乎适用于所有功能公共建筑，投入极少而使用频率高，空间体验好，整体空间结构作用突出、秩序强、绩效极高的营建手段，既可协助避风遮雨，又富有饱满的文化语义与多样场景审美体验。其支持附带在必要交通行为上的驻足观看等非目标性行为，形成了凭栏观赏的场所休闲体验模式、听风避雨的半开敞空间场所氛围，也对应着木构建筑体系下屋顶交错檩架，勾栏连柱的木造工艺、木砖瓦石等原生材料及大量构造细节、工艺、工法。

类似的，建筑与环境交互形式构想是构建建筑秩序结构，营造空间体验的核心。开展文体建筑低碳设计，可从秉承绿色建筑基本逻辑，追求环境影响控制，围绕气候条件从环境交互形式与空间效果控制出发，进而开展建筑各组构还原与优化，优先创新交互界面的技术方式。尽可能地打破封闭单一的建筑气候边界，以多种组合方式，缓冲、间隔、复合等手法平衡协同技术合宜性、系统高效性与容纳尽可能多的空间多样性。

采用开放的建筑气候边界，可基于视觉体验、性能标准、文化技艺协同技术标准，需允许更多样的材料准入与性能认证，发展更丰富的施工方式，更融通、开放的审查管理基础体系。

通过气候约束建筑模式，激发建筑地域性特征不断创新，是一种发展地方适宜性空间组构与构型模式的天然创新途径，需围绕气候条件的转化利用，开展形式、技艺、效果上的多重突破。这也是提高建筑系统协同性，提高建筑系统效益，控制建筑碳排放强度的一种设计技术研究思路。

《绿色建筑设计导则》采用设计者习惯的手法伴随方式，列举了绿色建筑设计者在建筑设计各阶段工作中所需要的空间组构思维与手法。图4-35是该书中的体例内容说明。其建立了包括场地研究、总体布局、形态生成、空间节能、功能行为、围护界面、构造材料7部分内容的正向伴随设计工作流程。其中，围护界面、构造材料两项内容从建筑系统总体与局部两层面角度图解、阐释了建筑同自然环境系统之间的关系与设计优化要点（图4-32）。

7 A [Architecture] 部分是建筑专业部分,包括本专业不同阶段绿色建筑设计的方法策略。建筑师需根据不同的前置条件,在总体逻辑下选取最适宜的方法加以组合。建筑专业作为牵头专业,建筑师也起到对其他各专业与系统的整合作用,与各专业协商共同确认相关设计内容。

A1 场地研究是针对场地内外前置条件的研究,也是从根源上找到绿色解决方案和设计创新的重要前提,务必请设计师加以重视;

A2 总体布局是在宏观策略指导下的规划方式,也是最大化节约资源的重要方面,绿色方法的贡献率往往远大于一般的局部策略;

A3 形态生成是需要重新审视建筑对形式的定义,以环境和自然为出发点实现形态的有机生成,避免简单的形式化与装饰化;

A4 空间节能也是绿色节能具有突破意义的理念内容,重新梳理用能标准、用能时间与用能空间,以空间作为能耗的基本来源进行调控,这是绿色节能决定性的因素;

A5 功能行为以人的绿色行为为切入点创造人性化的自然场所,既有绿色健康与长寿化使用等新理念的扩展,也包含了室内环境的物理要素的测量和人性设施的布置等技术要素;

A6 围护界面是绿色科技主要的体现,是设计深入过程的重要内容,也是优质绿色产品出现和技术进步的直接反映,与建筑的品质和性能直接相关;

A7 构造材料为绿色设计提供了多样的可能性,既需要总量与原则性的控制,也有细部节点的设计,围绕减少环境负担和材料可再生利用来展开。

图4-32　绿色建筑设计中的自然要素因应说明

该书关于气候适应性的建筑与环境关联的设计内容,贯穿了整体7个部分,包括:A2中的适应气候条件、A3中的反映地域气候 、A4中的加强自然采光、利用自然通风;A5中的植入自然空间等。

在文体建筑设计草案期,可优先挖掘转化地域经验转化为具体模式清单,借用丰富的手法工具展开方案论证与优化,将建筑空间品质与控碳目标协同在环境处理效率、效益与效果上。

4.5.2　永续与循环利用体系应用与推动

在同样的建设投入下延长建筑寿命与提高建筑质量,与同样质量下在建筑上实现规模化回收利用,都可以免省物料投入,这是一种明显有益碳排放的低碳设计途径。但其要在技术上落实,则牵涉较为庞杂的行业、部门、技术、制度,尤其面临多主体协同问题。在具体设计链条上,也面临前后协同平衡的问题。

文体建筑应结合项目条件挖掘推动系统再利用的各种可能性,并依托高质量精细设计、高品质艺术水准公共影响、高标准耐久性使用合理确定应用技术路线。本质上，是要以合适必然的质量目标提高建筑历时可能与潜力，其具体应用难点不仅在于将局限性的材料碳排放认识合理科学地拓展为建筑系统碳排放强度作用，还包括系统层面平衡。

除了依托老旧建筑再利用、建筑遗产保护更新、延长建筑寿命、提高建筑适用性、使用废旧材料等共识性环节与途径。在建筑设计环节，较为突出的循环利用降碳相关设计决策环节集中在材料构造体系的选择上。

钢铁等金属物回收、加工建造的碳耗虽然较高，但通过能源及应用体系改善可以大幅度转化与推动整体的碳节益。钢筋混凝土或者天然材质的耐久性明显能够对于永恒性场所塑造有天然的协同支持效果，将其适配应用可以明显解决较多的长周期、耐久、纪念性设计的要求。木材等可再生材料体系，目前已被广泛证明其整体材料的环境友好。在北欧的多项研究中，对其碳排放因子都计为负值，可精细嵌入文体建筑合适的组构。

从整个建筑行业对温室气体环境影响控制效果来讲，已有不少研究从建筑材料部门总体的系统角度，推动建筑可再生材料应用发展。

在我国建筑存量发展期，大量文体建筑设计技术工作任务面临更新改造技术方式拓展。其中，改造前的既有建筑与改造后新建筑的生命周期有重合，这涉及无建筑主体的再生材料、物料，也牵涉废弃建筑碳排放。因此，改造类文体建筑的碳排放计算与核算边界与新建建筑有较大差异。实验性与试验性案例研究可以补充文体建筑低碳设计技术中尚未成熟的可循环价值的建筑材料体系。具体文体建筑项目研究、研发也有助于逐步发展可回收、可循环、可再利用的材料、部品、低碳建筑设计途径。

在建筑碳排放量分析中，可明显发现现有建筑技术体系中，文体建筑全生命周期具体时间与其常见建筑设计技术体系、相关技术标准的技术内涵差异与错位。对"文体建筑"这种非标产品的碳过程管理，不应该完全遵照工业制造部门的习惯。可适当开放论证，摆脱建筑单体的碳排放评价与理解固有工具与量率认识偏差，分类理解不同文体建筑等级与类型下，不同生命周期对应的低碳技术路径。更新建筑中常见的钢木结合的再构加建技术、分区环境控制技术都可围绕组构分析开展设计方案层面预估，推动详细设计应用研究。

4.5.3 建筑类型融合、复合功能空间与多义围护结构的设计应用创新

既有高水平设计案例分析提示，可以采用多种复合与混合形成建筑群协同效应，通过复合方式优化具体单体建筑空间绩效与气候因应条件。文体建

筑群组与中心空间群均可通过庭院、广厅组合、调整中心-边缘布局形成的具有气候适应优势的新构型，能从模式层面优化建筑室内环境的品质控制前提，同时定义建筑整体空间品质与建筑运行的碳排放水平，从而深刻影响与改变文体建筑的使用绩效与状态。这直接决定了建筑能否成为文化活动的优质场所，以及是否有机会成为未来的物质遗产。文体建筑一般都具备良好的投资、建设的良好城市资源，高水平的设计可以保障这些资源能否被充分利用。这样，碳控与建筑品质连接才能更好实现自觉地抵制建筑使用高耗碳材与积极有效地降低建筑运行碳。

城市高密度、高质量公共空间发展，创造了大量的、新的高效城市中介空间，往往成为文体建筑发展变化的天然空间资源。前述内容多次出现的高碳排放高大空间，大量出现在城市公共空间再发展中。与综合文体建筑发展中最具融合潜力的建筑空间设计相似，建筑群聚而融合出的城市级公共空间，大型长流线会展建筑、综合文体建筑的高等级公共空间，是文体建筑新的类型发展中较为活跃的新型空间类型。

这类空间的气候边界常处于半开放状态，对其的利用应采取资源化理解辅助完成建筑技术设计。在光伏、雨水收集利用系统，遮阴防热、通风、热区改善中也可发挥积极作用，大量轻型屋盖也是最易融合新建筑材料、结构的部分。

在参数化设计技术支持下，多目标、多效能、高效率的多义化表皮是文体建筑中重要的设计对象，也是决定文体建筑气候边界环境、能量、信息交互的关键环节。包括遮阳、幕墙、大跨建筑的屋面资源化利用，太阳能设计、光伏设计等一体化技术能够很好地转换与提高围护结构的性能，降低组构内用房的冷热负荷，减少围护结构防水、保温、耐久、集热、视觉统一、体量色彩协同、符号信息传达的多重效果。

深刻理解建筑设计中默认施加的"环境围护"形式所形成的建筑物理过程，积极通过布局比较，采用缓冲、包裹、分组、围合等多种手法调整空间层次与各组构之间构型逻辑，利用建筑物"完型"设计长链决策系统作用，可优化调整建筑-环境交互的状态。这是设计者主导性最强、最影响建筑运行，根本改变建筑设备系统负荷方式的一类建筑设计决策，也是空间设计操作中体现建筑控碳技术水平的核心内容。

4.5.4 装配式建筑体系的低碳优势融入

简化的理解建筑全生命周期系统碳排放，辅助核算碳排放量，可分为两个阶段。一是尚无主体时其物化依托的材料产业经济过程层面理解考量，可以称之为建筑技术体系关联碳，主要与建筑隐含碳排放相关，也与建筑技术体系相关性较强。二是建筑物通过模式及原型选用、优化确立的建筑运行周期的过程碳排放，一方面与建筑承载的活动形式强度相关，另一方面与其消耗能源强度、方式、渠道的技术逻辑相关。主要表现作用在建筑运行碳排放表现上，对应于建筑的直接碳排放，称之为建筑效用关联碳。

从这个宏观关系推演，展望建筑行业技术转型，未来建筑设计会随着绿色建筑设计技术的广泛普及、清洁能源的逐渐推广，与建筑材料技术体系关联的碳减潜力必然越来越受到重视。装配式建筑体系广泛应用可在行业体系层面，统筹循环利用，不仅包络有主体的建筑绩效，也能涵盖无主体的相关过程，还能完全释放工业化生产效能，扭转目前建筑工艺效率限制，能发挥的巨大减碳优势。

装配式建筑体系同现有的定制化建筑设计相比，组构层面之下的以工业化为前提的建筑部品性能化在前，建筑组装应用在后。这种设计技术体系完全顺应了工业化的技术发展趋势，具有明显的规模、绩效、产业技术带动优势。在模数化、模块化、参数化设计技术支撑下，其能够突破性地形成建筑设计材料结构技术的底层技术拓展，为未来的低碳建筑设计提供想象空间。

从设计碳节益的角度来讲，潜力巨大的装配式技术路径必然是重要的低碳设计探索方向。目前，较为成体系的装配式建筑主要集中在住宅建筑类型上，并从构造、建构角度能够拆解文体建筑的空间几何参数。尤其在围护结构、基本结构单元，如果通过建筑设计提取出较理想的单元分解方案，就能够形成装配式应用的低碳优势。

从设计协同角度来讲，这种碳排放模块化思维方式，尚无严格确切的定量通用模型。但从文体建筑设计控碳组构应用角度来分析，其可依从此规律寻找建筑碳排放控制优化要点，尤其在更新类与大规模复杂文体建筑中发挥技术协同积极作用。

在目前技术体系、建造工业转型时期，以形态模型构建为主的设计工作中可以通过这个简要的思维工具并行不同的技术体系，分部、分区、分域直观理解建筑的碳基准量，来选择合适的技术综合协同展开整体建筑生命周期的平衡。

通过建立合并统筹不同模式化的建筑组构组构模型，可高效地发挥建筑设计前期的系统构架作用，有效预估与控制建筑系统碳排放。未来也可通过有层次提取模型信息、优化算法并与目前行业主流的数据模型对接，大幅度进一步提升设计环节的执行精度与低碳设计工作效率。

附录 文化建筑方案初期碳排放估算方法

文化建筑在方案初期，可以采用参数参考法认识建筑基准的碳排放强度，即适用于类型，也可用于建筑组构。各部分碳排放都可按下列一般步骤完成：

第一步：估算建筑单位面积的运行能耗

建筑单位面积运行能耗主要包含两部分：

单位面积供暖年耗热量kW/（$m^2 \cdot a$）[供暖热指标W/（$m^2 \cdot d$）×供暖天数day]；单位面积制冷年耗冷量kW/（$m^2 \cdot a$）[冷负荷指标W/（$m^2 \cdot h$）×制冷时间h]。

供暖热指标、冷负荷指标可参考《民用建筑暖通空调设计统一技术措施2022》1.7.3方案设计用供暖系统面积热负荷指标，1.7.5方案设计用空调系统设计面积冷负荷指标估算。

例：夏热冬冷的门厅热舒适能耗

供暖耗：

$$（35 \sim 50）\times 90 =（3.15 \sim 4.50）kW/（m^2 \cdot a） \qquad f（1\text{-}1）$$

制冷耗：

$$（90 \sim 120）\times 120 =（10.8 \sim 14.4）kW/（m^2 \cdot a） \qquad f（1\text{-}2）$$

第二步：将运行能耗转换为运行能耗强度

把能耗转换为耗电量，再转换为碳排放量：

$$碳排放量 = 耗电量E \times 地区碳排放因子 \qquad f（1\text{-}3）$$

$$耗电量E = 供暖耗 \times 0.437 + 制冷耗 \times 0.285 \qquad f（1\text{-}4）$$

0.437、0.285是参照《建筑节能与可再生能源利用通用规范》GB 55015—2021附录C建筑围护结构热工性能权衡判断中C.07居住建筑和公共建筑的设计建筑和参照建筑全年供暖和供冷总耗电量计算规定中取值确定。

前例中：

夏热冬冷的门厅热舒适碳排放=[（1.38 ~ 1.97）+（3.08 ~ 4.10）] ×0.5992（江苏省电力碳排放因子）=（2.67 ~ 3.64）kgCO$_2$/（$m^2 \cdot a$）。 $\qquad$ f（1-5）

第三步：估算建筑单位面积的隐含碳排放强度

表f1-1为估算参考

估算参考　　　　　　　　　　　　　　　　　　　　　　表f1-1

常用用房类别		采暖与制冷而致的建筑运行能耗碳排放强度估算 [kgCO₂/（m²·a）]				其他运行碳排放估算 [kgCO₂/（m²·a）]	建筑隐含碳排放强度估算 [kgCO₂/（m²·a）]		
		严寒（青海）	寒冷（陕西）	夏热冬冷（江苏）	夏热冬暖（广东）	—	结构类型	使用年限	—
厅堂	门厅	0.79~1.19	2.8~4.43	2.67~3.64	2.91~5.44	30%~55%	木结构	25	1.12~10.64
	会议厅	1.03~1.43	3.93~5.57	3.9~5.69	5.44~7.98			50	0.56~5.32
	观众厅	0.96~1.29	3.61~4.92	3.6~4.98	4.72~6.53			100	0.28~2.66
廊	外廊	—	—	—	—		钢结构	25	3.48~24.8
	内廊	0.73~0.95	2.47~3.29	1.82~2.46	2.18~2.9			50	1.74~12.4
房	办公室	0.76~1.04	2.64~3.62	2.38~3.14	2.54~3.27			100	0.87~6.2
	阅览室	0.79~1.02	2.79~3.62	2.46~3.23	2.91~3.63		钢筋混凝土	25	4.8~22
	教室	0.93~1.24	3.45~4.6	3.52~4.37	4.35~5.44			50	2.4~11
库		车库可参照估算；其他专业库房需根据具体情况估算						100	1.2~5.5

注：

1. 供暖热指标、冷负荷指标引自《民用建筑暖通空调设计统一技术措施2022》，厅制冷负荷取值于"中庭""门厅"，采暖负荷指标取值于"图书馆""美术馆""博物馆""展览馆"，堂参照会议厅、观众厅。

2. 碳排放与耗电量转换、地区碳排放因子选取、供暖能耗与制冷能耗与耗电量转换计算，按照《建筑碳排放强度计算方法》《建筑节能与可再生能源利用通用规范》GB 55015—2021。

3. 建筑隐含碳排放为全生命周期总量，具体数值分建筑结构类型参照《建筑碳排放计算标准》GB/T 51366—2019估算。

4. 建筑隐含碳排放总量参照AA Guggemos、B Rossi、ShengHan Li、T Arima、F Pomponi、GP Hammond等学者的研究。并推算出建筑使用周期为25年、50年和100年时的隐含碳排放强度。

5. 若假设数据来源真实有效，建筑运行阶段其他碳排放占整个运行碳排放值的比例取40%，采暖与制冷的碳排放强度取严寒地区数据的最小值和夏热冬暖地区的最大值，建筑隐含碳排放占建筑全生命周期碳排放值的比例取50%，建筑使用年限为50年，推算出木结构碳排放强度占建筑隐含碳排放强度值的5%~10%、钢结构碳排放强度占建筑隐含碳排放强度值的15%~20%、钢筋混凝土结构碳排放强度占建筑隐含碳排放强度值的15%~25%。

6. 备注：关于建筑材料隐含碳排放值的研究学者的研究边界以及数据库不同导致数据差异较大；估算不同结构占比建筑隐含碳排放强度时，依赖假设数据，因此，针对不同地区、不同设计任务和需求时，需根据具体情况具体分析。

图表目录

公司

of multi-material topology optimization to performance-based architectural design of an iconic building

表目录

例》《不同结构建筑生命周期的碳排放比较》《不同结构建筑生命周期能耗和温室气体排放研究》《不同结构建筑的能源消耗与碳排放国外研究述评》

表4-11　预制装配体系分类表　来源：《近零能耗导向的轻质装配式建筑之围护系统设计研究》

表4-12　预制装配体系集成化与建造效率对比　来源：依据参考文献整理。

表4-13　轻量化预制装配体系实例及其采用的低碳手段对比　来源：依据参考文献整理。

表4-14　被动式节能技术　来源：依据河湟民俗文化博物馆设计团队、西安建筑科技大学绿建中心设计团队、《立面构造手册》、《像素大厦》、《以空间形态为核心的公共建筑气候适应性设计方法研究》、《建筑与场地的可持续整合设计——以岳阳县三中风雨操场与北京旭辉零碳空间示范项目为例》、《可持续整合设计实践与思考——贵安新区清控人居科技示范楼》《建筑形式与形体节能——南京紫东国际招商中心办公楼设计》、《生长与容纳——高密度城市语境下的深圳国际交流学院》整理

表4-15　适宜哈尔滨地区的建筑被动式技术类型　来源：武玉艳根据Climate Consultant 6.0数据整理。

表4-16　适宜拉萨地区的建筑被动式技术类型　来源：武玉艳根据Climate Consultant 6.0数据整理

表4-17　北京冬奥会减排量核算边界及方法　来源：《北京冬奥会低碳管理报告（赛前）》

参考文献

［1］ 政府间气候变化专门委员会（IPCC），2006年. 2006年IPCC国家温室气体清单指南[M]. 东京：日本全球环境战略研究所，2006.

［2］ 中国建设科技集团，编著. 绿色建筑设计导则建筑专业[M]. 北京：中国建筑工业出版社，2021.

［3］ 中国建筑学会，中国建筑工业出版社. 建筑设计资料集[M]. 北京：中国建筑工业出版社，2017.

［4］ 刘科，冷嘉伟. 大型公共空间建筑的低碳设计原理与方法[M]. 北京：中国建筑工业出版社，2022.

［5］ 吴德基. 观演建筑设计手册[M]. 北京：中国建筑工业出版社，2007.

［6］ 悉地国际. 杭州奥体博览城主体育场及网球中心设计[M]. 桂林：广西师范大学出版社，2020.

［7］ 庄惟敏，刘加平，王建国，等. 建筑碳中和的关键前沿基础科学问题[J]. 中国科学基金，2023，37（3）：348-352.

［8］ 中国建筑能耗与碳排放研究报告（2023年）[J]. 建筑，2024（2）：46-59.

［9］ 林波荣. 建筑行业碳中和挑战与实现路径探讨[J]. 可持续发展经济导刊，2021（Z1）：23-25.

［10］ 孙一民，仲继寿，肖毅强，等. 新能源引导下的城市规划和建筑设计[J]. 当代建筑，2023（8）：6-13.

［11］ 罗智星，仓玉洁，杨柳，等. 面向设计全过程的建筑物化碳排放计算方法研究[J]. 建筑科学，2021，37（12）：1-7+43.

［12］ 欧晓星，李德智，李启明. 建筑设计低碳性评价指标设定研究[J]. 建筑，2016（1）：30-32.

［13］ 刘文茜，梅洪元，赵传龙. 碳中和背景下的大空间公共建筑碳排放量化方法及减碳策略研究[J]. 当代建筑，2023（4）：126-129.

［14］ 王登甲，张睿超，罗西，等. 西北典型城市集中供热能耗特征及减碳潜力分析[J]. 西安建筑科技大学学报（自然科学版），2022，54（6）：819-826+837.

［15］ 刘恒，黄剑钊. 建筑光伏整合一体下的减碳设计[J]. 当代建筑，2023（8）：27-32.

［16］ 刘鸣，葛小榕，李维珊，等. 方案设计阶段低碳建筑影响因子研究[J]. 大连理工大学学报（社会科学版），2016，37（2）：119-123.

［17］ 陆诗亮，梁斌. 基于平民体育思想的大型冰上运动中心的适从与嬗变——第13届全国冬运会新疆冰上运动中心建筑创作研究[J]. 建筑学报，2017（6）：76-77.

［18］ 梁斌，曹志刚，陆诗亮. 基于视觉质量评价的大型专业足球场看台参数化设计研究[J]. 建筑师，2022（5）：107-115.

［19］ 梁斌. 主动的气候回应——寒冷地区大型公共建筑屋面形态适雪设计初探[J]. 城市建筑，2017（10）：81-84.

［20］ 史永高，朱竞翔. "轻"的光谱[J]. 建筑学报，2015（7）：1.

［21］ 史永高. "轻"的重量[J]. 建筑学报，2014（1）：88.

［22］ 朱竞翔. "轻"——原型与演化[J]. 建筑学报，2014（12）：79.

［23］ 史永高. "新芽"轻钢复合建筑系统对传统建构学的挑战[J]. 建筑学报，2014，（1）：89-94.

［24］ 朱竞翔，史永高. 超越预制专题前言[J]. 世界建筑导报，2022，37（5）：53.

［25］翟玉琨，朱竞翔. 促进创新的三种非常规结构设计策略从瑞士罗伯特·马亚尔的钢筋混凝土探索到香港中文大学的轻量建筑实验[J]. 时代建筑，2022（5）：72-77.

［26］王骏阳. 当建造成为建筑学的核心——也谈朱竞翔团队的"新芽"轻钢复合体系[J]. 建筑学报，2015（7）：2-6.

［27］李海清. 工具三题——基于轻型建筑建造模式的约束机制[J]. 建筑学报，2015（7）：7-10.

［28］吴程辉，朱竞翔. 构造整体——湿地轻型工作站设计中的结构与建造整合[J]. 建筑学报，2014（1）：112-118.

［29］张东光，朱竞翔. 基座抑或撑脚——轻型建筑实践中基础设计的策略[J]. 建筑学报，2014（1）：101-105.

［30］华黎. 建筑之轻[J]. 建筑学报，2015（7）：28-31.

［31］朱竞翔. 木建筑系统的当代分类与原则[J]. 建筑学报，2014（4）：2-9.

［32］朱竞翔. 轻量建筑系统的多种可能[J]. 时代建筑，2015（2）：59-63.

［33］谭善隆. 权衡"轻""重"——谈两个轻型建筑作品的不同表达[J]. 建筑学报，2014（4）：10-14.

［34］王文胜，周峻. 都江堰市向峨小学设计[J]. 建筑学报，2010（9）：46-47+42-45.

［35］朱竞翔，韩国日. 中国网球公开赛嘉实展馆及其改建的乡村儿童中心[J]. 世界建筑导报，2019，34（1）：32-33.

［36］朱竞翔. 新芽学校的诞生[J]. 时代建筑，2011（2）：46-53.

［37］朱竞翔. 震后重建中的另类模式——利用新型系统建造剑阁下寺新芽小学[J]. 建筑学报，2011（4）：74-75.

［38］郭振伟，王新雨，罗晓予，等. 绿色公共建筑全寿命期碳排放影响因素研究——以夏热冬冷地区为例[J]. 建筑科学，2024，40（2）：12-18+29.

［39］Xinxin W. 梅丽小学腾挪校舍，深圳，广东，中国[J]. 世界建筑，2022（4）：90-93.

［40］钟华颖，翟玉琨，陈晨，等. 向FMCG学习——对南京江心洲集装箱学校快速建造的再思考[J]. 世界建筑导报，2022，37（5）：66-69.

［41］孙艳丽，刘娟，夏宝晖，等. 预制装配式建筑物化阶段碳排放评价研究[J]. 沈阳建筑大学学报（自然科学版），2018（5）.

［42］尚春静，储成龙，张智慧. 不同结构建筑生命周期的碳排放比较[J]. 建筑科学，2011（12）.

［43］高宇，李政道，张慧，等. 基于LCA的装配式建筑建造全过程的碳排放分析[J]. 工程管理学报，2018（2）.

［44］刘宇，吕郢康，周梅芳. 投入产出法测算CO_2排放量及其影响因素分析[J]. 中国人口·资源与环境，2015，25（9）：21-28.

［45］国家游泳中心·水立方[J]. 城市环境设计，2014（10）：90-99.

［46］吴健，康凯. 在未知与限制中寻找机会——天府农博园主展馆设计[J]. 建筑学报，2022（12）：66-69.

［47］徐洪澎，李恺文，刘哲瑞. 基于类型比较的严寒地区被动式木结构建筑碳排放分析[J]. 建筑技术，2021，52（3）：324-328.

［48］张时聪，杨芯岩，徐伟. 现代木结构建筑全寿命期碳排放计算研究[J]. 建设科技，2019（18）：45-48.

［49］魏同正，王志毅，杨银琛，等. 基于全生命周期评价某木结构建筑碳排放及减碳效果[J]. 水利规划与设计，2024（4）：128-132.

［50］黄峥，张悦，倪锋，等. "5·12"汶川震后农宅的可持续设计与建造研究——以什邡市银池村钢结构试点农宅为例[J]. 建筑学报，2010（9）：119-124.

［51］龚先政，王志宏，高峰. 不同结构建筑生命周期能耗和温室气体排放研究[J]. 住宅产业，2012（5）：51-54.

［52］温日琨，沈俊杰，陈亚坤，等. 不同结构建筑的能源消耗与碳排放国外研究述评[J]. 吉首大学学报（自然科学版），2015，36（1）：67-74.

［53］Zhang J, Lin G, Vaidya U, et al.Past, present and future prospective of global carbon fibre composite developments and applications[J]. Composites, Part B. Engineering, 2023.

［54］Li Y, Zhou X, Makvandi M. Yuan P. F. Xie Y. M. Ding J. Zhang Z. Practical application of multi-material topology optimization to performance-based architectural design of an iconic building[J]. Composite structures, 2023, 325(Dec.): 1.1-1.19.

［55］Thormark C. A low energy building in a life cycleits embodied energy, energy need for operation and recycling potential[J]. Building and Environment, 2002(37): 429-435.

［56］Biswas W K. Carbon footprint and embodied energy consumption assessment of building construction works in Western Australia[J]. International Journal of Sustainable Built Environment, 2014, 3: 179-186.

［57］Life-Cycle Carbon Emissions（LCCE）of Buildings Implications Calculations and Reductions[J]. 工程（英文），2024，35（4）：115-139.

［58］谢英俊. 农村装配式建筑新思维[C]//清华大学建筑学院，中国扶贫基金会，北京绿十字，等. 在路上：乡村复兴论坛文集. 北京：中国建材出版社，2020.

［59］林正豪. 近零能耗导向的轻质装配式建筑之围护系统设计研究[D]. 北京：清华大学，2018.

［60］展天宇. 中国当代轻型建筑设计研究[D]. 泉州：华侨大学，2019.

［61］国际博物馆协会. 国际博物馆协会（ICOM）章程[Z]. 维也纳，2007.

［62］中华人民共和国住房和城乡建设部. 建筑节能与可再生能源利用通用规范：GB 55015—2021[S]. 北京：中国建筑工业出版社，2021.

［63］中华人民共和国住房和城乡建设部. 民用建筑热工设计规范：GB 50176—2016[S]. 北京：中国建筑工业出版社，2016.

［64］中华人民共和国住房和城乡建设部. 民用建筑供暖通风与空气调节设计规范：GB 50736—2012[S]. 北京：中国建筑工业出版社，2012.

［65］中华人民共和国国家质量监督检验检疫总局，中国国家标准化管理委员会. 用能单位能源计量器具配备和管理通则：GB 17167—2006[S]. 北京：中国标准出版社，2006.

［66］国家市场监督管理总局，国家标准化管理委员会. 综合能耗计算通则：GB/T 2589—2020[S]. 北京：中国标准出版社，2020.

［67］中华人民共和国住房和城乡建设部. 博物馆建筑设计规范：JGJ 66—2015[S]. 北京：中国建筑工业出版社，2016.

［68］中华人民共和国住房和城乡建设部. 文化馆建筑设计规范：JGJ/T 41—2014[S]. 北京：中国建筑工业出版社，2015.

［69］中华人民共和国住房和城乡建设部. 图书馆建筑设计规范：JGJ 38—2015[S]. 北京：中国建筑工业出版社，2016.

［70］中华人民共和国住房和城乡建设部. 档案馆建筑设计规范：JGJ 25—2010[S]. 北京：中国建筑工业出版社，2016.

［71］中华人民共和国建设部. 电影院建筑设计规范：JGJ 58—2008[S]. 北京：中国建筑工业出版社，2008.

［72］华建施工工艺学会. 电影院设计标准指引：HJSJ—2021[S]. 广州：华建施工工艺学会，2021.

［73］中华人民共和国住房和城乡建设部. 剧场建筑设计规范：JGJ 57—2016[S]. 北京：中国建筑工业出版社，2017.

［74］中华人民共和国建设部，国家体育总局. 体育建筑设计规范：JGJ 31—2003[S]. 北京：中国建筑工业出版社，2004.

［75］中华人民共和国住房和城乡建设部. 建筑碳排放计算标准：GB/T 51366—2019[S]. 北京：中国建筑工业出版社，2019.

［76］中华人民共和国国家质量监督检验检疫总局，中国国家标准化管理委员会. 全民健身活动中心分类配置要求：GB 34281T—2017[S]. 北京：中国标准出版社，2017.

［77］住房城乡建设部，国家发展改革委. 公共体育场馆建设标准：建标202—2024[S]. 北京，2021.

［78］中国工程建设标准化协会. 近零能耗建筑检测评价标准：T/CECS 740—2020[S]. 北京，2021.

［79］中华人民共和国住房和城乡建设部. 近零能耗建筑技术标准：GB/T 51350—2019[S]. 北京：中国建筑工业出版社，2019.

［80］中华人民共和国国家质量监督检验检疫总局，中国国家标准化管理委员会. 厅堂、体育场馆扩声系统设计规范：GB/T 28049—2C11[S]. 北京：中国标准出版社，2012.

［81］中华人民共和国住房和城乡建设部. 绿色建筑评价标准应用技术图示：15J 904[S]. 北京：中国计划出版社，2015.

［82］中华人民共和国自然资源部. 社区生活圈规划技术指南[S]. 北京，2021.

［83］中华人民共和国住房和城乡建设部. 档案馆建筑设计规范：JGJ 25—2010[S]. 北京：中国建筑工业出版社，2011.

［84］国家体育信息中心，华为技术有限公司，华体集团有限公司，等. 体育场馆智慧化标准体系建设指南[S]. 北京，2022.

［85］中华人民共和国住房和城乡建设部. 民用建筑绿色性能计算标准：JGJ/T 449—2018[S]. 北京：中国建筑工业出版社，2018.

［86］中华人民共和国住房和城乡建设部. 建筑能效标识技术技术标准：JGJ/T 288—2012[S]. 北京：中国建筑工业出版社，2012.

［87］中华人民共和国住房和城乡建设部. 严寒和寒冷地区居住建筑节能设计标准：JGJ 26—2018[S]. 北京：中国建筑工业出版社，2018.

［88］国家市场监督管理总局，国家标准化管理委员会. 综合能耗计算通则：GB/T 2589—2008[S]. 北京：中国标准出版社，2020.

［89］中华人民共和国住房和城乡建设部. 建筑工程建筑面积计算规范：GB/T 50353—2013[S]. 北京：中国计划出版社，2014.

［90］中华人民共和国住房和城乡建设部. 既有建筑绿色改造评价标准：GB/T 51141—2015[S]. 北京：中国计划出版社，2016.

致谢

教材隶属教育部"十四五"战略新兴领域未来产业（碳中和）教材系列，由西安建筑科技大学刘加平院士领衔，雷振东院长策划构架，中国建筑工业出版社教育教材分社陈桦副社长组织出版。

文体建筑形式丰富多样。传统中，其高度依赖设计者对知识系统的掌握与实践中创造性应用与创新性转化。低碳文体建筑教材内容构架，基于信息化使用与需求，在既有设计资料集等资料基础上，采用开放式知识组织模式。通过建筑学专业基本知识性内容与通用标准原则相对成熟的系统性共识，兼顾设计任务特点与未来各类知识化应用，编写团队提出文体建筑"组构"新概念，力求将既有知识系统化链接转换为操作视角，将低碳的量率关系嵌入"基本知识""通用原理""文体建筑类型规律""创新应用"四类具体教学内容，以帮助初学者、修习者、工具开发者理解各种设计决策的控碳基本作用与潜在效应。

建筑本体的低碳化，不仅涉及严密的数学计算模型与标准，还需要激发多种技术路径，综合集成各专业技术，对建筑设计知识体系化、低碳产业发展前沿及上下游技术新知识的跟踪、内化提出较高编制要求。教材引用的优秀案例，短时间内得到了众多业界前辈、同仁与设计机构的支持，孙一民大师作为主审人给予编写团队极大的鼓励，赵元超大师、钱锋大师、汤朔宁教授、郑方教授、陆诗亮教授、吕强院长、张南院长、郑世伟院长、史晓军院长、徐烨建筑师、李玺建筑师等均慷慨地提供设计资料，教材还选用了清华大学建筑设计研究院有限公司、上海日清建筑设计有限公司、CADG建筑历史研究所、TJAD曾群建筑研究室、CCDI境工作室、德国GMP建筑事务所、朱培建筑事务所、朱竞翔建筑事务所、建筑营设计工作室、OPEN建筑事务所、普罗建筑事务所等诸多一流设计机构和事务所的设计作品。按照编写逻辑的评析内容中不免掺杂笔者主观理解，感谢各方的信任与授权，这是建筑行业成果研究传播的良好传统，夯实了教材案例水准与内容质量。

出于灵活讲解、查阅，便于实践参考的初衷，编写团队在教材中提出了用于设计构思前期建筑碳排放估算的组构化估算思路，涉及文体建筑组构的模式化与碳排放两大类知识内容，参考、汇集了众多国内外学者的研究成果和文献资料，尤其是在涉及有关双碳政策、碳排放计算等基础知识以及低碳设计探索方面，对此谨呈谢意！还要感谢参与教材内容编写和整理的老师崔小平、邓新梅、李涛、党雨田，博士研究生朱嘉荣、武玉艳，硕士研究生贺晨静、张琼、胡浩楠、崔泽人、楚玉栋、赵天意、李良媛、刘天艺、陈怡嘉、解锋、石佳等。

特别感谢中国建筑工业出版社对建材出版工作的协调统筹与安排，感谢编辑柏铭泽、杨琪、周志扬的细致对接和精心校改，使得本教材得以快速完成出版。

本教材参考和引用的内容均在文中及书后尽力注明来源与依据，但由于笔者学识有限、参与人员较多、内容短期内经数次优化迭代，其中必有不完备、误解及错漏之处，恳望读者和业内外人士多加指正，提供宝贵的意见与建议以便后期修正弥补。